互联网
进化史

从地下室革命到上帝手机

［美］布莱恩·麦卡洛（Brian McCullough）◎著

桂曙光◎译

HOW THE INTERNET
HAPPENED

From Netscape to the iPhone

中信出版集团｜北京

图书在版编目（CIP）数据

互联网进化史：从地下室革命到上帝手机 /（美）
布莱恩·麦卡洛著；桂曙光译 . -- 北京：中信出版社，
2023.1

书名原文：How the Internet Happened: From
Netscape to the iPhone

ISBN 978-7-5217-4989-2

Ⅰ．①互… Ⅱ．①布… ②桂… Ⅲ．①互联网络－技
术史－世界 Ⅳ．① TP393.4-091

中国版本图书馆 CIP 数据核字（2022）第 233699 号

互联网进化史——从地下室革命到上帝手机

著者： 　［美］布莱恩·麦卡洛
译者： 　桂曙光
出版发行：中信出版集团股份有限公司
　　　　　（北京市朝阳区惠新东街甲 4 号富盛大厦 2 座　邮编　100029）
承印者： 　唐山楠萍印务有限公司

开本：787mm×1092mm　1/16　　　印张：29.5　　　字数：320 千字
版次：2023 年 1 月第 1 版　　　　　印次：2023 年 1 月第 1 次印刷
京权图字：01–2022–5030　　　　　　书号：ISBN 978–7–5217–4989–2
　　　　　　　　　　　　　　　　　定价：79.00 元

献给我的爸爸，他教我要热爱历史

以及沃纳·斯托克，他让我知道历史真的很酷

"还有电！它是恶魔、天使、强大的物理能量、无所不在的智慧！"克利福德大喊着："这也是骗人的吗？有了电，物质世界变成了一个巨大的神经网络，在呼吸间可以震动数千英里，这是事实，还是我的梦？确切地说，地球是一个巨大的脑袋，一颗拥有智慧本能的大脑！或者，我们可以说，地球本身就是一种思想，而不再是我们所认为的实体！"

——纳撒尼尔·霍桑（Nathaniel Hawthorne）
《七个尖角阁的老宅》（*The House of the Seven Gables*）

我认为我们与灵长类动物真正的区别是，我们可以制造工具。我曾看过一份评估地球上不同物种的运动效率的研究报告。秃鹫移动一千米所消耗的能量是最少的，而人类的表现并不突出，大概排在榜单前1/3的位置。对作为万物之灵的人类来说，这个成绩并不值得骄傲。因此，这看起来似乎有点儿糟糕。但是，《科学美国人》杂志的一名研究人员测试了骑自行车的人的运动效率。结果，骑自行车的人，或者说骑自行车的人类，轻松击败了秃鹫，直接占据了排行榜的首位。

这就是电脑对于我的意义。对我来说，电脑是我们发明的最了不起的工具，这就相当于给我们的大脑提供了一辆自行车。

——史蒂夫·乔布斯
1990年电影《记忆与想象》（*Memory & Imagination*）采访

目　录

前　言　　v

第一章　互联网"大爆炸"　　001

Mosaic 网络浏览器和网景通信公司

网景公司首次公开募股成了历史时代的分界线。这家公司无法定义互联网时代，甚至无法在互联网时代生存下来，但它是第一家互联网公司，并且成了所有人和公司效仿的模板。

第二章　掌控全球计算机的比尔·盖茨　　039

微软与 IE 浏览器

据早期的员工说，微软最初的座右铭是"每个家庭的每张桌子上，都有一台运行着微软软件的电脑"。

第三章　美国，在线　　057

美国在线与早期网络服务

美国在线可以成为比尔·盖茨简历上的一个脚注，或者它也可以奋起作战，成为"在线服务行业之王"。

第四章　各大媒体的网络大探险　　079

Pathfinder、热线网站与数字广告

有些人认为"这张网"是一种玩具，我们必须承认，这是一种有效的观点。从现在来看，早期的互联网上有太多的东西确实很业余。

第五章　一个家喻户晓的名字　　097

早期搜索引擎与雅虎

有时候，投资那些名字愚蠢的公司，会获得漂亮的回报。

第六章　把这个东西送到月球上去　　113

亚马逊及电子商务的诞生

在贝佐斯的愿景中，各种产品都会被送到购买者手中。先是图书，然后是其他任何东西。最终，他会让"应有尽有的商店"变成现实。

第七章　信任陌生人　　131

易贝、社区网站和门户网站

在过去的 20 年里，互联网在很多方面慢慢地训练了所有人，使我们逐步适应了与大众互动，而且通常是与陌生人互动。

第八章　咖啡杯中的泡沫　　161

飙升的互联网股票

股票市场不是一方输、另一方赢的那种零和游戏。在股票市场的游戏中，在一定时间内，几乎所有人都可能赢，或者几乎所有人都可能输。

第九章　非理性繁荣　　　177

富有创造力的亏损

当投资者突然开始要求公司实现盈利时，互联网公司集体回应："什么？你不会是认真的吧！"

第十章　泡沫破裂　　　199

网景、微软和美国在线时代华纳

当这场互联网玩家的聚会达到高潮时，你要意识到，是时候在音乐停止前抢到一把椅子了。

第十一章　网页排名魔法与音乐超新星　　　227

谷歌、Napster 和互联网的重生

在互联网泡沫破裂时，20 世纪 90 年代的梦想在这两家公司中仍然存在。

第十二章　媒体乌托邦　　　259

iPod、iTunes 和网飞

它们理解了新时代消费者的期望是如何变化的。他们想要的是无限的选择和即时的满足。

第十三章　百花齐放　　　277

贝宝、Adwords、谷歌的首次公开募股和博客

一些企业的成功开始驱除互联网泡沫的幽灵，但直到最后一波互联网初创公司中无可争议的明星站稳了脚跟，人们才愿意再次信任互联网。

第十四章　互联网 2.0　　303

维基百科、优兔和大众智慧

互联网 2.0 涉及的是人们在网上表达自己——实际上，他们自己就生活在网上。

第十五章　社交网络　　331

脸书

扎克伯格在 23 岁时拒绝了 10 亿美元的诱惑，因为他认为自己拥有的创意价值更大。他这样做，成就了我们这个时代的创业故事。

第十六章　移动设备的崛起　　365

掌上电脑、黑莓手机和智能手机

在这个蓬勃发展的电子设备世界里，大家都在争夺你的口袋空间，但是只有一个毫无争议的国王：手机。

第十七章　上帝手机　　379

iPhone

智能手机 + 社交媒体，两项改变世界的技术在恰当的时机同时到来了。

尾　声　　401

致　谢　　405

注　释　　407

前　言

　　20 世纪四五十年代，在计算机刚刚被发明出来时，没有人想到普通人会需要计算机，更不用说使用计算机了。人类发明计算机，最初是为了解决一些重大的问题：计算导弹轨迹、把一个人送上月球等。据说 IBM（国际商业机器公司）的创始人托马斯·沃森曾经说过这样的话："我认为全世界只需要 5 台计算机。"这句话也许是虚构的，但它确实体现了人们在计算机最初为人类服务时的认知。计算机是稀有而昂贵的神圣物品，就像古代的神谕一样，只在罕见的特殊情况下才会发挥作用。

　　计算机起初很昂贵，其设计既复杂又难以理解，而且它有一个房间那么大。这不是夸张的说法，被人们视为第一台现代计算机的 ENIAC（埃尼阿克）占地约 1 800 平方英尺[①]，重约 50 吨。计算机实用性不高这一共识影响了其设计。没有人认为计算机要便于使用，因为没有人认为非专业用户会与计算机互动。早期的计算机历史讲述的是计算机专家与机器之间的实际互动。假设你有一个数学或工程方面的问题需要解决，那么你需要把你的打孔卡片交给计算机专家，他们

---

① 　1 英尺 =0.304 8 米。——编者注

会用计算机梳理出答案。20 世纪 60—80 年代，虽然计算机开始渗透到工作场所（这让计算机行业的从业人员大为惊讶），但人们仍然认为，只有在有限的、特定的任务或项目中，"普通的"用户才能使用计算机。关于整个系统的更大的争论或对其更深的了解，留给了后来被称为"信息技术人员"的先驱。

然而，计算机那种诱人的、几乎被禁止的神秘感，吸引了 20 世纪 70 年代被认为是业余爱好者的一代人。这些爱好者想自己掌控计算机，他们希望计算机能直接响应他们，而不需要中介。他们想要个人电脑。之后，他们成功了。史蒂夫·乔布斯、斯蒂夫·沃兹尼亚克、比尔·盖茨、家酿计算机俱乐部——这些爱好者创造了个人电脑类别（个人电脑最初被称为微型计算机），并开创了个人电脑产业。

这仍然不足以让计算机变得方便普通人使用。在进入个人电脑时代近 10 年之后，该行业仍然被困在"命令行"模式中。你如果坐在一台计算机前面，会看到一个闪烁的光标。你需要输入一些东西，才能让计算机为你做事。你需要输入什么？这就是问题所在，是复杂的功能使计算机如此深奥。在命令行时代，要想使用这些该死的机器，你基本上需要从头到尾地阅读操作手册，或者提前掌握一门计算机语言。在你使用计算机之前，你必须知道如何使用它。

图形用户界面（GUI）的发明解决了这个问题。通过图形、颜色、易于理解的图标、下拉菜单，以及一个被称为鼠标的可爱小工具，计算机变得人性化了。现在，当你坐在计算机前面的时候，你可以握住鼠标，然后只要点击即可，你不必事先知道任何事情。你可以在使用计算机的过程中，学习如何使用这台机器。图形用户界面由施乐公司发明，由苹果公司及其麦金塔电脑（Macintosh，简称 Mac）普及，然后被微软公司及其 Windows 操作系统主流化，它标志着进化的飞跃，最终使计算机更适合普通用户使用。

虽然计算机开始进入人们的日常生活、办公室和家庭，但它仍然有一点儿深奥。你也许会在工作中使用文字处理程序，你的孩子可能会在地下室里玩计算机游戏，但你在日常生活中可能并不真正需要使用计算机。到 1990 年，只有 42% 的美国成年人使用过计算机，且使用频率很低。[1] 在同一年，拥有计算机的美国家庭的比例还不到 20%。[2]

※

互联网，尤其是万维网，最终使计算机成为主流。互联网使计算机真正变得对普通人有用。互联网使计算机成为你每天，甚至每时每刻都要用的一样东西。这就是本书涉及的内容：网络和互联网如何使计算机渗透到我们的日常生活之中。本书不是互联网本身的历史，而是互联网时代的历史。大约从 1993 年到 2008 年，计算机和技术本身不再神秘，开始变得极其重要且不可或缺。这是一本关于卓越的技术、重大的困境和优秀的创业者的书。这是一本讲述我们如何让这些技术进入我们的生活，以及这些技术如何改变了我们的书。

※

就像计算机一样，互联网不是为我们这些普通用户设计的。

1969 年，计算机首次以一种有意义的方式相互连接起来。这就是阿帕网（ARPANET），互联网的始祖，而且（大致上）与传说一样，阿帕网是由冷战时期美国军方与学术工业联合体组成的联盟研发的。在美国国防部高级研究计划局（DARPA）的资助下，互联网最初的 4 个连接点，或者说"节点"，都在学术研究中心，它们是加州大学洛杉矶分校、斯坦福国际咨询研究所、加州大学圣塔芭芭拉分校以及犹他大学。

阿帕网是一个新颖但并不普适的研究项目，从表面上看，它有助于决策者在核打击期间进行更多的（且更有弹性的）交流。研发阿帕网的学者们将该项目卖给了军队，又在之后的 20 年里将其改进成了一个更符合他们自己需要的系统：一个分布式、非分层的计算机和通信网络，能够促进研究界和科学界之间的讨论和交流。阿帕网演变成了我们今天了解的互联网，但它并不是一个符合大众市场需求的通信系统，而是一个电子游乐场，供学者们在其中玩耍并交流思想。

互联网的成熟体现了这种聚焦精英主义的现象。各种各样的互联网协议的设置都很复杂。从最常见的，比如 FTP（文件传输协议）和构成互联网的基本要素 TCP/IP（传输控制协议 / 互联协议），到最新的且看似比较复杂的，比如新闻组（Usenet）、Gopher（第一个真正的互联网搜索系统），甚至电子邮件——这些协议都不便于非专业用户使用。坦率地说，它们有些枯燥且倾向于实用主义。即便计算机变得私人化，而且技术本身变得丰富多样且大众化，互联网仍然顽固、孤傲地置身于学术界的象牙塔中。

简而言之，互联网需要属于它自己的图形用户界面革命，这种应用程序或用户界面的创新将会使互联网变得易于使用，这与图形用户界面在计算机演变过程中引起的革命性效果类似。万维网出现得正是时候，它在人们需要的时候准确地提供了这种范式转变。

万维网出现于 1990 年。当时，Windows 开始将电脑带入全世界大多数家庭和办公室中，电脑鼠标和图形图标使复杂的计算过程变成了直观的点击。

万维网存在于这个世界。你用鼠标在网上导航，点击链接，整个过程简单的内在逻辑与人类思维一样：从一个想法或相关内容跳转到另一个想法，在想法与灵感、参考与反驳的信息之间来回畅游。万维网采用了互联网的基本概念（将计算机连接在一起），并通过精妙的超链接将其表现了出来。一个网站连接到另一个网站，一个想法连接到另一个想法。

链接构建了互联网的整体概念，它把计算机连接在一起，把人们的想法连接在一起，把人类的思想连接在一起，这种比喻最终令人惊奇地成了现实。

然而，万维网本身仍然是学术界的宠儿，仍然是研究者的一个学术乌托邦的梦想。众所周知，蒂姆·伯纳斯－李（Tim Berners-Lee）在欧洲核子研究组织（CERN，那是位于瑞士的一家杰出的跨国科学研究机构）工作期间发明了万维网。互联网诞生于一场为赢得冷战而开启的伟大科学研究，万维网则诞生于一场为揭示信息大爆炸的秘密而进行的伟大科学研究。

伯纳斯－李认为，他新开发的互联网协议是对现有互联网自身结构的改进。基于以前的概念和哲学理念（超文本、网络空间、协作），他建立了网络，并创造了一种真正的新媒介。伯纳斯－李在新闻组的帖子中宣称："万维网项目融合了信息检索和超文本技术，打造了一个简单而强大的全球信息系统。"[3] 但在本质上，他仍然将它视为一种研究媒介，一种让来自世界各地的数百名欧洲核子研究组织的科学家共享数据、传播创意并合作研究的方式。

此外，他的帖子还涉及如下内容。

> 万维网项目旨在帮助高能物理学家共享数据、新闻和文件。我们非常有兴趣将万维网推广到其他领域，并为其他数据提供网关服务器。欢迎合作者！

人们认为，伯纳斯－李所呼吁的合作者是指研究人员和学者。尽管万维网最终会以各种结构化的方式方便普通计算机用户使用，但它仍然是为学者而不是社会大众设计的。

一个具有决定性的催化事件使得万维网——以及整个互联网——成了主流。一项必要的创新使大量普通用户加入了计算机革命。由此，我们创造了一个拥有亚马逊网站、智能电视、应用程序商店、自动驾驶汽车和可爱的猫咪图片的世界。

事实上，还有一件事发生在一家研究机构中，但它的作用是将互联网和计算机从学术界的特权控制中解放出来，并把它们送入像我们这样的普通用户的怀抱（并最终装进我们的口袋）。

第一章
互联网"大爆炸"

Mosaic 网络浏览器和网景通信公司

网景通信公司（Netscape Communications Corporation，后文简称网景公司）于1995年8月9日举行了IPO（首次公开募股）。

网景公司股票的初始定价为每股14美元，但在最后一刻，其价格被提升到了每股28美元。当股市在美国东部时间上午9点30分开始交易时，网景公司的股票并没有随之开盘。买方的需求如此之大，以至于人们无法立即建立起有序的交易。个人投资者的热情异常高涨，于是打电话给金融服务公司嘉信理财（Charles Schwab）的投资者都听到了一段录音，内容是："嘉信理财欢迎您！如果您对网景公司的IPO感兴趣，请按1。"在摩根士丹利（Morgan Stanley）投资银行，一位散户投资者提出抵押自己的房子，并将所得现金用于购买网景公司的股票。网景公司的第一笔股票交易直到当天上午11点前后才在交易系统中显示出来。交易价格是每股71美元，几乎是发行价的3倍。

在一天当中，网景公司（股票代码为NSCP）的股价最高达到了每股75美元，最后以每股58.25美元的可观价格收盘。这家企业成立于 16 个月之前。自成立以来，公司仅仅创造了 1 700 万美元的收入，其资产负债表上也没有任何留存利润。但在第一个交易日结束之后，股票市场对这家公司的估值达到了 21 亿美元。

现在，对于初创技术公司在首次亮相股票市场上时估值飙升的情况，我们已经习以为常，但在 1995 年 8 月，这样的事件几乎是人们闻所未闻的。金融媒体感到震惊，甚至表示怀疑。《华尔街日报》在第二天的头条消息中提到："通用动力公司（General Dynamics）用 43 年才成为一家价值 27 亿美元的公司……而网景公司只用了大约一分钟。"[1]一家尚未持续盈利的公司能够获得如此高的估值，这让很多评论家感到震惊。还有一些人对互联网到底是什么，以及它为什么让人们变得富有感到困惑。由于感恩而死乐队（Grateful Dead）的著名歌手杰瑞·加西亚（Jerry Garcia）恰好于 1995 年 8 月 9 日去世，华尔街曾流传着一个笑话："杰瑞·加西亚的遗言是什么？"这个问题的答案为："网景公司的开盘价是多少？"

这个突如其来、前所未有且数额巨大的财富故事，引发了许多与此相关的讨论。网景公司的联合创始人吉姆·克拉克（Jim Clark）持有该公司 20% 的股份，这些股份在 IPO 当天价值 6.63 亿美元。网景公司的早期员工都拥有数百万美元的财富（至少是账面上的），其中包括该公司 24 岁的联合创始人，他刚大学毕业几个月，面容稚嫩，突然就获得了 5 800 万美元的身家。

在短短几个月之后，也就是 1995 年 12 月，网景公司的股价达到了每股 171 美元，是 IPO 定价的 6 倍多。在这个里程碑事件出现几周之后，这位 24 岁的联合创始人马克·安德森（Marc Andreessen）登上了《时代》杂志的封面。

偶尔会有一些事件预示了新力量的到来（比如甲壳虫乐队在《埃德·沙利文秀》上的亮相），或者成了历史时代的分界线（比如"9·11"事件）。网景公司的IPO正是这样一个事件。现在，20多岁的年轻人会梦想着通过编写代码获得10亿美元的财富；现在，你口袋里的手机的功能比人类在登月时使用的任何计算机的功能都要强大；现在，你可以实时了解你在高中时迷恋的对象的午餐是什么。网景公司为这些现实奠定了基础。网景公司的IPO是开启了互联网时代的大爆炸。马克·安德森在《时代》杂志封面上光着脚丫的照片，是年轻极客梦想在硅谷追逐财富的开始。网景公司无法定义互联网时代，甚至无法在互联网时代生存下来，但它是第一家这样的公司，而且在很多方面，它是所有人和公司都会效仿的模板。

※

现代互联网时代始于美国伊利诺伊州的厄巴纳－香槟市。作为计算领域中的一家领先研究机构，伊利诺伊大学厄巴纳－香槟分校举世闻名。世界上最早的两台计算机，奥达法克（ORDVAC）和伊利亚克（ILLIAC），于1951年在该校被建造出来；该校于1975年获得了贝尔实验室授予的Unix一号许可证；1985年，NCSA（美国国家超级计算应用中心）在该校成立。在著名的科幻电影《2001太空漫游》中，会杀人的哈尔9000（HAL 9000）智能计算机声称，自己于1992年1月12日在伊利诺伊州的厄巴纳－香槟市"开始运行"，这样设计的部分原因是为了彰显该大学在此领域的突出地位。

20世纪80年代，当美国国家科学基金会接管互联网的运营时，伊利诺伊大学是互联网"主干网"的一个关键组成部分，主干网是数字管道的上层建筑，支撑网络的运行。² 到 1992 年，当高速 T3 网络被作为互联网的后继主干网推出时，NCSA 和伊利诺伊大学的计算机连接速度是全世界最快的。换句话说，在 20 世纪 90 年代初，如果你想加入万维网的革命洪流，那么世界上没有比这里更好的地方了。

这一事实使得 NCSA 在 20 世纪 90 年代初拥有相对充裕的资金和资源。得益于 1991 年通过的《高性能计算法案》，NCSA 获得了大笔资金支持，该法案通常被称为《戈尔法案》①。在所有联网的基础设施、高速计算机，以及 NCSA 招募来协助研究项目的一小群本科生和研究生中，有一部分是为政府服务并由政府负责支付费用的。

"NCSA 就是天堂，"20 世纪 90 年代初在那里工作的一名学生亚历克斯·托蒂克（Aleks Totic）回忆说，"那里有所有的工具，包括思考机器、克雷计算机、苹果电脑，以及完美的网络。这简直太棒了。"³

另一名学生程序员乔恩·米特洛塞（Jon Mittelhauser）回忆道："我们就是一群孩子，在所谓的'软件开发小组'的地下室里开心地玩耍。"⁴ 负责管理研究项目的教授会分配任务，这些项目是 NCSA 的主要收入来源，地下室里的一群"孩子"则按照教授的要求编写程序。

1992 年，其中一个孩子 21 岁，他的名字叫马克·安德森。安德森于 1971 年 7 月 9 日出生在美国艾奥瓦州的雪松瀑布市，并在威斯康星州的新里斯本生活长大。⁵ 他的父亲是一位饲料推销员，母亲是

---

① 之所以这样命名，是因为参议员戈尔提出并支持了这项立法。我们不能说戈尔发明了互联网，但是《戈尔法案》在我们将要讨论的互联网的早期实践中起到了至关重要的作用，马克·安德森本人后来也承认了这一点。——译者注

兰茨恩德公司（Lands' End）的一名物流办事员。安德森在小时候就对计算机着迷，并从小自学了编程，但他并非神童。他身材高大，高6英尺2英寸[①]，而且个性张扬、容易激动。他并不是一个安分守己的人，这让他与众不同。另一个名叫罗布·麦库尔（Rob McCool）的NCSA学生程序员在回想起安德森时说道："我遇到的所有计算机科学专业的学生都很安静，有点儿书呆子气。而他是一个体型巨大的北欧人，有一台紫色的计算机和一双狂野的眼睛，他告诉了我所有这些将会变得非常棒的事情。"[6]

安德森滔滔不绝、热情洋溢，但他也有一种反权威、独立的气质，这一点获得了同伴们的欣赏。安德森和罗布是同一个研究小组的成员，当分配给他们的一个项目出现了编程问题时，安德森干脆放弃了现有的框架，并整合出了自己的解决方案。"我说：'老兄，真的能行吗？你可以这么干吗？'他说：'是的，老板还没发现。'"罗布至今还记得这件事。[7]

安德森是以兼职学生程序员的身份加入NCSA的，他从事枯燥的编程工作，时薪为6.85美元。招募安德森的研究员是傅平（Ping Fu，音译），他参与了电影《终结者2：审判日》中具有开创性的"变形"计算机图形的设计。安德森在NCSA的主要任务是为傅平的可视化项目编程，但是在NCSA地下室的那段日子里，真正吸引安德森想象力的（以及他告诉罗布和其他人"将会非常棒"的）计算技术，是互联网上最新、最伟大的东西：万维网。

有了NCSA快速的计算机和更快的互联网连接，安德森和地下

[①] 1英寸=2.54厘米。——编者注

室里的其他孩子们已经完全准备好了迎接万维网的发展浪潮。事实上，NCSA 正是蒂姆·伯纳斯－李热切希望能够采用他的发明的那类学术研究组织。在网络发展的这个阶段，伯纳斯－李刚刚向世界开放了他的项目，他希望能邀请其他人为该项目的发展贡献力量，实现"百花齐放"的效果。当时，全世界大约有几百名软件开发人员在尝试万维网，他们在新闻组的一个名为万维网聊天（WWW-Talk）的小组中与伯纳斯－李交流想法。

截至 1992 年 11 月，全世界只有几十台万维网服务器，其中一台由马克·安德森提供的服务器就在 NCSA。[8] 1992 年 11 月 16 日，安德森第一次出现在万维网聊天小组中，他加入了关于 HTML（超文本标记语言）、网络服务器和网络设计的各种讨论，并且自愿参与了推动网络向前发展的大项目。[9]

向前发展意味着更好的网络浏览器。浏览器是一种软件应用程序，能够帮助用户导航并浏览网页。伯纳斯－李在发明万维网的时候编写了第一款浏览器。不过，作为他新的众包工作的一部分，他向所有想尝试编写更好的浏览器的人敞开了大门。世界各地的几十名开发者接受了邀请，其中有几位是与安德森同龄的学生。在堪萨斯大学，有几名学生创建了基于文本的 Lynx 浏览器；魏培源（Pei-Yuan Wei）在加州大学伯克利分校攻读学位时开发了 ViolaWWW 浏览器。如果你想在早期的网络社区中引起轰动，那么你可以编写并发布一款更好的浏览器，而马克·安德森就想引起轰动。

安德森本人后来对早期的网络有如下描述。

Windows 操作系统已经占领了所有的计算机桌面，苹果电脑取得了巨大的成功，鼠标点击式的交互界面也已经成了人们日常生活的一部分；但是要使用网络，你仍然必须理解 Unix 操作系统……目前的用户对"将网络使用变得更简单"没什么兴趣。事实上，一个明确的因素使得他们不愿意让网络使用变得更简单：他们真的想把那些"乌合之众"拒之门外。[10]

安德森在 1992 年冬天想到的一个大计划，是让那些"乌合之众"参与进来。他想发布一款更简单、更便于使用的浏览器。他希望这款浏览器支持鼠标点击和窗口视图。他希望网络能让那些习惯使用个人电脑的用户感到熟悉，而不像大多数网络研究人员习惯使用的 Unix 工作站那样。至关重要的是，他希望网络看起来魅力十足，就像他这样热情的皈依者所感觉到的一样。他想在其中添加图片。亚历克斯·托蒂克说："安德森希望网上有报纸，每个人都可以了解所有的信息。他认为这将非常惊人。"[11] 简而言之，安德森对网络有一个愿景：他希望有一天，一切皆有可能，图片、新闻、商业，甚至猫的可爱视频都能出现在网络上。

因此，安德森将他特有的、具有感染力的热情发散到了他在 NCSA 的程序员同事身上。他瞄准的第一个人是他的同事埃里克·比纳（Eric Bina）。比纳的年龄（将近 30 岁）比安德森大，他是一名全职带薪的 NCSA 员工，也是一名比安德森优秀得多的程序员。比纳一开始婉言谢绝了参与这个项目的邀请，但安德森的热情和坚持最终打动了他。安德森和比纳负责的"浏览器项目"始于 1992 年 12 月。比纳编写了大部分初始代码，但是安德森提出的各种特性使他们的浏览器取得了巨大的进步。

经过一个多月夜以继日的编程工作，他们已经准备好了浏览器，这款浏览器的名字叫作 X Mosaic。1993 年 1 月 23 日，官方的"0.5"版浏览器通过 NCSA 的服务器被发布到了互联网上。安德森本人的发布声明如下。

虽然没有人特别赋予我权力，但 X Mosaic 0.5 版本的内部测试版和公开测试版在此正式发布。

这条消息的最后一行是 FTP 地址，能够指引其他人自行下载和安装该浏览器。几天之内，连蒂姆·伯纳斯－李这样的网络权威人士都转发并认可了安德森的声明。

一款新的、激动人心的万维网浏览器问世了，开发者是 NCSA 的马克·安德森。

这款浏览器被命名为 X Mosaic，因为它是基于 X Window 设计的。X Window 是一款广受 Unix 机器用户欢迎的图形用户界面，它是为研究人员和学者使用的计算机设计的。换句话说，它是在向那些已经皈依的网络信徒布道。这当然不是安德森想要的。他将 X Mosaic 当作概念验证，并将他的热情发散到了 NCSA 地下室里的其他人身上，让他们为那些"乌合之众"使用的计算机编写对应版本的浏览器。

NCSA 的年轻程序员们参与了进来，每个人根据自己选择的平台编写不同版本的浏览器。乔恩·米特洛塞和克里斯·威尔逊（Chris

Wilson）开发了个人电脑版本的浏览器。亚历克斯·托蒂克和迈克·麦库尔（Mike McCool）编写了苹果电脑端口版本的浏览器。鉴于 X Mosaic 只处理了用户端的网络体验，不断壮大的团队认为对输出端也进行处理将会是一个好主意。因此，迈克的孪生兄弟罗布编写了 Mosaic 网络服务器和发布软件，这些软件最终跟浏览器一同进行了发布。

地下室的孩子们圆满地完成了他们的工作，然后将浏览器公之于众。1993 年的网络就是这样运作的，这也是蒂姆·伯纳斯－李所希望的。如果有人发现了更好的做事方式，那么他们会动手编程，并让其他人参与、尝试。如果人们喜欢一个程序，他们就会下载它；如果不喜欢，他们就不会下载。如果这些用户在使用时遇到了问题、发现了程序的漏洞、有改进的建议或者想贡献新的功能，那么他们会通过电子邮件或者新闻组留言板联系开发者，将自己的想法一吐为快。被空比萨盒和汽水罐包围着的 NCSA 的孩子们发布了更新版本的浏览器，接着，在大约一周之后，他们根据用户的反馈发布了另一个升级版本。[12] 这个处理过程完全公开，而且非常实时。

※

在一年半的时间内，Mosaic 成了万维网上最大的存在，也可能是整个互联网中最大的存在。1993 年 1 月，在 Mosaic 发布后不久，全世界仅有数百个网站。到 1994 年底，全世界有了数万个网站。[13] 在同一时期内，网络主机的数量也增加了 10 倍。[14] 在某种程度上，你可以说 Mosaic 促进了网络的发展，反之亦然。作为第一款为普通计算机用户设计的浏览器，Mosaic 与网络之间有一种类似鸡与蛋的共生关系。对数百万名个人电脑和苹果电脑用户来说，Mosaic 为他们提供了第一次接触网络的机会；而一旦了解到网络可以做什么，他们就想动手搭建自己的网站。

在发布后一年半的时间里，Mosaic 大约向用户交付了 300 万个浏览器。[15] 这看起来只是一个小数字，但在此之前，网络上的用户数量可能都不到 300 万。到 1994 年底，Mosaic 每月新增多达 60 万名用户。可以肯定地说，当时的绝大多数人都是通过 Mosaic 浏览器上网的。

Mosaic 浏览器的关键创新源于安德森敏锐的洞察力。他认为，要使网络更具魅力，他只需要发布一款能够把他想象中的魅力变为现实的浏览器。1993 年 2 月 25 日，在 Mosaic 公开测试版首次发布仅仅几周之后，安德森就在万维网聊天小组的留言板上提议，在 HTML 中添加一个 "内嵌" 图像标签，允许图像直接编码到网页中。在之前的浏览器里，图像以及任何非 HTML 类型的文件都会在单独的窗口中打开。内嵌图像将使网页的设计与杂志或报纸的页面布局更为相似。

给网络增添色彩和魅力是 Mosaic 飞速发展的部分原因，也是让网络在同一时期飞速发展的部分原因。但即便是万维网的创造者，也觉得安德森对多媒体的强烈偏好有点儿过分了。安德森后来承认："蒂姆·伯纳斯－李在 1993 年夏天因为我给网络添加了图像，把我痛骂了一顿。"[16]

※

"他只想要文本。"安德森在谈到伯纳斯－李的反对意见时如是说。在马萨诸塞州坎布里奇市的万维网向导研讨会（World Wide Web

Wizards Workshop）上，他们终于面对面相遇了，那是第一次真正的开发者大会。"他特别不喜欢杂志的形式。他想要的是一种非常纯净的视觉感受，基本上是想把万维网用于发表科学论文。而且，他认为图像的出现是网络走向地狱的第一步。在通往地狱的道路上，充满了多媒体内容、杂志、花哨的东西、游戏和消费品。我是一位美国中西部的修补匠类型的开发者，如果用户想要图像，那么我就给他们图像。我就会这么干。"[17]

伯纳斯－李否认这些图像让他感到不适。他说："我们当然赞成使用图像。事实上，我们比其他人更早地在网上展示了图像。"但他接着补充道："比如会谈中要用到的图表。"[18]

几年后，就连 Mosaic 的联合创立者埃里克·比纳也承认，他对在网络上添加图像和多媒体内容持保留态度。当时，他关心的主要是带宽问题（那是使用拨号调制解调器的时代，图像可能需要几分钟才能被加载出来），但他也担心自己和安德森是在为轻浮、垃圾的内容打开大门。"我是对的！人们非常残忍地滥用了它，"比纳后来说，"但安德森也是对的。图像光彩绚丽的效果使得成千上万的人愿意花时间把漂亮的图片和有价值的信息放到万维网上，而数以百万计的人乐于使用这样的万维网。"[19]

※

全球用户数百万次的下载，意味着 Mosaic 可能是迄今为止人们为互联网设计或发布在互联网上的最成功的软件产品。截至 1994 年底，很明显，万维网已经迅速接管了整个互联网。对数百万名 Mosaic 用户来说，万维网几乎就是互联网。但是，这数百万名用户不仅仅是网络在被设计之初针对的学者和研究人员。越来越多的用户是家庭计算机使用者、商用计算机使用者、门外汉、不速之客、"乌合之众"等。Mosaic 已经成为计算机科学中最成功的项目，因为它把计算机科学家抛在了一边，并吸引了主流。《财富》杂志将 Mosaic 浏览器评为年度产品之一（另外两个分别是神奇文胸和《恐龙战队》），其介绍语是："这款软件正在把互联网变成一种可以使用的网络……而不是一个令人生畏的属于电脑呆子们的圈子。"[20]

随着 Mosaic 的流行，尤其是 Mosaic 团队内的电脑呆子越来越出名，NCSA 的内部开始出现摩擦。该中心的高层管理者最初认为 Mosaic 只是一个新的软件项目，完全符合该计算研究机构的工作方向。但是，在 1993 年，Mosaic 浏览器项目发生了变化，它成了 NCSA 的一个重大优先项目。乔恩·米特洛塞说，NCSA 的大人物最初似乎"对我们一无所知，而我们喜欢这种状况"，但是在 Mosaic 发展起来之后，"我们突然发现有 40 个人跟我们一起开会，规划我们产品后续的功能，而不是我们 5 个人在凌晨 2 点吃着比萨、喝着可乐制订计划。基本上独立完成了苹果电脑版本的 Mosaic 开发的亚历克斯突然发现，按照 NCSA 的说法，还有三四个人在跟他一起工作。这些人就像是他的老板，告诉他该做什么"[21]。

克里斯·威尔逊是另一名 NCSA 的学生程序员，他后来去了微软，开发了第一版 IE 浏览器。"我认为安德森和其他一些人真的很想看到 NCSA 放下一切，全力支持万维网的开发，加大力度去做这件事。"威尔逊说，"如果你在一家初创公司，看到你的一款产品获得了如此多的关注，拥有如此大的潜力，那么你肯定会想方设法地抓住机会，对吗？你甚至会抵押你的房子。"[22]

事实上，Mosaic 团队已经在像一家软件初创公司一样运作了，但 NCSA 仍然将浏览器视为一个锦上添花的研究项目。这种愿景上的冲突逐渐影响到了程序员核心团队的结构。随着高层管理者指派经验丰富的全职员工参与到该项目中，兼职学生程序员被强行排挤出来。有人特别向安德森建议，为了项目的利益，他应该靠边儿站，让更有经验的人来接手。"你难道不认为现在是时候给别人一个机会来分享荣耀了吗？"有人这样问他。[23]

1993 年 12 月，Mosaic 和万维网登上了《纽约时报》的头版，配上了 NCSA 主管拉里·斯马尔（Larry Smarr）的照片和声明："Mosaic 是人们进入网络空间的第一个窗口。"[24] 马克·安德森和 Mosaic 团队的其他人都没有被提及。

"安德森必须在 NCSA 领导这个项目，"亚历克斯·托蒂克说，"如果他不能领导，那么他就必须离开。"[25]

安德森在同年 12 月大学毕业，他甚至懒得去拿他的毕业证书。到 1993 年底，也就是推出 Mosaic 浏览器仅仅一年后，马克·安德森就在硅谷找工作了。

※

1994 年初，马克·安德森身处的硅谷实际上正处于历史低谷期。1990—1991 年短暂但剧烈的经济衰退对科技行业造成了沉重打击。1991 年，个人电脑的出货量下降了 8%，整个行业有史以来首次出现这种下滑。[26]

"我以为我错过了所有的事情，"安德森后来在谈到他抵达加州时说，"当我到了那里时，硅谷中的压倒性情绪是，一切都已经结束了。

个人电脑市场的形势已经确定了，顺便说一句，硅谷的命运可能也已经确定了，因为人们没有别的事可做。"[27]

那么，1994年的马克·安德森还能做什么其他事情？对现在的我们来说，这个问题的答案显而易见：他应该组建一家初创公司，获得风险资本的支持，发布一款产品，获得数百万名用户，最终实现公司上市的目标，成为亿万富翁。马克·安德森在1994年做的事情造就了这条通往现代思维模式的路径。他联合创立了网景公司，这是第一家真正的互联网公司。当时，马克·安德森并没有创立互联网公司的参考模板，他自己创建了这个模板。

"我有一些创意，我想成为一家新公司的一员，"安德森说，"但我甚至不知道什么是风险投资家。"[28]

※

吉姆·克拉克在硅谷历史上因创立了三家价值十亿美元的公司而闻名。1994年初，克拉克刚刚离开他的第一家价值十亿美元的公司：美国硅图公司（SGI）。吉姆·克拉克在硅图公司的任期并不愉快地结束了。尽管他是公司的创始人，尽管他主要负责现代计算机辅助设计和计算机图形开发（你很喜欢《侏罗纪公园》里的恐龙吗？那么你可以感谢硅图公司），尽管他将硅图公司变成了一家价值十亿美元的上市公司，但克拉克还是发现自己被慢慢排挤出了自己的公司。

这还不是最糟糕的。克拉克真正难以忍受的是，他实际上并不富有。克拉克认为，他已经把硅图公司打造成了一家拥有强大技术的机构，可以与微软公司和甲骨文公司相媲美。然而，他远没有比尔·盖茨或拉里·埃里森（Larry Ellison）那样的财富可以证明这一点。硅图公司在发展初期的风险资本融资需求一再稀释了克拉克的股权比例，因此，尽管硅图公司的估值高达数十亿美元，但克拉克的净资产只有约 2 000 万美元。他羡慕那些亿万富翁。

克拉克告诉硅图公司和媒体，他想创立一家新公司。他这次下定决心按照自己的方式行事，他将持有足够的股权，成为一位亿万富翁。问题是，克拉克并不知道他的新公司到底要做什么。他有一些模糊的创意，想要开发交互式电视的软件或硬件——交互式电视被称为信息高速公路。信息高速公路被认为是下一个大事件，这正是克拉克想参与的事情。他甚至与时代华纳和任天堂等公司进行了一些探索性的会谈。毕竟，如果交互式电视是下一个大事件，那么让硅图公司的创始人来帮你制造机顶盒是一个不错的选择。

但实际上，克拉克只是在四处寻找能给他第二次机会的东西。这就意味着，他对各种创意都持开放态度。他向他的朋友、一位资深的硅谷工程师比尔·福斯（Bill Foss）求助。福斯知道聪明的克拉克能找谁交流吗？

"那么，马克·安德森如何？"福斯问克拉克，"他刚从伊利诺伊州搬到加州的帕洛阿托。"[29]

为了解释安德森是谁，福斯把某一个版本的 Mosaic 浏览器下载到了克拉克的电脑上。克拉克一定对其印象深刻，因为在他第一次使用 Mosaic 之后不久，他向安德森的个人电子邮箱发送了下面这条信息。

致马克·安德森：

你可能不认识我，我是硅图公司的创始人兼前董事长。正如你最近在报纸上读到的，我将要离开硅图公司。我计划创立一家新公司。我想与你讨论一下我们合作的可能性。

吉姆·克拉克

1994 年初的某一天，吉姆·克拉克和马克·安德森早上 7 点在帕洛阿托的一家维罗纳咖啡店见了面。安德森在帕洛阿托的一家名为企业集成技术（Enterprise Integration Technologies）的公司找到了一份工作，从事互联网安全产品的研发工作。安德森当然知道吉姆·克拉克是谁，即使他拥有一份报酬不错的工作，他还是对自己可能参与的任何创新尝试都非常感兴趣。

安德森后来还记得，那是几年来他第一次这么早起床。克拉克告诉他，他想创立一家新公司；他还不知道这将会是一个什么样的公司，但他正在找人来帮助他搞清楚。[30] 克拉克一定对安德森印象深刻，因为他邀请这位年轻的工程师加入了一个由他信任的伙伴组成的小组，其中包括比尔·福斯，他们会定期在克拉克家会面，讨论各种创意。

1994 年 3 月下旬的某一天，在大约凌晨 1 点的一次讨论中，克拉克直接对安德森说："你想出一件事情来做，我会给你投资。"

"那好，我们可以创建一个 Mosaic 杀手。"安德森告诉他。

※

马克·安德森比世界上的任何人都清楚，下一个大事件是万维网。像克拉克这样聪明、有钱的人都认为信息高速公路可能是下一个大事件，但安德森明白，克拉克不必追逐交互式电视的梦想或与有线电视公司达成交易——未来已经到来，数百万人已经在使用它了。

这一切可以归结为简单的数字。安德森向克拉克展示，到那时，网络用户的数量每隔几个月就会翻一番——绝对是指数级增长。克拉克不知道一个人如何从这种增长中赚钱，但他认为有了这样的增长，一定会有办法赚钱。安德森用 Mosaic 证明了网络浏览器是一种非常好的利用爆炸性增长的方式。当克拉克意识到这一点时，最让他激动的想法是，他们可以首先抓住这个机会。让世界上的其他人去发展信息高速公路吧，他和安德森会在其他人发觉之前把全新的浏览器创造出来。

1994 年 4 月 4 日，马赛克通信公司（Mosaic Communications Corporation）正式成立了，这家公司最终成了网景公司。公司的首要任务是成立一个能够编写更好的浏览器的软件团队。安德森一直小心翼翼地维护自己与伊利诺伊州的前同事的关系，所以他面临的只是一个让团队重新聚集起来的问题。

"安德森基本上是发邮件给我们。他说，'嘿，我遇到了吉姆·克拉克。他是一个很酷的人。他打算创立一家公司。我正在跟他讨论我们应该做什么'。"乔恩·米特洛塞说。[31]

"一件事引发了另一件事，"亚历克斯·托蒂克回忆说，"他说，'我们不会做任天堂那样的网络，我想我们会做万维网'。"[32]

克拉克和安德森飞回厄巴纳－香槟分校，住进了大学旅馆。他们在伊利诺伊大学校园附近的一家比萨店与他们的目标人物见面，包括来自最初的 Mosaic 团队的埃里克·比纳、亚历克斯·托蒂克、乔恩·米特洛塞、罗布·麦库尔，还有另外两名外部工程师克里斯·霍克（Chris Houck）和卢·蒙图利（Lou Montulli）。克拉克给这些人都提供了 65 000 美元的年薪，用自己的游艇在塔希提岛带他们享受了一周的带薪假期，更重要的是，他给了他们100 000股新公司的股票。

罗布·麦库尔说："我们来到了这个地方，他们说，'是的，让我们来开发更好的 Mosaic，我们要创立一家公司'。克拉克进行了一次能够操控心灵的演讲，他把我们全都带到了楼上。下来的时候，我们都说，'是的，我们要打造一家公司！一家伟大的公司'！"[33]

克拉克告诉团队："在5年之内，如果一切按照我希望的那样发展，那么我的目标就是让你们赚到超过1 000万美元。"[34]

克拉克在他的笔记本电脑上起草了几份相同的协议文件，并用大学旅馆的传真机将它们打印了出来。整个团队在上面签了字，并去了一家名为 Gully's 的酒吧庆祝。

"我们对吉姆·克拉克了解不多，"亚历克斯·托蒂克说，"但我们信任安德森。他让我们所有人在这些文件上签字。我们与克拉克认识只有一个晚上。第二天早上，我们都各自回去辞职了。那一天是星期四。星期六，我们就开始在加州挑选公寓。"[35]

现在，来自世界各地的大学毕业生都梦想去硅谷追寻自己的财富。最初的 Mosaic 团队是最早开启这种旅程的。他们不知道自己是一股新淘金热的先锋。实际上，他们就像是以玉米为食的美国中西部人。他们习惯于通过编程每小时挣6美元，几乎没想过软件开发可以挣得更多。当吉姆·克拉克在他们面前炫耀着5位数的薪水时，他们几乎以为他是在开玩笑。

但这些中西部的孩子来到加州，发现在山景城的卡斯特罗街650号的一家墨西哥餐厅楼上，一个有11 699平方英尺的办公空间已经为他们准备好了。一个比 Mosaic 更好的新浏览器的研发工作很快就开展起来。新浏览器的苹果电脑版本、Windows 版本和 Unix 版本将被同步开发；浏览器和服务器的代码将被重写，重点关注更快的速度、更强的稳定性和更好的性能。换句话说，这会是一个合适的产品，而不仅仅是一个研究项目。

他们的第一次尝试是一个基于爱好的业余项目。"在 NCSA，我们是学生，我们只是玩儿得很开心。"米特洛塞回忆说，"我们不考虑质量问题，真的。在 Mosaic 之后开发网景浏览器是最酷的事情。我们基本上是从零开始的，但可以避免许多相同的错误（当然也会出现新的错误）。"[36] 这一次，他们会做得更好，做得更合适。所有人都聚焦于迅速做出被年轻的程序员团队称为"Mozilla"[①] 的东西，这意指新浏览器是一个怪兽，注定要吞噬他们以前的智慧结晶——Mosaic。

※

这家后来成为网景的公司是第一家互联网公司，第一家真正的互联网公司。从很多方面来看，它开辟了一条道路，并为现代的科技初创公司创立了一个模板。关于现代科技产业，一些我们认为理所当然的细节可以追溯到网景公司的故事，无论是偶然的还是有意为之的。其中一点就体现在年轻公司的企业文化中。一切都与速度有关，与吉姆·克拉克所说的"网景时间"有关（这个概念后来被媒体普遍称为"互联网时间"）。在 20 世纪的大部分时间里，"产品周期"意味着一种相对悠闲、缓慢、可测量的速度。但是在过去的 20 年里，在互联网时代，变化——无论是产品、行业还是整个经济的变化——将在一夜之间发生。

---

① Mozilla，即 Mosaic 和 Godzilla（哥斯拉怪兽）的组合。——译者注

通过 Mosaic，NCSA 的孩子们偶然发现了一种软件开发的新方法，一种产品开发的新精神。在那时，软件意味着装在纸箱里出售的软盘或光盘。吉姆·克拉克来自机器和硬件的世界，在那里，开发时间表是以年甚至几十年为基本单位的，而"创业"意味着工厂、制造、库存、运输进度等。但是，Mosaic 团队偶然发现了更简单的东西。他们发现，你可以构想一个产品，编码它，将它发布到网上，从而在一夜之间改变世界。有了互联网，用户可以下载你的产品，给你一些反馈，你也可以在同一天发布新版本的产品。在网络世界中，开发时间表可以以周为基本单位。

网景公司对现代创业理念的第一个贡献，正是这种新的产品开发模式。马克·安德森这样描述："你不停地推出新的版本，让它不断变得更好。任何单独的产品都不如基本理念重要。如果一个测试版本让人失去了兴趣，那你就发布一个新的测试版本，让他们重新兴奋起来。"[37] 吉姆·克拉克热情地接受了这种新的做事方式。他在自传中写道："你并没有创造一些实体的东西，没有将它们从装配线上取下来，密封包装并装箱，然后在商店上架并为它们贴上标签。反之，你在头脑中构想出了一个产品，在电脑中制作它，然后把它放到网上公开出售。"[38]

这种新模式需要一种几乎是 24/7 的工作时间表，这是网景公司推崇的另一种工作方式，在如今的硅谷广为流传。在新浏览器开发期间，一位名叫杰米·扎温斯基（Jamie Zawinski）的年轻程序员定期在网上发布日记。这些内容（如今被称为博客帖子）记录了他作为一名团队成员的感受。他描述自己连续工作了 39 个小时，在小隔间的桌子下小睡片刻，因为疲劳缺席了会议。他希望能够快速地恢复到精力饱满的状态。[39]

软件工程一直以来都是一种追求，它是一种高强度的工作，能够激发长时间的生产力爆发。当你放松下来时，你才会意识到自己已经连续编程好几天了。在某种程度上，我们不能因为网景公司给我们留下了"初创公司有着高强度的工作"这一普遍认知而责怪它。虽然当时许多令人窒息的新闻剪报都报道了网景公司的工作组在办公室通宵达旦地工作，而且会搞一些狂欢会，但毕竟他们都是一些刚大学毕业的年轻人。他们只知道做这些事情。

"我们昼夜不停地工作，因为我们以前就习惯这么做。"亚历克斯·托蒂克说，"4 年后、5 年后，整个硅谷都采用了同样的生活方式，但那些人实际上是有生活的。我们在办公室之外真的没有任何生活，因此我们当然会一直待在办公室里！我是说，我根本没有家具，那我为什么要回家？"[40]

卢·蒙图利说："媒体人只会在他们有限的时间里挖掘他们认为最有趣、最刺激、最吸引人的东西，然后将它们公之于众。尤其是后网景时代，在 1998 年和 1999 年，每家初创公司都试图做到那些在杂志上读到的事情。"蒙图利承认，那时他自己的时间表是不人道的。"我会在办公室睡上 4~5 个小时……睡醒之后，我再工作 20 个小时，然后回家睡大约 12 或 15 个小时，然后循环这个过程。我不建议普通的创业公司这么做。不幸的是，由于我们的宣传力度很大，很多创业公司的人都认为这样做是理所应当的。"[41]

如今，硅谷初创公司的特征还包括非正式的工作环境和公司免费提供的疯狂福利。网景公司还是这种非正式工作文化的先驱，但回想起来，你不得不怀疑这是否只是为了激励 20 多岁的男性软件工程师。

在 1994 年前后，网景公司提供了桌上足球、桌上冰球、网络电脑游戏以及大学毕业生们认为很酷的所有其他东西。最臭名昭著的公司内部比赛是椅式足球赛，这是一种角斗士比赛，参赛者坐在滚轮办公椅上互相对抗。椅式足球赛很残忍，有时甚至很血腥。"我们可能会因为一场比赛毁掉 10 把椅子。"比尔·福斯回忆说。他曾以顾问的身份加入该公司。[42]

罗布·麦库尔回忆道："人们会在办公室里大规模地玩多人游戏《毁灭战士》。"他指的是当时流行的第一人称射击游戏。"最后，公司不得不采取行动，出台了下午 5 点之前不准玩游戏以及其他类似的规定。"[43]

有一个人很少参加这些疯狂的娱乐活动，那就是马克·安德森。他也没有参与通宵达旦的编程会议。现在，在美国加州，在一家真实的公司里开发一款真实的产品，安德森的角色变了。吉姆·克拉克兑现了自己对安德森的承诺，他围绕安德森的想法建立了一家公司。从一开始，安德森就被称为新公司的联合创始人。

安德森被迫成为这个新公司的公众形象。罗莎妮·西诺（Rosanne Siino）是公司的公关经理，她是跟随克拉克从硅图公司跳槽过来的。她知道自己的手上有一个好故事。"我认为，我有互联网，这是一个热点，我可以从中挖掘很多东西。我还有吉姆·克拉克，他也是一个热点。"西诺回忆说，"另外，我还有这位 22 岁的神奇天才。无论如何，公司都会被广泛报道。"[44] 很快，安德森和克拉克这对充满活力的搭档，出现在了《财富》杂志的 "25 家很酷的公司" 的名单上。《财富》杂志称安德森为 "有知识的乡巴佬"[45]，《圣何塞水星报》在一篇题为《他年轻，他当红，他在这里》的文章中特别报道了安德森。

1994 年底,《人物》杂志称安德森和一位名叫泰格·伍兹的年轻高尔夫球手为"最有趣的人"。[46]

与此同时,安德森和克拉克正在制定新公司的商业战略。为此,两人着重观察了当时公认的标杆公司:微软。微软的操作系统垄断了个人电脑市场,绝大多数计算机世界必须建立并生存在 DOS(磁盘操作系统)和 Windows 平台上。如果你是一名程序员,想要创建一个能够触达最多用户的程序,那么你就必须使用比尔·盖茨的平台。有时你需要向盖茨支付费用,有时不必。但是不管怎样,你必须与微软合作,否则你和你的程序将被遗弃在计算世界的偏远角落。

安德森和克拉克开始把网络浏览器当作一种网络的平台来构想。为什么网络浏览器不能成为互联网的 DOS 或 Windows 呢?关键在于成为市场标准,这就意味着要成为第一;但是,成为一个平台也意味着要吸引开发者以你的平台为基础进行开发。几乎从一开始,安德森和克拉克就希望他们的网络浏览器能够建立一个生态系统,其他程序甚至其他公司都可以以这个生态系统为基础。在其整个发展过程中,网景公司一直拥抱开源的文化和实践。如果该公司的团队创造了第一个支持创新的浏览器,那么他们不会让这种进步成为自己的专利。他们允许其他人使用新功能,希望它能成为标准,并希望自己能因创新和第一的排名而获得赞誉。一个很好的例子是安全套接层(SSL)技术,网景公司是开发这种技术的先驱。这是一种加密技术,使网络上的安全交互成了可能。网景公司的浏览器是第一款采用这种技术的浏览器,但是网景将底层标准免费留给了其他人自由使用。这种对技术的开放态度使得第一批电子商务活动开始在网络上发展。网景作为最受用户信任和重视的底层平台受益匪浅。网景公司还热切地支持并整合了其他公司的成果——比如，早期的 Java 编程语言。网景甚至会鼓励其他人开发能够与网景自己的软件交互的附加组件和插件，从而添加网景自己无法想到的特性和功能。

在整个互联网时代，一家又一家的公司痴迷于创建或拥有一个平台的想法。如果你开发了一个平台，那么你就可以创建一个生态系统，其中的开发者、软件和应用程序都要依赖这个底层平台。拥有一个平台，就是拥有球场、规则手册、入场旋转门和广播权。企业对平台的痴迷并非源于网景公司，但它提供了这样一个模板。

当克拉克跟安德森一起忙于推敲产品和战略时，他还在幕后忙着组建一家更完整的公司，为大联盟做好准备。他邀请了有经验的工程经理来监督开发团队。克拉克知道，他想要一位世界级的首席执行官（他自己满足于担任董事长），于是他做了一个大胆的决定，把目光投向了吉姆·巴克斯代尔（Jim Barksdale）。他是联邦快递公司广受欢迎的前副总裁兼首席运营官，时任麦考蜂窝通信公司（McCaw Cellular）的首席执行官。

克拉克也为公司筹集了资金，尽管他把融资的事尽可能地推迟了。在他被硅图公司伤害之后，克拉克几个月来都是自己掏钱支撑公司的运营，牢牢地控制着他可观的股份。当公司融资的时机终于到来时，克拉克的名声使他以非常有利的条件获得了约翰·杜尔（John Doerr）的投资，他是硅谷最著名的风险投资家，也是凯鹏华盈（Kleiner Perkins Caufield & Byers）的合伙人。众所周知，凯鹏华盈参与过康柏电脑（Compaq）、财捷集团（Intuit）和太阳微系统（Sun Microsystems）等早期科技巨头的风险投资，而杜尔本人在之后的几年还投资了亚马逊、谷歌以及其他一些互联网公司。

人才已经到位，资金已经到位，浏览器也进入了深度开发阶段，最后一个问题很重要：如何赚钱？安德森和克拉克最终确定了一个看似激进的策略：该产品将是免费的。这是一种大家心照不宣的模式。在产品发布后，所有人都可以下载所谓的测试版网络浏览器（也就是还在开发中的产品）。但是，如果你想获得这个软件的标准版本——这个版本拥有所有花哨的功能和客服的支持——那你就需要花费 39 美元。（这种方案也有变体，任何人都可以下载试用 90 天完整的版本。之后，你应该会付费了。）

"当时，把软件开发出来后直接免费送人是一个疯狂的想法，"罗布·麦库尔说，"他们打算免费赠送浏览器，并针对服务器收取大笔费用。"[47]

"本质上，这是一种类似剃须刀与刀片的商业模型。"网景的工程师卢·蒙图利说。[48]

这种做法是明智的。当时，互联网上的一切都是免费的。安德森知道，如果他想第一个吃螃蟹，要求用户为基于网络的软件付费，那么他必须谨慎考量。他们的想法是用免费的测试版产品吸引用户，然后要求他们付费购买最终产品——一个"专业的"版本。如果企业想要使用这款产品，那么它们必须为服务器支付高达数千美元的费用，以便让网络在企业内部运行。免费有助于这款浏览器获得市场份额，这是推行其平台战略的必要条件。如果这款新浏览器能够迅速与已经占有了 90% 的市场份额的 Mosaic 相抗衡，那么它将成为所有其他浏览器的实际参考标准。

"这基本上是微软为我们带来的启发，对吧？"安德森说，"如果你无处不在，那么你就有很多选择的机会，有很多获得收益的方式。

你的产品可以让你无处不在，你也可以通过产品本身获利。"[49]

对克拉克来说，他的首要任务仍然是保证速度：开发产品的速度和进入市场的速度。克拉克不够耐心，但他也认为这是一次千载难逢的市场机会——如果他们能足够迅速地发展，那么类似"赚钱"这样的问题就会迎刃而解，但他们的产品必须是第一个面市的，或者至少是第二个面市的。Mosaic 仍然只是一个锦上添花的研究项目，它可以被更为精致的产品取代。至少，Mosaic 当时的情况就是这样的。

※

他们注重速度是对的。1994 年 5 月，NSCA 将最初的 Mosaic 浏览器代码授权给了一家名为望远镜（Spyglass）的公司，该公司的成立是为了将 NCSA 的技术商业化。事实证明，通过挖走 NCSA 的学生团队，克拉克和安德森唤醒了这个组织，使该组织认识到了网络浏览器作为一种产品的经济价值。望远镜公司希望利用 NCSA 的技术，开启一项有利可图的业务，即开发浏览器并将它授权给各种外部公司。

几乎在同一时间，伊利诺伊大学威胁称要代表 NCSA 提起诉讼，它声称网景公司的新浏览器是基于 Mosaic 的原始代码开发的。伊利诺伊大学还注意到，克拉克和安德森的公司最初的名字是马赛克（Mosaic）通信公司。为了安抚伊利诺伊大学并避免诉讼，公司的名字被改成了网景公司。同时，程序员们也按照法庭的审计要求提交了自己的工作内容。但事实上，正如乔恩·米特洛塞所说："我们根本不想拿走 Mosaic 的任何代码，事实就是如此！我们真的想从零开始。我们想按照正确的方式来做事。"[50]

随着事情的发展，1994 年 10 月 12 日，他们马拉松式的艰苦工作获得了回报。新网络浏览器的测试版，即最终被命名为"网景导航者"（Netscape Navigator）的 0.9 版浏览器程序，在午夜正式发布了。

亚历克斯·托蒂克回忆道："当我们在万维网聊天小组的留言板上（Mosaic 浏览器的发布消息也曾在这里发出）宣布这个消息时，我们为不同地区的下载操作设置了不同的音效。我们坐在房间里，听着声音。电子邮件一经发出，澳大利亚就有人试图下载我们浏览器，你能听到打碎玻璃的声音。我们沉默了几分钟，然后听到了一门大炮的声音。之后，这些声音开始越来越密集。我们所有人只是坐在那里，喝着啤酒，写几行代码，听着这些声音。在大约五六个小时的时间里，出现了爆炸、蛙鸣、闪电和大炮等刺耳的声音，因为人们在世界各地下载我们的浏览器。我们的感觉是，'好了，我们做对了一些东西'。所有人都喜欢它。"[51]

相较于当时人们可以使用的其他浏览器，网景导航者浏览器实现了重大的进步。即使当时要在标准调制解调器的低速限制下工作，它的速度也是非常快的。一些检测数据表明，网景导航者浏览器加载网页的速度是 Mosaic 的 10 倍。用户和媒体的一些早期评论令人欣喜若狂。《商业周刊》称，网景导航者浏览器可以"使互联网成为家庭购物、银行业务和许多其他服务的大众媒介"[52]。

在接下来的几个月里，这款浏览器的测试版本和官方 1.0 版本被下载了大约 600 万次。[53] 网景导航者浏览器因快速、稳定和功能丰富而声名鹊起。它引入了许多当时其他的浏览器不支持的网络创新，以至于业界出现了一个独特的新现象：在尚未成熟的网络中，一个又一个网站开始发布小按钮，上面写着"用网景导航者浏览器浏览效果最佳"，它们会提供链接，将你引导到下载页面。就像曾经使用 Mosaic

一样，网站管理员和网站创建者想要通过网景导航者浏览器展示他们做的酷炫的新东西，因此他们主动引导自己的用户使用新的浏览器。

据估计，在网景导航者浏览器的测试版本发布时，全世界有2 000万名互联网用户。这表明在 Mosaic 发布测试版本的 18 个月中，用户数量产生了惊人的增长；而网景导航者浏览器很快就超越了 Mosaic：1994 年初，最初的 Mosaic 及其各种不同的版本控制了 95% 的网络浏览器市场；10 月底，网景导航者浏览器在其测试版本发布后仅仅两周就获得了 18% 的市场份额；到 1995 年初，有 55%的用户使用网景导航者浏览器上网；到 1996 年，网景导航者浏览器已经实现了 4 500 万次下载，控制了 80% 的浏览器市场。[54] 与此同时，Mosaic 在浏览器市场中的份额已经缩水至 5%。[55]

网景公司的员工约翰·詹南德雷亚（John Giannandrea）说："现在，很多人想当然地认为，他们可以将某种新产品的一个版本发布在网上，然后在一周内就会有 100 万的下载量；但这种事在以前从未出现过。"[56] 正如约翰·诺顿（John Naughton）在《未来简史：从无线电时代到互联网时代的一生》中所说："网景开启了一个时代，你可以在前一天完成一款产品，在第二天就拥有数十万名用户。产品周期为两年的旧时代已经结束了。"[57]

事实上，在刚推出网景导航者浏览器 1.0 版时，团队就已经开始开发 2.0 版了。产品的发布速度总是越快越好。截至那个时候，克拉克和凯鹏华盈投资的 1 300 万美元已经被用掉了一大部分。但是，首席执行官吉姆·巴克斯代尔在正式到任后，会解决公司的现金流问题。

巴克斯代尔给这家年轻的公司带来了老式的商业头脑。在网景导航者浏览器的正式版本首次进入市场短短几个月之后，网景就有望在

1995 年的第一季度实现 300 万美元的收入。但是巴克斯代尔很快发现，他可以做得更好。在任期初，他跟比尔·凯林格（Bill Kellinger）进行了交流，后者负责管理销售部门。那时，销售团队由 3 名超负荷工作的电话代表组成，他们每天要处理 1 000 多通电话。当凯林格将电话处理量的资料交给巴克斯代尔看时，这位新任的首席执行官大吃一惊。实际上，网景拒绝了很多付费用户，因为没有足够的人来接电话。巴克斯代尔问凯林格："如果我给你更多的人，你能多实现多少收入？"凯林格认为，如果为他增加 3 个人，总共 6 个人接电话，那么他可以使网景的收入增加两倍。"你是说，第二季度你能赚 900 万美元？"巴克斯代尔怀疑地问。[58]

凯林格增加了电话代表的数量，第二季度的销售额接近 1 200 万美元。

这些销售电话是从哪里打来的？没错，这些电话是美国的企业打来的。正如马克·安德森所希望的那样，以官方许可支持为基础的"免费"策略取得了成效。

乔恩·米特洛塞说："我们可以查看服务器日志，然后就可以知道是谁在接入、使用浏览器。例如，市场营销团队在查看这些日志后会说，'哦，甲骨文公司有 20 000 人在使用我们的浏览器'。然后，他们会打电话给甲骨文公司的信息技术人员，告诉他，'你们公司的员工使用了 20 000 个未经许可的浏览器程序副本，你们欠我们 X 美元'。我们通过浏览器赚了数百万美元。"[59]而从表面上看，浏览器是免费的。

到 1995 年底，网景公司仅在浏览器方面就获得了大约 4 500 万美元的收入。[60]这种增长趋势迫使这家年轻公司的人力资源部门超速运转。1995 年夏天，公司员工超过了 250 人，到那年的年底，这个数字翻了一番。得益于令人印象深刻的增长数据，首席执行官巴克斯代尔帮助公司获得了第二轮 1 700 万美元的投资，投资参与方包括出版公司奈特里德（Knight Ridder）、赫斯特（Hearst）、《时代镜报》（Times Mirror），以及有线电视公司 TCI。网景公司当时的估值达到了 1.5 亿美元。巴克斯代尔还通过庭外和解解决了公司与伊利诺伊大学之间的法律问题。网景公司同意向该大学支付 220 万美元的赔偿金，并根据未来的商业交易额外支付 140 万美元。伊利诺伊大学与 Mosaic 的授权厂商望远镜公司共享这笔钱。网景公司提出以公司股份替代现金，但遭到了对方的拒绝。当网景公司进行 IPO 时，这次拒绝使伊利诺伊大学损失了数千万美元。

而 IPO 的到来是毫无疑问的。1995 年 5 月，望远镜公司提交了上市申请。这一行为推动了吉姆·克拉克：在网景公司 6 月召开的董事会上，他开始鼓动网景申请自己的 IPO，而且越快越好。首席执行官巴克斯代尔和首席财务官、摩根士丹利前投资银行家彼得·柯里（Peter Currie）对此都不太确定。根据传统的经验，一家公司在有 3 年稳定增长的收入之后才会上市，而网景公司只有两个季度的像样的收入。一家公司在申请 IPO 之前至少有 3 个季度实现盈利是另一条传统经验，网景公司有望实现盈利，但它要等到年底才行。还有一个小小的事实，那就是公司成立的时间还不到一年半。克拉克自己的硅图公司在 1986 年上市时，已经运营 5 年了！

吉姆·克拉克并不关心这些传统的衡量标准。在他的敦促下，网景公司于 1995 年 6 月 23 日提交了 IPO 申请文件，比望远镜公司上市的时间早了 4 天。克拉克认为，网景公司在一个新兴的软件市场中占据了大多数份额，而这个市场的未来看起来充满了增长潜力。超过500万的用户基数必然对华尔街有一定的价值，而且软件公司当时也是华尔街的宠儿。软件业务具有很高的利润率，一款热门的软件产品可能是一座金矿，投资者渴望一种新型的创业公司。

网景并不是第一家没有实现规模化利润（甚至收入）就上市的公司。矿业、能源和制药等领域的投机性企业通常会为了募集资金提前上市，并承诺在未来某个时刻实现一个可观的收益。在承诺从互联网领域获得收益的新型公司中，网景是知名度最高的。这一轰动事件使人们普遍认识到，互联网是一个新市场，具有不寻常的可能性和独特的前景。互联网有潜力成为市场的主矿脉，正因为如此，人们对互联网公司采取了差异化的估值标准。在随后的互联网热潮中，众多 IPO 候选者可以（也将会）以网景公司为参考：作为一家零收入的上市公司，网景在短短几年内凭借互联网的抛物线式增长，实现了数亿美元的收入。同样重要的是，即使成立时间只有几个月，网景公司也可以完成上市：你最好在竞争对手击败你之前，筹集尽可能多的资金，并获得尽可能高的市场份额。

网景公司申请 IPO 的另一个关键推动因素是，华尔街相信马克·安德森的平台战略。投资界认为网景导航者浏览器正在网络上建立一个平台，因此网景可能成为下一个微软。摩根士丹利的投资银行家弗兰克·夸特罗内（Frank Quattrone）说："许多人错过了微软的 IPO，因为他们不相信个人电脑。"他将协助网景公司上市。许多人觉得在网景公司上市后立即购买它的股票是一个千载难逢的机会，这相当于抓住了下一个技术时代的微软。[61]

所有公司在正式进行 IPO 之前，都会举行一些所谓的"路演"

活动，公司的负责人会在美国各地向股票分析师、投资者、共同基金、养老基金等个体或组织推销自己的公司。网景公司的路演活动就像是流行歌星的全球巡演。在纽约，当一个 500 人的舞厅爆满时，很多人被拒之门外。参加活动的许多人并不是来询问与公司相关的问题的，他们是来了解更多互联网的总体情况的。[62]

※

1995 年 8 月的网景公司 IPO 是硅谷一段时间以来见证的最重大的事件。多年以后，硅谷再一次出现了激情燃烧的盛况。网景公司似乎已经将自己"打包"好了，而华尔街也准备好购买它了。

在 IPO 的那天早上，吉姆·巴克斯代尔给出了严格的指示，希望网景公司的员工不要讨论股价，而是像往常一样继续工作。当吉姆·克拉克早上走进办公室时，他注意到自己的私人助理无视禁令，在办公桌上放了一台实时电子报价机。克拉克决定不斥责她（毕竟，她也是公司的股东）。

"这太令人兴奋了，"乔恩·米特洛塞回忆说，"我们又喊又叫，激情四射。一小时后，我们又回到了工作岗位。因为我们都不明白到底发生了什么，而所有人手头都有工作要做。"[63]

马克·安德森甚至没有睡醒。他在前一天晚上一直工作到凌晨 3 点。当他在太平洋时间上午 11 点醒来并登录股票行情网站 Quote 时，公司的股票已经开始交易了，因此他完整地错过了股票延迟开盘的戏剧性事件。安德森回忆道："然后，我又睡着了。"[64]

安德森在睡梦中成了一个千万富翁。在短短几个月之后，网景公司的股价达到了每股 171 美元的峰值，是 IPO 定价的 6 倍多，这也是 NCSA 地下室那些孩子的财富的峰值。他们每个人 100 000 股股票的价值是 1 700 万美元左右，甚至超过了吉姆·克拉克当初承诺的 1 000 万美元。克拉克当时拥有该公司 20% 的股份，这意味着他已经获得了自己梦寐以求的亿万富翁身份。

继硅图公司之后，网景公司是克拉克拥有的第二家价值十亿美元的公司。不过，获得财富的不仅仅是他们这些大人物，也包括公司的工程师和秘书。克拉克在快速扩展公司、招募人才的过程中，对自己想招募的每个人都很慷慨。这塑造了互联网时代的一个重要理念：你要做的就是选择正确的公司并尽早加入。即使你只是一个低级别的工程师，也可以通过股票期权获得数百万美元的收益。网景公司引发了一场淘金热，涉及工程师、IPO、股票、不切实际的商业计划。最重要的是，网景公司崛起的速度让人们感到震惊。微软用 12 年的时间创造了百万富翁，而网景公司仅用 15 个月就完成了这项工作。华尔街和硅谷学到了一条宝贵的经验：总体来说，互联网就像狂野的美国西部，关键在于争夺地盘。企业要在竞争对手注意到自己之前站稳脚跟，在市场中占据主导地位。安德森的平台战略似乎是正确的。早期利润根本不重要；收入很重要，但不是一项必要条件。更有价值的是表现出"网景速度"、企业灵活的能力以及扩展市场和获取市场份额的意愿。你要感受机遇的降临，并立即去追逐它。正如记者兼作家迈克尔·刘易斯（Michael Lewis）后来所描述的："你必须证明你的公司不属于当下，而属于未来。最具吸引力的公司是那些展现出了最大可能性的公司。"[65]

网景公司长期以来第一次让企业家精神在美国变成了很酷的东西。在过去的几十年里，孩子们都渴望成为摇滚明星、运动员或者宇航员（以及股票经纪人，这一趋势曾在20世纪80年代短暂出现过），但是很少有人想到创立一家公司能够让你享受摇滚明星的待遇，更不用说能够提供一条通往惊人财富的体面之路了。一夜之间，一个引人注目的灰姑娘的故事出现了：有一群大学生抓住了机会，变得富有起来，并且——至少在财经媒体中——声名远扬。安德森的《时代》的封面故事刊登于1996年2月19日。14年前，1982年2月15日，《时代》的封面人物是一位26岁的科技巨星，名叫史蒂夫·乔布斯。1982年的封面故事的标题是"一夜暴富"。它向世界发出信号，第一次硅谷革命正在全面展开。1996年，安德森的照片展示了他赤脚咆哮（或打哈欠，这取决于你的解释）的坐姿形象，他头顶上方的标题是"黄金极客"。对那些愿意倾听的人以及那些沉迷于某种技术的人（也许是一些特定年龄的人）来说，这个信息是响亮而清晰的：一场新的革命正在进行，一场新的淘金热正在到来。网景公司为我们对企业家理念的推崇奠定了基础，整整一代人都注意到了这一点。

网景的故事并不全是夸张的炒作。在18个月内，网景导航者浏览器获得了3 800万名用户。[66]网景公司的收入从举办IPO时的1 700万美元猛增至1996年的3.46亿美元和1997年的5.33亿美元。[67]在三年的时间里，网景公司的收入增长到了微软花费将近14年才达到的水平。从某些角度来说，网景公司是历史上发展最快的公司之一。人们相信，网景将会成为下一个微软，成为即将到来的新互联网时代的巨人。网景导航者这样的浏览器将成为互联网的操作系统，取代Windows这样的旧电脑操作系统。2.0版本的网景导航者浏览器在公司举办IPO之后不久面市了，它集成了电子邮件和新闻组功能，并增加了对插件的支持，这使得第三方能够集成更复杂的功能。正如网景公司的一名产品经理所说，网景导航者浏览器是"一个真正的平台，程序员可以基于平台编写自己的应用程序"[68]。这是一种行之有效的微软式平台战略，而它针对的是一个全新的、无限的数字领域。媒体已经开始称呼马克·安德森为"新比尔·盖茨"。

问题在于，为什么比尔·盖茨会心甘情愿地放弃自己在科技行业的宝座？为什么他会放任自己的平台被一个新平台取而代之？事实上，网景公司仓促进行 IPO 的最后一个关键原因是，网景公司的管理层害怕微软。他们知道，在比尔·盖茨和微软意识到互联网的重要性，尤其是网络浏览器的市场潜力之前，网景公司必须尽其所能做到大，并获得尽可能多的市场份额。在他的自传中，克拉克把盖茨比作《指环王》中邪恶的索伦勋爵（Lord Sauron）："他的通视之眼在不断寻找对他的暴政产生的任何威胁。"当商业媒体鼓吹网景公司可能成为新的微软时，盖茨自然也注意到了微软当时的全面霸权所面临的这个新威胁。就算盖茨不知何故错过了所有这些信息，他也一定听过马克·安德森的一句臭名昭著的警告。在网景公司进行 IPO 几周之后，《信息世界》杂志援引安德森的话表示，网景公司将把 Windows 系统变成"一个普通且完全没有调试过的设备驱动程序的集合"[69]。

第二章
掌控全球计算机的比尔·盖茨

微软与 IE 浏览器

网景害怕微软是对的。如今，我们几乎无法想象微软是如何在互联网时代的黎明时期完全统治计算机行业的。比尔·盖茨的公司成立于个人电脑革命初期。与个人电脑时代的其他先驱一样，盖茨的愿景是构建一个由数十亿台机器组成的计算机生态系统，他想让每一台机器上都装有自己的软件。众所周知，微软的企业座右铭是"每个家庭和每张桌子上都有一台电脑"。据早期的员工说，微软最初的座右铭（在律师建议它保持低调之前）是"每个家庭和每张桌子上，都有一台运行着微软软件的电脑"。

20 世纪 90 年代初期至中期，微软的操作系统被安装在全球销售的 70%~90% 的电脑中。这种主导地位意味着微软 1994 年的市值可以达到 385 亿美元，其市值将很快超过长期以来技术行业的旗手 IBM。[1] 在那之前的 5 年里，微软的年利润、收入和股价都翻了两番。[2]

让网景公司大为欣慰的是，至少在一开始，比尔·盖茨根本就没有注意到互联网。微软几乎将所有的资源都用于开发一款代号为"芝加哥"的程序，这是微软操作系统迄今为止最大的更新版本。它更广为人知的名字是 Windows 95，这一版本的发布将代表微软在科技行业占据绝对领先的地位。

如果你在 1994 年问比尔·盖茨，微软是否为下一波计算浪潮做好了准备，他会给予肯定的回答：下一波浪潮将被命名为 Windows 95。如果你更进一步，追问他一种不同类型的计算方式、一种更网络化且互动性更强的东西（简而言之，就是互联网）将会变成什么样子，他也会给出回答，但是，他不会使用"互联网"这个词来描述他所看到的未来。他可能会提到一个他最喜欢的缩略词 IAYF（Information at Your Fingertips，指尖信息），或者使用一个类似信息高速公路这样的词。在他看来，微软已经掌握了一切。

※

20 世纪 90 年代初，信息高速公路这个概念被媒体大肆宣传。许多不同行业的人都相信，《杰森一家》动画片里那样的未来媒体技术将会改变世界。如果你认为信息高速公路就是互联网，或者互联网就是信息高速公路，这都是情有可原的，但这种观点是错误的。

信息高速公路是电话行业、有线电视行业、计算机行业，甚至好莱坞的狂热梦想。这一设想是，通过像科学怪人弗兰肯斯坦那样将电视与个人电脑组合在一起，我们所有人都将被联系在一起。我们可以在家购物、视频聊天、租赁电影，并根据我们的兴趣接收个性化的新闻和媒体资讯。我知道，这些听起来跟我们今天所了解的互联网一模一样，但人们那时认为这一切都应该发生在你的电视上。

电视将具备互动性。在我们的手机变得"智能"的 10 多年前，很多技术权威人士和有钱人认为电视将变得智能，以及这将是一项能真正改变一切的创新。有线电视行业的巨头约翰·马龙（John Malone）宣布未来将推出 500 个频道、电视购物和电影点播。时代华纳的杰拉尔德·莱文（Gerald Levin）等媒体巨头预测："一旦你将资源数字化，消费者就可以随意调配资源。这一做法的深远意义不仅涉及技术层面，而且涉及心理层面。"[3]贝尔南方公司（Bell South）的首席执行官雷蒙德·史密斯（Raymond Smith）认为："电脑、电视和电话这三种主要的消费者通信设备正在融为一体，而且曾经彼此独立的业务也在融合。"[4]1993 年 4 月 12 日，《时代》发行了一期特刊，标题为《信息高速公路：娱乐、新闻和传播界的一场革命》。

为什么每个人都如此确信电视将成为为用户提供交互性体验的主流媒介？当《连线》杂志问到史密斯这个问题时，他回答说："因为人们的关注点就在那里。你必须从娱乐活动开始。"他根本想象不到，计算机网络能够很快实现这一目标。即使它可以做到，"你也不会在小小的显示器上看视频，你要在一个大屏幕上观看。当你想娱乐的时候，你会使用电视；当你需要处理文字时，你会使用电脑和键盘"[5]。

比尔·盖茨在很大程度上认同这个观点。虽然他来自计算机的世界，但对他而言，计算机仍然乏味得令人绝望。电视无疑是主流，它的技术非常先进，并且最重要的是，它有更高的带宽。盖茨相信，网络化的未来将通过电视实现，因为那就是带宽所在。速度极慢的调制解调器、笨重的拨号连接，这些都不能提供盖茨设想的多媒体盛宴，但是，高带宽的同轴电缆（或者电信公司的数字用户线路，又或者卫星）可以解决这个问题。盖茨分享了他对一个交互式智能电视世界的愿景。在工业界，盖茨开始大力宣传 IAYF，把它视为所有这些有交集的行业的未来。他认为，家里的客厅是实现这个愿景的合理地点。那是消费者注意力所在的地方，也有着必要的基础设施。

在 20 世纪 90 年代初期，盖茨约见了包括电影公司大亨到电信高管在内的所有人。他想要确保，无论电信公司、有线电视公司和好莱坞电影公司有什么计划，微软都将参与其中。这是他在计算领域获胜的剧本的翻版：比尔·盖茨想让他的软件被安装在每一台占据了客厅头等重要的位置的设备上。

盖茨并不是唯一一个追逐互动电视梦想的人。如果你阅读从那个时期到 1995 年夏天的商业及技术类杂志，那么你会看到，所有的文章都涉及信息高速公路，它们都与电话、电视和计算机的融合以及哪个企业集团会脱颖而出有关。在美国各地，人们对互动电视项目的投资达到了数亿美元。其中最大、最受关注的项目是时代华纳在奥兰多的全业务网络（Full Service Network）。该企业于 1995 年 1 月面向 4 000 户家庭推出了这个项目。[6] 吉姆·克拉克的硅图公司为这个网络提供了硬件支持，它为该项目生产了机顶盒。这项网络服务包含电影、互动视频游戏和时代华纳旗下杂志的内容，并且配有一个虚拟购物商城，电视懒虫们可以在这里向供货商订购商品，合作的供货商包括锋利图像公司（Sharper Image）、奎恩佰瑞公司（Crate and Barrel）、美国邮政服务公司（U.S. Postal Service）、道奇，以及一家当地的超市。

时代华纳首席执行官杰里·莱文（Jerry Levin）宣称："如果有任何人说视频点播不是消费者想要的，那么我都会质疑他。"[7] 他本可以直接问一下消费者的。所有与交互式电视有关的实验一个接一个地失败了。在美国加州埃尔塞里托市为 7 300 户家庭设计的一项测试版服务，只获得了 350 个注册用户。[8] 在被人们大肆宣扬的全业务网络的虚拟商城中，最畅销的商品是什么？不是新车或日用杂货，而是邮票。

信息高速公路在互动电视方面的尝试基本上是失败的，但这对比尔·盖茨没有太大的影响。他不在乎谁会在这场疯狂的争夺中赢得黄金未来：有线电视、电话、卫星还是其他的什么。微软会袖手旁观，让其他人为一个完全互联的 IAYF 世界奠定基础并准备基础设施。一旦所有的问题都解决了，微软会突然介入，将其下一个时代的平台覆盖在这一切之上，并且在实施过程中慷慨地分享利益。这是微软在 20 世纪 80 年代一次又一次奏效的策略：让其他人努力证明一个市场的可行性，然后在尘埃落定后进入并主宰这个市场。业界的各种预测都认为，真正的宽带要到世纪之交才会在北美普及开来（事实证明，这是一个准确的预测）。盖茨认为自己有时间等待。直到宽带无处不在，他预想的网络世界才可能实现，未来不会在一夜之间发生。

※

除非它已经发生了。

无论是科技领域还是媒体领域，从比尔·盖茨、杰里·莱文，到好莱坞的电影大亨巴里·迪勒（Barry Diller），没有一个人意识到了马克·安德森和吉姆·克拉克已经意识到的东西：信息高速公路已经存在了。互联网和万维网都是信息高速公路。革命已经开始了，它并非通过电视，而是通过计算机实现的。

产生这种误判的部分原因可能是代际偏见。比尔·盖茨（生于1955 年）、巴里·迪勒（生于 1942 年）、杰里·莱文（生于 1939 年）、约翰·马龙（生于 1941 年）以及其余重量级人物都是婴儿潮一代或近婴儿潮一代。他们都成长在电视时代。对这些人来说，他们理所当然地认为电视是主流技术的典范，是将20世纪末的社会团结在一起的文化力量。就像任何一个优秀的计算机黑客一样，比尔·盖茨在20世纪70年代和80年代也使用过互联网。事实上，当盖茨开发出微软的第一款软件产品（第一台个人电脑Altair使用的BASIC语言）时，他已经在哈佛大学的计算机上用过了FTP，他将自己的工作成果传输到了卡内基－梅隆大学的计算机上进行存储。但是对盖茨来说，互联网就像Unix系统一样，是一项为极客准备的技术。哪一个普通的计算机用户愿意费力去琢磨像FTP这样晦涩难懂的东西？

对比尔·盖茨而言，互联网不适合主流用户。微软的蓬勃发展依靠的是向用户销售精心控制的使用体验。微软之所以受人瞩目，是因为它让计算变得更加主流且易于使用。这就是为什么盖茨希望微软及其大型媒体合作伙伴开发的信息高速公路是一种安全可控的技术，能被主流用户接受，而且最重要的是便于监管。

盖茨最关键的失误在于他忽视了万维网的不同。事实上，万维网比当时任何人所意识到的都更加易于使用、更加强大。盖茨忽略了互联网已经经历的革命，这种革命类似于微软本身在计算领域引发的个人电脑和图形用户界面革命。网络可以实现人们对信息高速公路的所有设想，而且它以民主、乌托邦的方式实现了这些设想，这使得像马克·安德森这样的网络早期使用者对它非常痴迷。当然，信息高速公路是交互式的，它能让你与你的电视对话，但是它无法让你创建自己的电视节目。相比之下，网络允许用户消费内容，也允许用户创建内容。任何用户在任何地方都可以创建任何类型的内容，所有人都可以做到这些，他们不会受到大型媒体公司、有线电视公司或微软这样的看门人公司的控制。

有一位名叫布拉德·西尔弗伯格（Brad Silverberg）的年轻高管，他是在 1990 年加入微软的。他说："如果你是 1995 年的微软公司，那么世界于你而言是相当美好的！你是山林之王！科技世界正围绕着你展开！你为什么想要世界发生改变呢？你不想改变完全是可以理解的。"[9]

但是，世界已经变了。盖茨花了一些时间才明白这一点。最好的例证来自比尔·盖茨在 20 世纪 90 年代初同意撰写的一本书《前方之路》(*The Road Ahead*)。这本书描绘了盖茨对未来技术的愿景。此书于 1995 年 11 月出版，在其精装版的索引中，有 68 处提到了信息高速公路，有 46 处提到了互联网，有 4 处提到了万维网。

在大约一年之后，这本书的平装版发行了，其中的大量内容被重写。在这本书的平装版中，只有 39 处提到了信息高速公路。相反，有 169 处提到了互联网，而万维网被提及的次数突然增加到了 59 次。为什么会有这样的变化？因为在精装版出版到平装版出版期间，网景公司崛起了。

"互联网就是每个人都在寻找的信息高速公路，"网景公司的吉姆·巴克斯代尔说，"他们只是没有意识到而已。"[10]

※

但是，微软公司有人意识到了这一点。他们是较年轻的微软员工，比马克·安德森那群人稍微年长一点儿，但大体上都属于 X 世代。这些年轻的高管和工程师采取了各种方式，通过零星的、不协调的行动，缓慢但坚定地唤醒了微软的网络革命。他们的这种安静的、有节制的做法可能是在大型企业中推动变革的唯一方式。

詹姆斯·阿拉德（James Allard）生于 1969 年，他是微软网络革命的第一位中间人。在此之前，微软对万维网和整个互联网的发展贡献甚微。微软在标准委员会中没有席位，而且公司中没有人参加万维网聊天小组。阿拉德开始代表微软出席早期的互联网会议，比如互联网工程任务组（Internet Engineering Task Force），并确保微软成为互联网协会（Internet Society）的创始成员。1993 年初，阿拉德在互联网上成立了一个微软内部讨论组，名为"inetdisc"。[11] 当时，微软有 14 400 名员工，有 5 人加入了这个小组。阿拉德毫不气馁，他印制了一批微软名片，上面写着"詹姆斯·阿拉德，TCP/IP 技术，项目经理"。[12]

1994 年 1 月 25 日，大约在马克·安德森刚刚认识吉姆·克拉克的时候，阿拉德写了一份微软内部备忘录，题为《Windows：互联网中的下一个杀手级应用》。该备忘录概述了那时互联网和 Mosaic 浏览器的爆炸式增长。阿拉德断言，互联网对微软来说是一个大好机会。"通过采用互联网上现有的技术，"阿拉德提议，"我们可以将 Windows 定位为交互式互联网服务的选择系统，并转而提供微软的初始 IAYF 技术。"[13]

在该备忘录的抄送名单中，有一个人是史蒂文·辛诺夫斯基（Steven Sinofsky），他是另一个迷恋互联网的年轻微软员工。作为首席执行官的技术助理，辛诺夫斯基的职责是让比尔·盖茨了解行业和技术的趋势。辛诺夫斯基同样属于 X 世代，他在大学时代就是重度互联网用户。他在 1993 年 10 月刚给盖茨上了一堂个人辅导课，课程内容与一系列互联网工具相关，包括新生的万维网。当时，盖茨对此很感兴趣，但并没有产生深刻的印象。

在阿拉德写备忘录的时候，辛诺夫斯基已经参加了他的母校康奈尔大学举办的校园招聘活动。在面试那些年轻有为的微软候选员工时，他明显感受到了互联网在校园生活中变得多么普遍。至少对这些大学生来说，电子邮件、网络浏览器和新闻组等事物并不是晦涩的边缘技术。似乎在一夜之间，它们已经成为主流。1994 年 2 月 14 日情人节，辛诺夫斯基写了一份自己的备忘录，标题是《康奈尔大学联网了》。

大约在同一时间，微软开始关注网络计算的发展趋势。它研究了现有的消费类在线服务，如 Prodigy、CompuServe 和美国在线。这些服务与互联网或万维网无关（更多内容我将在下一章介绍），但它们正在培养一个目前规模较小但在不断扩大的消费者群体，这些人开始沉迷于网络空间。微软开始开发自己的在线服务，该服务最终被称为微软网络或 MSN。微软计划将它与 Windows 95 同时发布。

1994 年 4 月 7 日（网景公司正式成立的前两天），在微软高层管理人员的一次战略会议上，盖茨开始以一种更严肃的方式来考虑互联网的可能性。"不管我走到哪里，大家都会问我微软在互联网上将会怎么样。"盖茨在会议开场时说。[14] 但是，这是否意味着微软要在即将推出的 Windows 95 操作系统中简单地植入互联网工具？在盖茨看来，最大的问题是微软如何通过互联网赚钱。互联网上的一切似乎都是免费的，这不是一个可以忽视的小问题。盖茨可以构想微软如何通过充当看门人和收费员的角色在信息高速公路领域中赚钱；但是，充斥着免费软件、不受政府控制且变化无常的互联网似乎没有为它提供类似的机会。

阿拉德和辛诺夫斯基准备对一些要点进行论证。辛诺夫斯基整理了一份 300 页的目录，包括他搜集的互联网上的东西，用来展示互联网上现有内容的广度。[15] 其中一些网站存储的内容不仅有图像，还有流媒体和可供下载的音乐及视频。阿拉德随后大力宣传将互联网融入微软的 Windows 95。

在战略会议之后两周，盖茨发布了一份备忘录，总结了关键的谈话要点。盖茨写道："我们希望并将投入资源成为支持互联网的领导者。我们完全理解我们在这一点上没有犯错。"[16] 但他们此时还是有些犹豫。

接着，几个相关事件进一步促使盖茨的思维发生了变化。为了尝试进入互联网领域，一位名叫本·斯利夫卡（Ben Slivka）的年轻微软工程师带头认真讨论了微软网络浏览器的想法。1994 年 8 月，斯利夫卡开始对关键的 Mosaic 界面特性进行"编目"，以此确定微软在推出一款具有竞争力的浏览器时需要掌握的基础知识。[17] 与此同时，微软开始四处寻找现有的解决方案，并与一家名为 BookLink Technologies 的小型软件公司展开了交流。该公司拥有一款基于 Windows 的浏览器，名为互联网络（Internetworks）。1994 年 11 月，BookLink Technologies 突然宣布整个公司以 3 000 万美元的价格被收购了。买家不是别人，正是美国在线——微软正打算用 MSN 取代该公司的在线服务。

3 000 万美元买一个浏览器？"这惊醒了我们，"负责开发 Windows 95 的高管之一布拉德·西尔弗伯格说，"我们必须更加激进、更加活跃。在这个新世界里，时间流逝得越来越快。"[18]

微软采用了备选计划，它尝试性地联系了网景公司，了解了它的导航者浏览器，试图劝说网景将这款浏览器授权给 Windows 95。微软再次受到了打击。网景公司彻底拒绝了微软的提议，而且态度有些粗鲁。网景公司没有任何与微软合作的意愿。

网景公司的相关人员都是谁？他们对微软有什么不满？他们为什么不愿意合作？这些问题令人费解。

然后，网景导航者浏览器发布了。突然间，一切都明朗了。网景导航者浏览器获得了数百万次下载和随之而来的媒体关注。正如《快公司》（Fast Company）杂志所报道的，"几乎在一夜之间，网景公司被视为互联网时代的核心公司"[19]。与网景公司相关的大部分夸张的宣传都带有尖锐伤人的话语，似乎直接针对微软公司。所有文章的标题都暗示马克·安德森将成为下一个比尔·盖茨。这不禁引起了盖茨的注意。

没有什么比发现一个自己没有绝对控制权的软件市场更能打动盖茨了。网景已经证明，网络浏览器是一个巨大的市场。此外，网景公司内部及外部的很多人已经看到了马克·安德森所看到的东西：浏览器可能成为一个软件平台，它能够取代 Windows 这样的传统操作系统。如果将来人们可以完全通过网络来生活和工作，那么他们为什么还需要一个桌面操作系统？

斯利夫卡又写了一份备忘，他仍然在为浏览器项目摇旗呐喊。斯利夫卡点明了互联网对比尔·盖茨引以为豪的商业模式构成的最大的威胁。备忘录的标题很简单：《网络是下一个平台》。

1995 年 5 月 26 日，盖茨亲自给微软的高级管理人员写了一份备忘录，标题是《互联网浪潮》。这份文件将成为互联网时代最著名的资料之一。盖茨在备忘录中宣布，微软各个业务单元当下的首要任务是互联网。每个产品经理都应该停止之前的工作，并开始考虑互联网将如何影响他们的产品，或者他们的产品会如何对互联网产生影响。

盖茨不怕承认他过去对互联网的沉默态度，但他明确表示，那些日子已经过去了。

我经历了几个阶段来加强自己对互联网重要性的看法。现在，我赋予互联网最高层次的重要性。在这份备忘录中，我想明确说明，关注互联网对我们业务的每一个部分都至关重要。互联网是自 1981 年 IBM 推出个人电脑以来，最重要的一项进步。

盖茨还明确表示，随着微软改变了发展方向，它的第一个目标将会是谁。

网景公司是在互联网上"诞生"的一个新的竞争对手。它的浏览器占主导地位，拥有 70% 的市场使用份额，这使得它可以决定哪些网络扩展能够流行起来。它正在实施多平台战略……我们必须匹配并击败它的产品。

微软计划大举进军互联网领域，而网景是其头号敌人。公司里的许多年轻人竭力宣传互联网已经有一段时间了，他们想知道公司是否做得太少、太迟了。布拉德·西尔弗伯格回忆道："盖茨终于开始支持互联网了，这感觉真好，但他几乎是公司里最后一个反应过来的高管。"[20] 迟做总比不做好，互联网功能被匆忙地添加到了延迟发布的 Windows 95 中。另外，公司预留了 15 亿美元，用于互联网的研究和开发。[21] 斯利夫卡指出的关键目标——开发微软网络浏览器紧急计划——被列为公司的最高优先级事项。

有了这个浏览器项目，在企业文化和组织架构方面，微软将不得不面对网景公司和互联网时代改变游戏规则的方式。微软非常习惯于多年的产品开发计划的旧方法。Windows 95 开发项目早在 1991 年就启动了。事实上，这个系统最初的名字是 Windows 93。诚然，开发一套完整的操作系统比开发一款网络浏览器要复杂得多，但是微软在一个项目上花了 4 年时间而且多次延迟，这使得它臭名远扬。对微软来说，这样的开发方式完全不可能使其在浏览器市场中成功挑战网景。

所以，微软做了它必须做的事情：走捷径。美国在线抢走了BookLink Technologies，网景公司傲慢地拒绝与其合作，微软被迫转向了当时最合理的选择：望远镜公司。该公司经过伊利诺伊大学批准，将最初的 Mosaic 网络浏览器进行了商业化。微软与望远镜公司签署了一份 200 万美元的授权协议，获许在 Windows 95 中使用 Mosaic 的代码。令人感到讽刺的是，这些代码是微软网络浏览器（这是微软即将用于对抗网景公司的武器）的基础代码，是马克·安德森和埃里克·比纳几年前在 NCSA 编写的相同代码的派生版本。

最初的 IE（Internet Explorer）浏览器团队是一支由西尔弗伯格领导、由五六名程序员组成的突击队，其中包括斯利夫卡。他们得到的命令是，完成浏览器的开发，如果有必要，他们可以优先速度而不是质量。他们将遵循微软传统的行动方案：第一个版本的产品将是一个模仿产品，它不需要非常棒，后续版本的产品会更好。西尔弗伯格后来回忆道："我们需要把一些东西作为'占位符'迅速推向市场。"[22] 一旦下定决心要做这件事，微软就会投入所有的资源来解决问题，直到微软的浏览器具备真正的竞争力。

比尔·盖茨还有一个他最喜欢玩的花招，那就是迅速地平衡竞争环境。在 1995 年 8 月发布 IE 浏览器时，微软宣布这款浏览器是免费的。它不像网景导航者浏览器那样推行部分免费（也就是你们懂得的那种免费）。IE 浏览器对所有人都是完全免费的，即使是企业用户。正如盖茨自己承认的："关于微软，大家需要记住一点，我们不需要通过互联网软件获得任何收入。"[23] 其目的是将 IE 浏览器作为一个组件与 Windows 95 捆绑在一起。微软希望用户将 IE 浏览器视为 Windows 操作系统的一个核心功能，将其视作操作系统的常规组成部分，就像屏幕保护程序、磁盘压缩实用程序或文件管理器一样。IE 浏览器将在每台运行 Windows 系统的电脑上占据显著的位置。在每台运行 Windows 系统的电脑的桌面上，都有一个微笑的蓝色"e"图标。

这可不是一件小事。Windows 95 最终于 1995 年 8 月 24 日（网景公司举办 IPO 后两周）发布，这可能是历史上最大的产品发布会。世界各地的电脑商店在午夜就开门了，一批批热切的顾客排队等候购买，他们都想第一个拿到程序的副本。官方发布会由喜剧演员杰·雷诺（Jay Leno）和比尔·盖茨一起主持。[24] 在纽约，Windows 95 图标的颜色照亮了帝国大厦。众所周知，微软在 Windows 95 的商业广告中使用了滚石乐队的歌曲《立即出发》（*Start Me Up*），公司为此支付了 1 400 万美元的费用。总而言之，微软花费了大约 3 亿美元来确保 Windows 95 能够引起轰动。

将 IE 浏览器搭载在 Windows 95 上是一个强有力的战略举措。互联网还很年轻，许多用户将通过 Windows 95 第一次接触它。第一版 IE 浏览器没有获得很好的用户评价，它在功能和性能方面与网景导航者浏览器相比很糟糕。但是，IE 浏览器在每台运行 Windows 的电脑里都是自动出现的。相反，要获得网景导航者浏览器，你必须自己搜索、下载和安装——对互联网新手来说，这并不是一件容易的事情。

在发起与网景公司的竞争之后，微软复制了对手的做法，开始毫不留情地迭代。IE 浏览器的 2.0 和 3.0 版本是同步开发的。当微软推出 IE 浏览器 3.0 版本时，评论家们开始说，微软至少拥有了一款具备竞争力的浏览器。这一切逐步影响了网景公司。起初，网景导航者浏览器在浏览器市场仍然占主导地位，但 IE 浏览器开始一步步发展，其市场份额在 1995 年时几乎为零，在 1996 年增长到了 20%，在 1997 年增长到了 40%。面对微软的进攻，网景公司几乎无能为力。这个行业和华尔街的情绪开始发生转变。《个人电脑周刊》宣称："在互联网竞赛中，微软可能仍然是第二名，但它正在迅速缩小和第一名的差距。"[25]

在被微软这样的竞争对手注意到之前，让网景导航者浏览器成为事实上的行业标准，这是网景公司整个"快速发展"战略的基础。网景公司希望自己能够实现足够的市场占有率和消费者心理占有率，从而使自己的地位不可取代。但是，在标志着互联网时代到来的大爆炸发生 18 个月之后，即使网景公司拥有先发优势，它似乎也无法抵挡微软的实力。"人们不再问微软是否会被互联网杀死，而是问微软是否会主宰互联网。"高德纳咨询公司（Gartner Group）的一名市场研究员对《新闻周刊》的记者说。[26]史蒂夫·乔布斯在 1996 年告诉《连线》杂志："在未来两年内，如果你无法冲过终点线，如果竞争对手不能击败微软，那么微软将拥有互联网。那时，一切都结束了。"[27]

第三章
美国，在线

美国在线与早期网络服务

微软毫不掩饰其充分利用自身平台优势的做法。如果你在1995年买了一台电脑，那么你的电脑有90%的可能性已经预装了一套微软的操作系统。如果你当时还是一个网络新手，并且想尝试一下"网络事物"，那么你的做法很可能是点击电脑桌面上的亮蓝色IE浏览器图标。

网景公司意识到了在Windows 95的桌面上预装图标的价值，并设法与电脑制造商达成协议，将网景导航者浏览器预装到各种电脑里。康柏公司就是这样一家制造商，它开始在其销售的某些型号的电脑中，用网景导航者浏览器取代IE浏览器；或者，它至少给消费者提供了一种预装浏览器的选择。但在1996年6月，康柏收到了来自微软法律团队的"终止意向通知"。毫无疑问，微软威胁要取消康柏公司的Windows 95许可证，除非该公司在它销售的所有电脑的Windows 95桌面上恢复IE浏览器的图标。

当然，康柏退缩了。

1995—1996年，在争夺Windows 95桌面地盘的竞争中，网景并非唯一一个感觉自己在微软的"政治决策"中处于劣势的重要玩家。在用户选择要使用的浏览器之前，他首先需要通过一项服务来"登录"互联网。这个时候，他需要一个互联网服务提供商（ISP）。碰巧，微软也为此提供了一个战略性的默认解决方案：MSN。

微软开发 MSN 是为了与当时的在线服务商竞争，比如 Prodigy、CompuServe，尤其是美国在线。但是随着微软对互联网态度的巨大调整，MSN 很快就被重新配置为一种在线服务和互联网服务的混合体。1996 年 3 月 12 日，发生了一件奇怪的事情。作为 MSN 意图击败的在线服务领域的竞争对手，美国在线宣布，它将把 IE 浏览器作为其服务的默认网络浏览器。这个过程没有涉及金钱交易，但作为"合作"的一部分，美国在线的图标将被放在所有 Windows 桌面上的一个名为"在线服务"的新文件夹中。

双方的交换条件是含蓄的。微软将在 Windows 桌面上给美国在线预留地盘，而这个待遇是它完全拒绝给予网景公司的。事实证明，在互联网时代，微软认为浏览器战役是它的关键战略级战争。比尔·盖茨觉得，微软必须提高 IE 浏览器的市场份额，超越网景导航者浏览器。虽然微软已经花费了数亿美元来开发并销售 MSN，但盖茨还是做出了这个合作的决定。他以牺牲在线服务为代价，加倍投入了软件业务。他判断，相较于帮助用户连接互联网的竞争，赢得浏览器的战役更为重要。随后，微软与第二大在线服务公司 CompuServe、美国电话电报公司（AT&T）旗下的世界网络服务公司（Worldnet Internet Service）和领先的独立互联网服务提供商 NETCOM 公司达成了类似的协议。所有这些新合作伙伴的图标都将出现在 Windows 桌面上的"在线服务"文件夹中。至于网景导航者浏览器？用户必须自行下载它。

在之后的几年里，MSN 一直被人们视为一匹失败的赛马，输给了在线服务领域的最终领导者——美国在线。在 20 世纪 90 年代后期，随着浏览器战争逐渐被人们淡忘——尤其是在世纪之交，美国在线成长为互联网上真正的主导者，有能力与强大的微软进行面对面的较量——业内许多人对盖茨的选择表示质疑。他是否选择了一匹错误的战略赛马来争夺冠军？

※

在万维网出现之前，在线服务已经有很长的历史了。在 20 世纪 80 年代，个人电脑企业仍在努力寻找一个"杀手级"用例，以证明它们进入美国人日常生活的合理性。在线服务就是电脑的"额外功能"。在线服务的内容包括游戏、来自可信媒体的独特内容、软件、数据库，以及一些现实应用的模糊概念，比如网上银行。个人电脑制造商开始将这些服务与它们的机器捆绑在一起，作为吸引消费者的额外卖点。消费者必须支付小时费，才能"拨号"使用这些服务（个人电脑制造商将获得这类费用的一部分），这种做法并没有造成任何不良影响。

在线服务的鼻祖是 CompuServe，它诞生于 1969 年。它最初的名字是 Compu-Serv 网络公司。Compu-Serv 最初提供的是一种分时计算机服务，支持企业在工作时间内从远程主机那里租用计算时间。1980 年，布洛克税务公司（H&R Block）收购了这家公司，并加强了对消费者在线服务的关注。随后，该公司更名为 CompuServe，并在其服务中添加了一系列预装的功能，如新闻订阅、数据库和世界上最早的在线聊天应用程序之一（它被称为 CB 模拟器）。这些功能组成了一个基本模板，使用户了解了在线服务能够提供什么内容。因此，CompuServe 成了很多在线服务的发源地。比如，第一次有记录的在线婚礼发生在 1983 年。当时，这两名用户是在 CB 模拟器上相遇的。在将他们聚集在一起的媒体上宣读誓言，这对他们来说是再合适不过的。[1] CompuServe 于 1989 年成为第一家提供互联网连接服务的在线服务商。当时，它通过其专有的电子邮件服务向外部的电子邮件账户发送消息。CompuServe 还开创了在线商务，并将其称为"电子商城"。现在仍然在网上流行的不起眼的 gif 图形文件格式，也是 CompuServe 内部开发的。不过，贯穿 CompuServe 整个生命周期的主要特色是它的论坛，该论坛上有数百个独特的主题网站，内容涉及了几乎所有用户可以想象到的兴趣和细分领域。CompuServe 赢得了声誉，成为极客和业余爱好者的"游乐场"，其论坛话题覆盖了从邮票搜集到《星际迷航》的方方面面。

其他公司复制了 CompuServe 的模式，它们推出了各种各样的电子邮件、论坛、公告板、软件下载库以及聊天室。它们有一个共同点，那就是它们都认为用户多少掌握了一点儿电脑知识。另一个早期的在线服务商 Prodigy 则恰恰相反。从一开始，它的设计理念就是吸引主流用户。Prodigy 成立于 1984 年，是 IBM 和西尔斯百货公司共同创立的合资公司（另一个合作伙伴哥伦比亚广播公司于 1986 年退出了）。1990 年 9 月，在一场全国性的广告闪电战之后，其服务上线了。Prodigy 支持基于矢量的图形，这些图形比较原始、卡通，但与 CompuServe 的全文本环境相比，Prodigy 的图显得更加有趣且丰富多彩。为了适应 Prodigy，很多报纸和杂志重新调整了内容，而霍华德·考赛尔（Howard Cosell）和利兹·史密斯（Liz Smith）等知名媒体人物特意为这项服务撰写了专栏文章。

Prodigy 也被认为是一种广告媒介。它将用户感兴趣的内容设计成类似杂志的形式，其重点是推销产品。每屏内容的底部都有三行的图形广告。[2] Prodigy 获得了西尔斯百货公司和 IBM 的认可，这有助于它吸引商业合作伙伴，比如内曼 – 马库斯百货（Neiman-Marcus）、李维斯、福特、哥伦比亚唱片公司，甚至包括西尔斯百货的主要竞争对手彭尼百货。Prodigy 希望通过广告费或产品销售分成来获得大部分收入。

尽管 Prodigy 对广告和商业的关注从未完全消失，但它的商业努力很快就被证明是一场泡沫。事实上，用户在上网时真正想做的是彼此交流。Prodigy 公告板和电子邮件服务的功能有限且陈旧，而且这些系统很快就变得不堪重负了。Prodigy 试图通过阻止用户过多地使用这些服务来缓解由此造成的带宽问题。它采取了一个策略，对每个月发送电子邮件超过 30 封的用户收取 25 美分的附加费。这个政策一经推出，就引发了会员的强烈抗议。Prodigy 被迫改变路线，将其产品重新聚焦于帮助用户创建内容，比如留言板和论坛；但即便如此，西尔斯百货和 IBM 古板的企业文化并不愿意看到用户被限制在他们自己的设备中。Prodigy 公司的首席执行官罗斯·格拉策（Ross Glatzer）告诉《连线》杂志的采访人员："我们认为，会员之间的交流并不会占我们服务的很大比例。"[3] 技术分析师埃丝特·戴森（Esther Dyson）这样总结了 Prodigy 面临的难题："该团队认为自己可以通过用户的购物行为获得收入，但是他们发现，用户更愿意彼此交流而不是购物。他们不知道如何针对用户的交流行为收费。"[4]

尽管这些先驱做了很多工作，但在线服务仍然是一种非常小众的业务，即使在电脑用户中也是如此。到 1995 年，Prodigy 仅拥有大约 135 万名会员，远远落后于 CompuServe 的 160 万名用户。[5] 真正将在线服务纳入主流的公司是另一个在线服务领域的先驱，它近乎虔诚地专注于让用户按照自己愿意，以任何他们想要的方式进行互动。

※

美国在线实际上起源于另一家早期在线服务商，即来源（The Source）。它于 1979 年成立，是 CompuServe 的竞争对手。经过一系列错综复杂的业务转型，这家公司与控制视频公司（Control Video Corporation）——为雅达利 2600 视频游戏机提供在线游戏服务的公司——具备了相同的基因。在 20 世纪 80 年代中期视频游戏业务暂时崩溃后，该公司演变成了量子计算机服务公司（Quantum Computer Services），为 Commodore 64 号和 128 号计算机提供专门的在线服务，还为苹果公司、IBM 公司和坦迪公司（Tandy）创建了在线服务。1989 年，该公司将所有这些服务整合成了一项名为"美国在线"的在线服务。[6]

美国在线是第一批关注 Windows 用户的在线服务商之一，这具有很好的商业意义，因为随着 Windows 成为 DOS 操作系统的王座继承者，美国在线能够借用 Windows 在用户接受度方面的优势。这一策略也将美国在线的服务定位为行业中最主流、最便于用户使用的服务。美国在线以清晰、动态的现代图形为特色——它们是真实的图片，而不是 Prodigy 提供的数字线条图。最重要的一点是，美国在线专注于培养会员的社区意识。美国在线鼓励用户多发邮件、多讨论、多玩游戏，最重要的是多聊天。

"在发展早期，我们就认识到交流——聊天和电子邮件的结合——是至关重要的基础。"美国在线首席执行官史蒂夫·凯斯（Steve Case）后来说，"所以我们选择创造工具，赋予用户自主权，让他们以自己觉得合适的方式使用工具——就像让 100 朵花各自开放。"[7]

美国在线的安装过程很简单。你只需要把一张软盘——后来变成了一张光盘——放进电脑，安装一个程序，点击电脑桌面上出现的图标，5 分钟之后，你就上线了。与 CompuServe 和 Prodigy 一样，上线意味着使用调制解调器通过电话线"拨入"美国在线的计算机，该计算机将为你的机器提供内容。实际上，这就像是给一个本地号码打电话。所以，所有的在线服务商都维护着一个本地的调制解调器网络，供用户拨入，以避免支付长途费用。在你上线之后，你的电话就处于占线状态，任何拨打你电话的人都会听到忙音。用户交付一定的月费，每月享有固定的使用时间。如果用户的使用时间超过了每月的限额，那么他们就需要按小时交费。美国在线收取 9.95 美元的月费，提供 5 个小时的无限制访问；每额外增加一小时使用时间，用户需要支付 2.95 美元。[8]一旦你挂断电话，连接就终止了。

先是拨打某个电话号码的声音，然后是调制解调器接入网络时刺耳的噼啪声和嘶嘶声，这种声音在 20 世纪 90 年代的美国无处不在。除了这些声音之外，美国在线还添加了一些友好的提示音："欢迎""你收到了新邮件"，以及连接终止时的"再见"。这些提示使用了华盛顿特区的播音员埃尔伍德·爱德华兹（Elwood Edwards）的声音，他因此获得了 100 美元的报酬。美国人在 20 世纪 90 年代和 21 世纪初登录美国在线时，听到了数十亿次爱德华兹友好的声音。

用户在使用美国在线时，可以创建网名或在线角色作为自己的线上身份。当你在美国在线上玩游戏或发布论坛帖子时，你的网名就是你的名片，你的网名也是你的电子邮件地址，但最重要的是，当你进入美国在线著名的聊天室时，你的网名就是你的标签。

美国在线构建在聊天的基础之上，这里有不同话题或主题的公共聊天室，也有用户自主创建的聊天室，他们可以讨论世界上的任何话题。这两种公共聊天室名义上都由美国在线的工作人员和志愿者来监管。如果你行为不端，那么你就有可能被踢出聊天室。除此之外，还有一些私人聊天室只能通过邀请加入，而且不受任何监控。在私人聊天室里，什么都可能发生。有一个众所周知的商业理论，即与性相关的事物常常可以延长新技术应用的生命周期。最著名的例子就是色情电影将录像机带入了美国人的客厅。可以肯定地说，美国在线的流行程度和增长态势是由与性相关的聊天所驱动的。美国在线上有非常非常多的与性相关的聊天内容。

首先，在聊天室里添加照片并将其发送给其他用户是很容易的，色情交易成了一种常见的消遣。其次，网名的匿名性意味着你可以根据自己的意愿变成任何人。套用著名的《纽约客》上的漫画（《在互联网上，没有人知道你是一条狗》），在美国在线的聊天室里，没有人知道你是一位 22 岁的金发女郎，还是一个 55 岁的、有着啤酒肚的离婚男人。数百万名美国人来到美国在线的聊天室，说一些不堪入耳的话，进行角色扮演或表达性幻想。尽管美国在线不喜欢宣传这些，但聊天是它的生存之道。用户聊天、发送电子邮件或进行图片交换的次数越多，美国在线赚到的钱就越多。有些用户会花几个小时的时间聊天，他们每月的超额费用高达数百美元。《滚石》杂志 1996 年 10

月的一篇文章估计，美国在线上有一半的用户聊天内容都与性相关，按每小时的费用计算，这样的成人聊天每月能让公司净赚 700 万美元。[9] 相较于这样污秽的环境，CompuServe 的环境就非常严肃了，而保守的 Prodigy 绝对会杜绝所有的不健康行为。当 Prodigy 开始认真尝试聊天室时，美国在线基本上已经垄断了市场。

美国在线经常被视为互联网的"辅助训练轮"，这个绰号很贴切。对数百万名美国人来说，他们通过美国在线的网站第一次接触了电子邮件，也通过这个网站第一次了解到网络计算可以用无数种方式改变他们的生活。突然之间，你不用再通过信件或电话与全国各地的亲戚沟通。当你想对远方的爱人说些什么时，你可以给他们发一封电子邮件。这些都是免费的！而且你还可以附上照片！人们发现，他们可以在美国在线上找到之前被孤立或鲜为人知的兴趣社区。如果你喜欢饲养迷你腊肠犬，那么你会突然发现，你可以跟美国所有与你有共同兴趣的人建立联系。在美国在线上，美国人第一次在网络世界中纠结匿名与身份的概念问题。美国在线聊天室里的那些肮脏的聊天者，都是学习网络生活的先锋。

在某种程度上，美国在线体现了大多数美国人的二元行为模式：他们对外展示健康、友好、主流的形象，关上门则关注各种色情的东西。美国在线首席执行官史蒂夫·凯斯至少符合这种说法中的健康的部分。凯斯出生于夏威夷，喜欢穿夏威夷衬衫，看起来像典型的中产阶级婴儿潮一代。他的两个孩子住在他的隔壁，他喜欢吉米·巴菲特。凯斯安静、从容、认真，看上去仍然保持着他当初担任宝洁公司的品牌经理助理的形象。美国在线试图从市场领导者 CompuServe 和 Prodigy 那里吸引用户。为此，凯斯担任了美国在线社区的友好引领者。凯斯出现在了美国在线的广告中,他在美国在线的聊天室里漫游,与会员互动或解决客户服务的问题。他给美国在线的用户发送了淳朴、友好的信件,这些信件的签名处只是简单写着"史蒂夫"。20世纪90年代末,他出现在盖璞的广告中,穿着他标志性的卡其裤充当模特。

与资金更为雄厚的Prodigy和经验更为丰富的CompuServe相比,美国在线一直是位居第三的在线服务商。在整个20世纪90年代初期,美国在线一直在争夺会员,并在堆积如山的赤字中挣扎。美国在线于1992年3月19日上市,它可以说是在线时代第一家举行IPO的公司。它希望筹集足够的资金以保持公司的偿付能力,这项工作永无止境,上市也仅仅是其中的一个环节。在举行IPO之后不久,美国在线只有20万名付费用户。[10]

然而,美国在线的易用性获得了缓慢但稳定的回报。Prodigy的会员们受够了其严厉的审查制度,纷纷逃离。相较于CompuServe的纯文本环境,主流用户越来越喜欢美国在线的图片和图形。前面提到的美国在线对Windows用户的关注,也是一个重大的战略妙招。1993年12月,美国在线的用户数量首次超过了50万。[11]

由于美国在线长期需要新的资本注入,而且它是在线服务领域中唯一的独立公司,所以有些大公司试图接管美国在线。然而,它们之间发生过几次不愉快的经历,其中最接近交易达成的一次是微软首次考虑进入在线服务市场的时候。美国在线以Windows为中心的理念似乎预示着双方能有很高的匹配度,因此,一个针对美国在线的微软式策略出台了。在两家公司的高管团队进行的第一次会议上,比尔·盖茨首先一边思考一边对史蒂夫·凯斯说:"我可以买下你们20%的股份,或者将你们整体买下;我也可以自己进入这个行业,然后干掉你们。"[12] 微软后来断言，盖茨只不过是在思考时发出了声音，以一种哲学的方式陈述了明显的现实情况；但美国在线的高管不这么看，他们认为盖茨的"思考"也是一种威胁。

凯斯后来说："我们不信任微软的动机，因为我们知道它可能会成为我们主要的竞争对手。在会议中，一位负责 MSN 运营的微软高管拉塞尔·西格尔曼（Russell Siegelman）提议成立一家我们各占 50% 股份的合资公司。但在我们看来，这就好比是说'好的，我们会帮你打造一个公司，然后当一切变得有趣时，我们就开枪干掉你'。"[13] 正如另一位美国在线的高管所说，微软给美国在线提供了一个缺乏吸引力的选择：成为"比尔·盖茨简历上的一个脚注"。或者美国在线也可以奋起作战，成为"在线服务行业之王"。[14]

美国在线选择了奋起作战。这将是 10 年来最明智的商业决策之一，因为美国在线将很快进入一个增长期，让该行业的其他玩家全都灰飞烟灭。

※

美国在线的胜利在很大程度上归功于消费品史上最伟大的营销活动之一。在 1993 年被美国在线聘为营销副总裁之前，简·勃兰特（Jan Brandt）有着教育出版和保险销售方面的背景。勃兰特肩负着增加用户基数的任务。凭着一种直觉，她认为从营销的角度来看，在线服务不是一种典型的消费品。在面向消费者营销时，与其宣传一种在线服务比另一种更好，不如告诉他们什么是在线服务。在市场调查期间，她意识到自己需要回归根本。"在一次关于鼠标的消费者小组研究中，"勃兰特说，"有人拿起电脑鼠标，像操作遥控器一样将它指向电脑；有人把鼠标放在地板上，像踩缝纫机踏板一样使用它。"[15]

勃兰特意识到，她只需要让用户尝试这项服务：如果她能以某种方式将美国在线的体验引入人们的家庭，那么这项服务就可以自我推销。勃兰特联系了史蒂夫·凯斯，要求得到 250 000 美元的预算，批量生产美国在线的试用光盘，然后将它们免费分发给消费者。"当时，这对我们来说是一大笔钱。"勃兰特承认。在 1993 年的上半年，基于她在直邮活动方面的经验，勃兰特启动了第一次光盘轰炸，发出了大约 20 万张光盘。[16]

这一活动的效果立竿见影，令人吃惊。第一次活动的回应率高达 10%，这是直销行业中前所未有的比例。勃兰特说："要记住，这些人并没有说'我觉得我想要这个东西'。他们拿着光盘，把它放进电脑，注册，然后便将信用卡交给了我们。老实说，当我发现这一点时，我觉得这无比美妙。"[17]

勃兰特立即将投入的资金翻了一番，然后翻了两番。她希望每个有可能在生活中使用电脑的人，都可以获得一张美国在线的免费试用光盘。几乎所有电脑制造商都会给每台新电脑附带一张美国在线光盘；在百视达（Blockbuster）租看电影的消费者会获赠美国在线的光盘；足球比赛的观众会在座位上发现美国在线的光盘。在此期间，勃兰特甚至测试了光盘能否经受住速冻，这样她就可以将美国在线的光盘作为奥马哈牛排的赠品一起送出。在光驱流行起来之后，美国几乎所有的杂志或报纸里面都夹带着一张美国在线的光盘。

在接下来的 5 年时间里，美国在线在其"地毯轰炸式"营销活动上花费了数十亿美元。有一次，在全球生产的光盘中，有超过 50%

的光盘印有美国在线的标识。[18]勃兰特生活在担忧之中，她担心Prodigy或微软等竞争对手会抄袭她的策略。有一次，一位CompuServe的高管在某次会议上与勃兰特的一位同事聊起来，他说："你们这些家伙简直是疯了。"这位CompuServe高管指的是这次地毯轰炸营销活动和因此花费的资金。当这位同事向勃兰特提及这次谈话时，她幽默地反驳道："下次再有人这么说的时候，你要承认我是一个愚蠢的女人。你要说自己用了很长时间，试图说服公司解雇我。"[19]

在勃兰特开展营销活动之前，美国在线的会员数量在500 000左右徘徊。在勃兰特开展活动之后，美国在线每月新增注册会员70 000名。[20]1994年8月，美国在线的会员数量突破了百万大关，它的会员规模在一年内翻了三倍。[21]仅仅过了6个月，美国在线的会员数量增至200万，它超越了CompuServe和Prodigy，成了最大的在线服务商。[22]1996年5月，美国在线的会员数量超过了500万，是简·勃兰特开始将试用光盘塞进奥马哈牛排套餐时的美国在线会员数量的10倍。

但是随后，Windows 95出现了，与之一同出现的还有微软的MSN服务，美国在线的前景似乎岌岌可危。一家研究公司根据Windows 95的销售预测，第一年将有1 100万~1 900万名用户注册MSN。当时，在线服务的用户总数只有1 000万。[23]美国在线的首席执行官凯斯坚持认为，为了打造公平的竞争环境，微软应该给用户提供在线服务的所有选项。"事实上，微软拥有85%的市场份额，并希望以反竞争的方式将自己的服务强行与操作系统捆绑，这不是一件好事。"他告诉《连线》杂志的采访人员。[24]凯斯甚至与CompuServe和Prodigy的首席执行官共同出席了一次联合新闻发布会，他们向比尔·盖茨提交了一封公开信，要求微软将 MSN 从 Windows 95 中拆分出去。

但最终，MSN 未能蓬勃发展。尽管据报道，在 1995 年 8 月 MSN 被推出后的第一周，有 190 000 名用户注册了该服务，但截至 11 月，该服务只有大约 375 000 名用户。而在此期间，凭借大量的免费光盘，美国在线每月能够获得 250 000 名新增会员。[25] 接着，双方达成了协议，IE 浏览器成了美国在线用户的默认浏览器。从那以后，美国在线和整个市场都知道了，微软的心并没有真正放在在线服务的业务上。比尔·盖茨已经将在线服务的实际控制权让给了美国在线。如果微软想放弃自己的在线产品，那么谁会是史蒂夫·凯斯要挑战的人？他把网景公司远远抛在了身后，让美国在线坚定地走上了主导在线服务领域的道路。

美国在线成功地将自己的品牌打造成了一种权威的象征，微软和其他任何企业都无法挑战这一点。比尔·盖茨当时没有意识到，互联网时代的"辅助训练轮"最终会变得多么强大。

※

就在美国在线成功抵御 MSN 的那一刻，它自身面临着也许更为严重的生存威胁。1995—1996 年，互联网一直是在线用户渴望的东西。可以肯定的是，很多没有经验的用户并不知道美国在线并非互联网。对他们来说，网络中的一切似乎都是一样的。但是其他用户为了享受互联网的自由，开始放弃美国在线上的那些经过策划的内容。对美国在线来说，这是一个很大的麻烦。该公司花了近 10 年的时间和数亿美元的成本来打造其内容产品。突然间，它就面临着用户即将逃离其在线伊甸园的状况。

美国在线、CompuServe 和 Prodigy 都是被业内人士称为"围墙花园"的公司，它们都是在线服务商，为用户提供由它们自己或媒体合作伙伴开发的专有工具和打包内容。在线服务很少（除了一些例外，比如电子邮件）与更大的互联网建立联系，而且没有一项在线服务是基于互联网标准的。从本质上看，美国在线这样的在线服务商实际上并不希望用户离开它们的网络和它们控制的内容，它们更希望用户留在自己的花园里玩耍，而万维网的兴起彻底改变了这一切。

美国在线与互联网之间一直存在着一种精神分裂症的关系。互联网提供了一种全新的、更加狂野的在线环境的替代品，在某些方面，这与美国在线精心打造的在线社区存在矛盾。仔细想想，美国在线是更愿意让你在其网站的"汽车和司机"频道中研究汽车，还是更愿意让你通过互联网访问"汽车和司机"网站？在当时的采访中，凯斯反复提出一个观点，即互联网是复杂的，而美国在线通过提供简化的服务来锁定主流受众："一张安装光盘，一定的服务费用，一个客户服务号码。创建一个网站并希望人们能够找到它，这是一种信仰的重大飞跃。"[26]

"他们对互联网的态度不太友好，"当时的一位行业研究员在谈到美国在线的管理者时说，"他们很难克服自己对这位混乱'表亲'的怨恨，因为后者正在接替他们在大众心目中的位置。现实是不可避免的，他们的态度是一种偏见。"[27]

然而，与此同时，互联网也为美国在线提供了一个难得的机会。美国在线的数百万名用户仍然按小时付费拨号接入网络，如果美国在线接通了更广阔的互联网，那么这些用户就会为使用美国在线通道的特权付费。正如美国在线的高管泰德·莱昂西斯（Ted Leonsis）所说，美国在线可能成为互联网上的"嘉年华游轮"，成为一个通往未知地点的、值得信赖的向导。[28] 1994 年 12 月，Prodigy 成了首个允许用户浏览互联网的在线服务商，但美国在线很快也效仿了。[29] 然后，美国在线一头扎进了规模达到 1.6 亿美元的互联网消费狂潮，以跟上不断变化的形势。[30] 美国在线于 1994 年 11 月从微软手中夺走了 BookLink Technologies 及其网络浏览器，这就是一个完美的例子。为了打造自己的拨号网络（从而提升其资质，成为一家互联网服务提供商），美国在线收购了先进网络服务公司（Advanved Network & Services）和一家名为"全球网络导航器"（Global Network Navigator）的网站，这个网站是搜索引擎和互联网导航的早期版本。[31] 美国在线甚至非常严肃地讨论过对年轻的网景公司进行某种形式的投资。

美国在线将自己定位为美国最受欢迎的互联网接入商，这个调整策略很快获得了回报，付费会员的数量增加到了 600 万。几乎在一夜之间，美国每三个在互联网上冲浪的人中就有一个是通过美国在线的拨号线路上网的。[32] 这种增长也体现在了公司的利润上。1996 年，美国在线的收入首次达到了 10 亿美元，是该公司前一年收入的 3 倍。自举办 IPO 以来，美国在线的股票价格已经上涨了 30 倍，其市值达到了 50 亿美元。[33] 虽然美国在线仍然坚持对自己的围墙花园收费，但它明智地驾驭了互联网这匹雄壮的野马。

但是，野马骑起来并不容易。

从 1996 年 8 月 7 日凌晨 4 点开始，美国在线的服务中断了 19 个小时。[34] 这成了全美国的头条新闻，也让美国在线成了深夜脱口秀节目的笑柄。对美国在线来说，这是一个重大的公关事件，同时也是一个验证，证明了互联网在短短几年内变得多么重要。互联网不再只是早期使用者的游乐场了，美国在线是美国人每天体验在线生活的方式。想象一下，如果连续19个小时没有电子邮件，没有网络，没有任何在线信息，那么这一天会发生什么样的混乱。互联网本身并没有崩溃，崩溃的是美国接入互联网的能力。突然之间，这成了一件大事。在美国在线服务中断的同一天，美国国家航空航天局（NASA）宣布发现火星上有水的迹象，但美国在线才是CNN（美国有线电视新闻网）上的头条新闻。

更糟糕的事情即将到来。尽管美国在线当时是美国最大的互联网服务提供商，但它仍然面临着激烈的竞争环境。除了Prodigy、CompuServe和MSN之外，还有成千上万家小型独立互联网服务提供商遍布全美。它们没有美国在线的那些打包的内容和专有的聊天室，这些独立的小公司只给了用户一样东西：互联网。用户只要拨号连接，就可以登录互联网，整个过程快速而随性。这逐渐成了人们真正想要的东西。为了能够脱颖而出，各家互联网服务提供商在价格方面展开了竞争。只要交付每月19.95美元的低廉费用，用户就能无限制地使用互联网。这给美国在线带来了相当大的压力，美国在线的大部分收入仍然依赖于每小时的费用和超时费用。为什么用户在美国在线上要每小时支付2.95美元的费用，而在其他地方只要支付固定的费用就可以无限上网？廉价竞争的压力威胁着美国在线的快速发展。在1996年底的一份季度报告中，美国在线宣布增加了210万名注册会员，但同时流失了130万名会员，这些会员转向了其他的互联网服务提供商。[35] 就绝对数量而言，美国在线仍然是市场的领导者，但这种竞争和客户流失开始令华尔街感到担忧。

按小时计费的模式是不可持续的。1996 年 10 月，MSN 宣布将以每月 19.95 美元的价格无限制地提供服务，它复制了独立的互联网服务提供商的商业模式。美国在线别无选择，只能步其后尘。美国在线宣布，从 1996 年 12 月开始，它将以每月 19.95 美元的价格为所有会员提供无限制的服务。公司内部有人担心，此举是否等同于杀鸡取卵。简·勃兰特说："我有数据。关于我们会损失多少钱，我做了预测。在此之前，有大量的会员每月给我们支付 50、60 甚至 70 美元的费用。"[36] 固定费用的定价模式将结束这种局面。更为严重的是，人们担心网络使用量的增加将引发处理能力的问题。毕竟，如果他们愿意，那些以前试图把使用时间控制在几个小时以内的会员，现在可以让美国在线的网络连接全天候运行。美国在线的测试表明，在无限制模式下，会员的实际使用量只会增加 50% 左右。理论上，网络可以处理这个问题。[37] 但是，这些假设只考虑了现有的用户。采用固定费用模式难道不是为了避免会员流失，赢回老客户或者吸引新客户吗？史蒂夫·凯斯告诉《连线》的记者，他认为公司应对"迅猛增长"的基础设施已经就位。[38] 他大错特错了。

在用户的账户被切换为"无限制使用"模式的第一天，会员的使用时长从 160 万小时跃升至 250 万小时。[39] 随着更多会员的收费模式被切换，这个数字只会在此基础上进一步增加。此外，12 月是假期节日的高峰期，在那个月，很多新电脑作为礼物被主人拆开了。现在，有了无限使用时长的承诺，所有那些美国在线的试用光盘突然变得更加诱人了。仅那年的 12 月，美国在线的新注册会员就达到了创纪录的 50 万人。[40] 美国在线每天的会员使用时长高达 450 万小时。

有太多的人试图同时登录网络，服务器无法处理这种需求。美国各地的用户开始听到忙音，而不是人们熟悉的调制解调器在连接网络时的嘶嘶声。沮丧的会员一次又一次地尝试连接，希望能得到好运。如果用户真的连上网络了，那么他们会尽可能长时间地在线，因为他们不知道什么时候能再抓着机会。消费者的愤怒再一次席卷了全美国，关于"美国待机"的笑话又开始流传。CompuServe 发起了一场广告活动，试图利用竞争对手的不幸来宣传自己——"拨打电话号码1-800-NOT-BUSY（800 不忙线电话）。"

简·勃兰特在谈到这场危机时说："我们并没有真正了解美国在线在人们日常生活中的重要性。我们没能准确评估用户反应的激烈程度。这太疯狂了，而且很有启发性。我们发觉，大家爱我们！他们真的爱我们！或者在那个时候，他们对我们是爱恨交加。"[41]

最终，美国在线启动了一项应急措施来提高网络容量和带宽，它花费了数亿美元。另外，它预留了数百万美元，用于处理用户退款或应对诉讼和政府审查。它的电视广告被暂停了，以避免在问题解决之前鼓励太多新用户注册。1997 年初，拨号忙音的问题慢慢消失了，美国在线的服务恢复了正常。特别有利的消息是，用户仍然保持着忠诚。即使在这样一种广为人知的尴尬状况下，用户流失的情况还是逐渐消失了。而且，一旦人们可以再次使用美国在线的服务，会员的数量就越来越多了。

作为美国的在线服务门户品牌，美国在线凭借这一优势地位幸存下来。许多美国人不想通过任何其他方式上网，很多人甚至不知道还有其他上网方式。一位名叫鲍勃·皮特曼（Bob Pittman）的美国在线新任高管说："长长的排队时间是全世界迪士尼乐园的通病。大家都讨厌排队，但是如果你提出用六旗游乐园（Six Flags）作为替代，那么人们就会像看疯子一样看你。他们认为没有任何东西可以替代迪士尼。"根据皮特曼的说法，美国在线能够幸存下来并继续繁荣发展的原因只有一个："就是品牌。"[42]

第四章
各大媒体的网络大探险

Pathfinder、热线网站与数字广告

互联网最大的吸引力到底是什么？为什么人们吵着要美国在线加强互联网接入？为什么网景公司获得了 10 亿美元的估值，而微软公司因此调整了公司的整体战略？人们在早期的网络上到底在做什么？好吧，这些问题的答案当时很难说清楚，20 多年后也许更难说清楚。早期的网络既是一切，又什么都不是。

企业家兼风险投资家克里斯·迪克森（Chris Dixon）曾说过："下一个大事件在最开始总是被人们视为微不足道的'玩具'。"[1] 互联网技术正是如此。一个新的网站或工具在刚出现时可能看起来有点儿花哨。很多用户在第一次面对新事物时的感觉是"我为什么要用这个"，万维网和互联网本身在发展早期使许多人产生了这种反应。当时，最热情的网络支持者把它吹捧为一种革命性的媒介，声称它将彻底改变我们的生活，但还有一些人认为"这张网"是一种玩具。我们必须承认，即使从现在来看，这些质疑者的观点也是有效的，因为在早期的网络上，有太多的东西确实很业余。

例如，网景公司的 Fishcam 网站就是声名狼藉的早期网站之一，它由卢·蒙图利进行维护。他是马克·安德森和吉姆·克拉克在伊利诺伊大学招募的曾参与创建 Mosaic 的 6 个人中的一员。简单地说，这个网站上只有一个鱼缸的实时直播视频，仅此而已。这个网站有一个"精神上的双胞胎"，就是世界著名的"特洛伊房间咖啡壶摄像头"，这个项目展示的是英国剑桥大学的计算机实验室里的一只咖啡壶的实时图像。这是一只咖啡壶的直播视频，仅此而已。但是对早期上网的人来说，无论是白天还是晚上，世界各地的人可以在任何时间看到一只咖啡壶是不是满的，这件事有点儿酷。

早期网络上昙花一现的事物还有很多。比如，有一个网站可以把你的名字翻译成夏威夷语；"网上奶牛"（Cows Caught in the Web）会介绍与牛相关的各种琐事；"交互式青蛙解剖"（Interactive Frog Dissection）可以让你解剖虚拟的青蛙；"趣味博士"（Doctor Fun）开创了网络漫画的先河；"乐队名单"（Ultimate Band List，之前被称为"万维网音乐世界"[2]）列出了乐队、音乐会和独立音乐的基本信息[3]；"弗兰克·劳埃德·赖特的资料页"（Frank Lloyd Wright Source Page）试图分类展示并分析这位伟大建筑师的每件作品；"海勒姆的密室"（Hiram's Inner Chamber）提供了共济会的信息；如果你是 20 世纪 90 年代的动画片《狂欢三宝》（Animaniacs）的粉丝，那么你可以在"狂欢三宝页面！"（Animaniacs Page!）上获得非常完整的内容；"盆景主页"（Bonsai Home Page）上都是与日本盆景相关的东西。网络使得内容的发布变得如此简单，任何人都可以发布关于任何事情的网站，很多人都这么做了。

也有一些早期的网站非常实用。第一个商业网络出版物叫作全球网络导航器（GNN），它属于科技出版公司奥莱利联合公司

（O'Reilly & Associates），于 1993 年 5 月发行。奥莱利出版了一些与计算机相关的书籍和手册，并于 1992 年出版了《互联网用户指南及目录大全》(*The Whole Internet User's Guide and Catalog*)，这是第一批面向主流用户的互联网书籍之一。奥莱利的戴尔·多尔蒂（Dale Dougherty）的任务是创建一个基础网站，把这本书的在线目录部分放在网上。多尔蒂不停地在这个网站中添加内容层，直到它具备了在线杂志的功能。这个网站列出了各种很酷的网站，并首次尝试引入了搜索和发现的功能。[4] 在 1994—1995 年美国在线掀起的早期网络资产收购潮中，全球网络导航器最终被它收入了囊中。美国劳工统计局很早就维护了一个网站，提供关于劳动力市场趋势的最新数据；联邦快递公司支持客户追踪包裹的运输状态，那时大多数人甚至不知道网络的存在；阿拉莫租车（Alamo Rent A Car）是第一家支持用户通过网站预订汽车的公司；英国银行网（BankNet in Britain）是第一家允许用户在线开设银行账户的银行；自然玫瑰花卉服务公司（Nature's Rose Floral Services）允许客户从网上订购鲜花。分类广告几乎从一开始就在朝着网络迁移，因为多年来，在早期互联网和在线服务的留言板及新闻组上，都有分类广告的先例。

尽管后来被视为互联网时代的牺牲品，但报纸出版商实际上也是杰出的互联网先驱。这些出版商在初始数字化方面的经验几乎超过了所有人。多年来，报纸出版商一直梦想着以电子方式交付自己的产品。数字化意味着消除或至少减轻它们最大的成本负担：纸张、印刷和实物配送。与有线电视和通信公司一样，早在 20 世纪 70 年代末，出版商就投入了数百万美元进行数字化尝试。奈特里德集团迈出了走向数字化梦想的最重大的一步。《圣何塞水星报》是奈特里德集团旗下的一份杂志，也碰巧是硅谷的家乡报纸。也许正是因为距离日益膨胀的技术革命如此之近，《圣何塞水星报》在 1992 年推出了水星中心（Mercury Center）。水星中心为《圣何塞水星报》提供常规内容，但会在线上提供更加深入的内容。那时的节目或出版物通常会这样表达："如果你想收看完整的采访内容，请查看我们的在线内容。"水星中心旨在对该报纸的内容进行扩展。它可以提供新闻发布会记录、尚未印刷出版的专线报道，以及法律文件和通告。报纸正文页面的底部印有代码，以便读者打电话或登录获取附加内容。这项服务每月收取 9.95 美元的费用，没有电脑的用户可以每月支付 2.95 美元，享受电话和传真服务。换句话说，你可以通过电话收听新闻摘要，或者通过传真在家中或办公室里接收内容。所有这些服务都是通过与美国在线的合作实现的，美国在线还负责处理用户每月支付费用的问题。

水星中心是一次规模虽小但意义重大的成功。美国各地的报纸出版商都想看看《圣何塞水星报》的尝试是如何开展的。1994 年初，《纽约时报》刊登了一篇关于水星中心的报道，指出该中心已经拥有 5 100 名注册用户，这一数量虽然还不到《圣何塞水星报》282 000 名订阅用户的 2%，但在旧金山湾区的 30 000 名美国在线会员中，该中心的注册用户占比接近 20%。《纽约时报》的文章指出，水星中心的一个核心创新是敦促记者与订阅其报道的读者进行互动。鲍勃·英格尔（Bob Ingle）是水星中心的负责人，他告诉《纽约时报》的记者："我们过去的交流方式一直是'我们印，你们看'。现在的做法改变了一切。"[5] 这是一个教训，所有进入互联网时代的媒体都必须学习这一课，否则它们将处于危险之中。

1994 年冬天，当网景公司的导航者浏览器问世时，水星中心迅速拥抱了网络。1995 年 1 月，《圣何塞水星报》推出了一个网站，最初每月收费 4.95 美元，不过后来为了吸引更多的广告商，收费模式被取消了。水星中心再一次在网上获得了规模虽小但意义重大的成功。它在第一年就获得了数千名新的订阅用户和 12 万美元的收入。到 1997 年，该网站的月访问量达到了 120 万。在水星中心的支持下，《圣何塞水星报》继续突破，成了第一家将某一期内容全部放到网上的日报。它也是第一家使用网站发布突发新闻的日报，不必再等待第二天的报纸出版。1995 年 4 月，当俄克拉何马城发生爆炸时，一张照片在网上飞速传播，后来成了标志性照片。你可能还记得那张照片，那是一名消防员怀抱着一个孩子。水星中心不顾照片编辑的反对，立即把照片发布到了网站上，而照片编辑想把它留作第二天的头版头条。[6]

杂志行业也在进行类似的尝试。1995 年，记者兼评论员迈克尔·金斯利（Michael Kinsley）为微软公司推出了一份只在网上发布的出版物（那正是比尔·盖茨痴迷于"硬核"网络的时候）。金斯利以前是《哈珀杂志》和《新共和》的编辑，他非常希望这一名为《评论》（slate）的新出版物成为"杂志"，拥有发行期号和出版日期。金斯利在给员工的一份早期备忘录中写道："每周都应该有一个时刻来'交付印刷'和'终端配送'（像其他媒体一样）。我希望这个时刻是星期五的午夜，这样我们就可以总结过去的一周，并让读者在周末阅读我们'新鲜'的内容。"[7] 他们鼓励读者将文章打印出来，在闲暇时进行阅读。《评论》的编辑顾问团内部出现过一些实际的争论，他们讨论的是正常人是否可以在阴极射线屏幕上阅读超过 700 个单词的文章，同时不觉得眼睛疲劳或无聊。金斯利一度认为，每一篇新报道或新文章都会取代一篇旧的报道，而旧的报道则会永远消失。《评论》在刚被推出时，还配有页码和传统的目录，尽管给网页编页码显然没有任何意义。人们对是否可以在文章中加入超链接的问题也产生过争论，因为有人担心这样做会把人们导向其他网站，但大多数走回印刷媒体老路的做法在《评论》被推出后不久就被摒弃了。

专业在线内容领域最杰出的先驱之一是时代华纳。在信息高速公路热潮熄灭的灰烬中，时代华纳在佛罗里达州奥兰多市的全业务网络项目的失败埋下了它尝试开创性网络的种子。虽然互动电视遭遇了失败，但参与该项目的同一批人员将尝试如何在网络上取得成功。这一新项目将由时代华纳的吉姆·金塞拉（Jim Kinsella）领导，他后来推动了微软全国广播公司（MSNBC）的发展；同时，这一新项目由沃尔特·艾萨克森（Walter Isaacson）负责监督，他后来担任了《时代》杂志的编辑，现在他最知名的身份是史蒂夫·乔布斯的传记作家。

时代公司的网站 Pathfinder 于 1994 年 10 月 24 日上线。[8] 该网站在第一周获得了 200 000 的点击量（当时他们称之为点击量），第一年的周浏览量达到了 320 万。[9] Pathfinder 网站以一个名为 WABBIT 的专有系统为基础，提供必要的公告板和聊天功能，并且通过与电子商务先驱"开放市场"（Open Market）合作，在商业领域也进行了尝试。从一开始，该网站就被设计成了一个工具，用于展示时代华纳现有的媒体内容。在此之前的几年，时代华纳一直将其杂志内容授权给美国在线和 CompuServe 等公司，因此，从某种意义上来说，Pathfinder 是时代华纳对在线服务进行终端运营的一种尝试。

但是，时代华纳将会非常惊恐地发现，网络是一种不同寻常的动物。时代华纳不太喜欢人们的反驳。在 Pathfinder 网站的发展早期，辛普森一案正广受关注，该网站上的一个"辛普森中心"版块获得了巨大的成功，用户可以在这个版块中对案件进行辩论。但时代华纳的高管担心，不加管制的评论和用户的争论可能会导致公司承担责任。公司的管理层慢慢开始阻碍社区的工作。社区编辑的任务是进行社区监督，降低那些评论被审查或删除的用户的积极性。

时代华纳想将整个品牌组合勉强塞进一个结构简陋的网站，这种尝试也被证明是不明智的。时代华纳拥有一大批世界级的内容品牌，但它没有利用这些品牌的优势（其中有些品牌，比如《时代》《体育画报》和CNN，都是世界上最受信任的媒体资源），而是在Pathfinder里拼凑一切。你无法在People网站阅读上《人物》杂志的内容，而是必须去Pathfinder/People这个网站，这种做法令那些品牌的一些高管感到愤愤不平。多年来，《人物》一直拒绝在印刷版杂志中提及这个网站，而且由于Pathfinder的免费发行，《人物》损失了数百万美元。因为各种品牌都憎恨Pathfinder这杆大旗，也因为时代华纳有领地敌对、企业政治和内部斗争的邪恶文化，各个品牌往往都不会为Pathfinder提供最好的内容。管理层之间最激烈的争论集中在如何让在线内容的刊头更为突出上。Pathfinder网站的制作人比尔·莱萨德（Bill Lessard）说："这种情况让我想起了意大利的城邦，一个松散的联盟，彼此互相争斗并对抗Pathfinder。"[10]

尽管时代华纳是网络上最具侵略性、资金最雄厚的早期内容先驱，但在如何将网络作为一项出版业务运营这一方面，它毫无头绪。时代公司当时的主编诺曼·皮尔斯廷（Norman Pearlstine）说："我们都在关注大象，但人们认为我们该做什么，取决于他们在看大象的哪个部分。"[11]仅仅因为它是一个先驱，而且几乎不顾自身的功能障碍，

Pathfinder 在用户方面取得了相当大的成功。[12] 但它与全业务网络项目一样，面临巨大的亏损。当一名记者询问 Pathfinder 网站的财务表现时，时代公司董事长兼首席执行官唐·洛根（Don Logan）提前送给它一句臭名昭著的墓志铭。他讽刺说，Pathfinder "给我展示了'黑洞'这个科学术语的新含义"[13]。Pathfinder 在 1999 年被正式关闭之前，经历了一场缓慢而可耻的死亡之旅。时代华纳为 Pathfinder 花费的成本估计在 1 亿 ~ 2 亿美元。

在记者和专业媒体人士评估这种新媒体的有效内容和无效内容的过程中，水星中心、《评论》、Pathfinder 和其他媒体都只是一部分。在网络上，如果你有东西想要发表，那么你就可以直接发表，这个过程是即时的、可互动的，但最重要的是如何通过这个难以控制的网络赚钱。这个问题的解决方案来自另一家涉足万维网领域的杂志。人们将会找到一种适用于更大的互联网的商业模式：广告商支持的内容。

※

人们喜欢将《连线》杂志视为互联网时代的先驱，但事实上，《连线》杂志先于网络成为主流。《连线》杂志由路易斯·罗塞托（Louis Rossetto）和他的搭档简·梅特卡夫（Jan Metcalfe）创立，它拥抱了前景光明的数字化未来，相信这一未来具备无限的可能性，并且它推崇技术至上主义，由此对印刷媒体进行了彻底的变革。就像计算机时代的滚石乐队，这本杂志兜售罗塞托这位激进的自由主义者关于数字革命的愿景，这一愿景将使人类在物质和精神两方面都获得自由。

《连线》杂志没有预见到，它所兜售的数字革命会以万维网的形式出现（就像比尔·盖茨一样）；但是，当网络出现时，《连线》很快成了它的支持者，并试图在行动而不仅仅是言辞上拥抱新平台。1994年初，《连线》杂志从投资银行斯特林帕约（Sterling Payot）聘请了一位名叫安德鲁·安克（Andrew Anker）的年轻金融奇才，他在整合杂志的初始资金和融资方面发挥了重要作用。聘用一位数字方面的专家是有道理的，因为罗塞托赋予安克的职责是确保《连线》杂志进行的任何在线尝试都能够收回成本。

"我接受的任务是创建一家企业。"安克回忆说。[14] 他写了一份商业计划书，以"连线投资"的名义创办了新企业，这是《连线》杂志旗下的一家独立公司，由安克本人担任首席执行官。安克牵头开发了一个名为"热线"（HotWired）的网站，它将杂志现有的内容以某种方式进行组合，同时提供原创报道和多媒体功能，试图充分利用网络的互动特性。该网站也曾短暂考虑过建立付费专区，或者将网站的访问权限控制在现有用户的范围内；但《连线》杂志主要依赖于广告商的支持，这一模式一直很成功，所以，热线顾问团理智地转向了另一种想法，即复制他们已经熟悉的模式。《连线》杂志决定，让其印刷出版业务的广告商伙伴来赞助热线在网上发布内容。就像印刷杂志的发行一样，广告商将以固定的费用赞助新网站上特定的内容。安克回忆道："我们大概需要 10 000 美元来让这个模式运转起来。我们进行了尝试，所有的广告商似乎都买单了。"[15]

他们看起来就像在黑暗中摸索，实际情况也正是如此：以前从未有人尝试过这样的做法。万维网上第一个真正的广告是在全球网络导航器上发布的，该网站于 1993 年向硅谷的一家名为海勒 - 埃尔曼 - 怀特及麦考利夫（Heller, Ehrman, White & McAuliffe）的律师事务所出售了一则广告。广告内容只有文本，是一个经过美化的分类列表。后来，全球网络导航器出售了第一个赞助的超链接，买方是一家名为"手拉手"（Hand in Hand）的儿童产品零售商。用户只要点击链接，就可以看到该公司的主页，了解更多关于手拉手婴儿车和婴儿床的信息。[16]

但是，这些实践只是一次性的"现金换植入式"的交易。热线的团队正在尝试一些在技术和美学方面更吸引人的东西。他们引入了两家广告与数字设计公司，现代传媒公司（Modern Media）和有机广告公司（Organic）。它们负责设计和销售一些更接近杂志风格的广告。规格较大、色彩绚丽、抓人眼球，这些将造就最早的横幅广告。

乔·麦坎布利（Joe McCambley）是现代传媒公司的一名创意主管。"我记得有一场大型讨论的主题是'广告是否应该做成彩色的'，我们可能争论了一个小时左右。"麦坎布利说，"我们知道，广告如果是黑白的，就会占用更少的内存。另外，我们也知道，有很大一部分人只有黑白显示器。"[17]

"那个时候，你甚至不能将横幅广告居中放置，"有机广告公司的乔纳森·尼尔森（Jonathan Nelson）回忆说，"所有的内容都是左对齐的。横幅广告的颜色只有两三种，而且广告中不能有复杂的图形，因为当时每个人都使用调制解调器上网，带宽极其有限。"[18]如果一个图形广告需要两分钟才能在屏幕上加载出来，那么没人会读到这篇文章，更不用说看到横幅广告了。

"广告的大小实际上是由当时的浏览器的大小和屏幕旁边的滚动条决定的。人们只想弄清楚什么是合适的设计。"克雷格·卡纳瑞克（Craig Kanarick）回忆说。当时，他是一名多媒体设计师，负责制作最早的广告。他说："大约 460×60 像素是合适的大小。"[19]

但是，还有一个更深层次的哲学问题需要解决。通过杂志、广播、电视甚至广告牌，广告仅仅给观众留下了一个印象，这是一种被动的状况。网络显然不是被动的；网络是链接，是点击。那么，这些新的横幅广告应该有什么效果？如果用户点击了这些广告，那会发生什么？

"网上没有很多真正的大型企业网站。当时甚至出现了一场争论，即企业网站是否真的是人们想要的东西。"卡纳瑞克说，"比如，谁想访问帮宝适公司这样的网站呢？他们会一直在上面谈论尿布吗？"[20]

热线网站于 1994 年 10 月 27 日上线。它的上线先于网景公司的第一款测试版浏览器，先于 Pathfinder 网站，先于《评论》。该网站还推出了一大批横幅广告，涉及美国电话电报公司、斯普林特（Sprint）、天美时（Timex）、世通（MCI）、沃尔沃、一家名为 Zircom 的新锐公司，以及 20 世纪 90 年代声名狼藉的碳酸酒精饮料公司 Zima。这些横幅广告的样式都是细长的矩形，它们被放置在内容的上方、下方和内部。实际上，历史上不存在真正的"第一条"横幅广告，因为所有的赞助广告都是同时被展示出来的。但是，广告业喜欢把美国电话电报公司的广告视为默认的"第一条"横幅广告，因为它看起来是很有先见之明的，这条广告的内容为："你在这里点击过鼠标吗？你会的！"

美国电话电报公司当年的广告覆盖全国，包括全国性的电视和广播广告，网络横幅广告只是其中的一部分。这些由汤姆·塞莱克（Tom Selleck）配音、戴维·芬奇（David Fincher）导演的电视广告都会提出一个问题："你做过某事吗？"接着是一段保证性的说辞：

"你会的。美国电话电报公司将会使你这样做。"例如，在一则广告中，一位母亲通过视频电话哄孩子睡觉，这则广告的内容是"你曾通过电话哄孩子睡觉吗？你会的……"；另一则广告展示了车载全球定位系统（GPS）导航，与现在的导航非常类似，这则广告的内容是"你曾驾车穿越美国而没有停下来问路吗？你会的……"。

克雷格·卡纳瑞克说："这些广告展示了未来的世界。即使我们还没有全部实现，但我们已经做到了很多事情。在那时，这真的是我们对美好未来的一种幻想。"[21]

第一条横幅广告的点击率高得惊人。"人们点击他们看到的任何东西，想看看自己可能会被带到哪里，"乔·麦坎布利说，"这些广告的点击率为 75%~85%[①]，持续了大约 2~3 周。"[22] 安德鲁·安克表示："人们在每一页上点击，广告与我们的内容一样有趣。"[23] 很快，其他媒体网站——Pathfinder、《评论》等——就开始模仿热线。事实上，Pathfinder 只与美国电话电报公司这一个广告商开展了合作，推出的都是一些"你会的……"广告。

从功能上来说，第一批横幅广告都是对未来生活方式（至少是在网络上的生活方式）的介绍。迄今为止，除了电子商务和罕见的订阅服务，我们在网上所做的大多数事情都是由广告支持的。一个我们认为如此具有前瞻性和科技性的媒介或行业，是由一种有几个世纪历史的商业模式维持的，这在概念上是不和谐的。但接下来，网络首先要颠覆的事情就是广告本身，因为大家对网络的预期就是按照营销人员以前梦想的方式，对广告进行彻底的革新。

---

① 在那个时代，点击率能达到 0.5% 就可以说是非常成功的广告了。

※

评估广告的实际效果总是极其困难的。百货公司大亨约翰·沃纳梅克（John Wanamaker）有一句名言："我花在广告上的钱，有一半被浪费了，但问题在于我不知道被浪费的是哪一半。"你可以付费在杂志上发广告，但你永远不知道，有多少读者会翻到那一页并看到你的广告。即使读者翻到了那一页，你也无法确定他或她真的看了广告。广播、电视、电影甚至广告牌上的广告都是如此。广告商可以买一个高速公路上的广告牌，这条路上每天有 30 000 名通勤的人，但是谁知道有多少司机会抬头注意到广告呢？这就是广告商痴迷于发行量和收视率的原因。广告只对一小部分受众有效，所以最有效的花钱方式就是接触尽可能多的潜在客户。

在线广告承诺会淘汰这种模糊的科学。因为计算机提供网页，所以人们可以知道一个网页——以及其中一条特定的广告——被传递给观众的确切次数，而不用再靠猜测了。广告商可以知道它们提供的 1 000 个广告包何时被用户点击了，点击时间可以精确到秒，甚至实现实时通知。此外，在网络上，广告商可以更好地估算有多少人忽略了某条特定的广告。每条广告都是可点击的，它们通常会跳转到广告商自己的网站或另一个可追溯的工具，这使得广告商可以知道有多少人与广告进行了互动。它们可以评估这些广告给观众留下了多深的印象。用广告业的语言来说，这叫作"消费者互动"。

除此之外，还有 Cookie。当你访问一个网站或点击一个网络广告时，这几行软件代码会记录你的行为。Cookie 最初是由网景公司的卢·蒙图利开发的，并被内置在网景导航者浏览器的第一个版本中。

Cookie的最初目的是给网络增加"记忆功能",让用户在再次访问同一网站时可以继续保持登录状态并刷新内容,这样他们就不必每次都体验相同的流程了。[24] 但热线这样的出版商抓住了这项技术,将其作为向特定受众投放定向广告的一种方式。最近,哪些用户经常访问帆板运动的网站?Cookie可以将这一信息告知任何想向帆板运动爱好者推销的广告商。除此之外,在线用户可能愿意将一些信息自愿分享给特定的网站。通过用户的名字、年龄、性别、收入、地理位置等信息,在线活动以一种复杂且不被完全认可的方式提供了广告界长久以来一直渴望的圣杯:准确了解受众的兴趣。这样,广告人就可以只向那些最有希望采取行动的潜在客户营销。

网络似乎是广告商的乐土。每次一个网页被加载时,就被视为一种"印象",广告商将根据CPM(千人成本)①支付费用。但是,广告商真正想要的是"点击"。统计点击率给广告商提供了一种衡量广告互动性的手段。忘掉被动的印象吧,现在,我们可以统计用户与广告互动的频率了。在电子商务时代,广告商甚至可以统计直接产生销售的点击,这使得广告商更容易计算它们的投资回报率。这是历史上的第一次,人们终于可以知道广告支出的哪一半被浪费了。

网络的另一个优势是,它非常适合历史上的广告模式。一天只有24个小时,所以总的来说,广告商感兴趣的是一个特定媒体在一天

---

① 几十年来,所有广告都使用了一个被称为CPM的销售指标,CPM即每千人成本(Cost Per Mille)。一则广告的定价是基于它被展示给多少"千"的人来确定的。假设在杂志上刊登一个整版广告的费用是50 000美元,而这本杂志有400万的发行量。50 000美元除以400万等于0.0125,CPM的计算方法是用0.0125乘1 000,所以在这个例子中,广告的CPM是12.5美元。广告商要花12.5美元去接触那本杂志的每1 000名读者。

中能吸引一个人多少个小时的注意力。普通人一天花几个小时听收音机、看报纸、看电视？广告商，尤其是体量较大的广告商，根据它们能够捕获到的一个人日常注意力的百分比来分配它们整体的广告开支。自电视出现之后，互联网是第一个冒出来的新广告媒体。随着越来越多的美国人开始上网，互联网必然会吸引越来越多的人的时间和注意力。人们预计广告商会合理地转移它们的广告支出，将广告投向这个新的注意力中心。不出所料，广告费追逐着注意力所在的地方。1995年，广告商在网络横幅广告方面花费了大约 5 000 万美元。[25] 到 1997年，在线广告费用首次突破了 10 亿美元。[26] 尽管与当年企业在所有媒体上花费的 600 亿美元的广告费相比，在线广告的费用仅仅是一个零头；但是，每个人都认为，在线广告将会在广告市场中占据越来越高的比例。

他们是对的。

2015 年，数字广告的规模达到了 596 亿美元。[27]

第五章
一个家喻户晓的名字

早期搜索引擎与雅虎

在 1994 年底热线网站被推出后不久，据估计，全世界的网站已经超过了 10 000 个。[1] 尽管像热线和 Pathfinder 这样的"专业"网站开始激增，但是仍然有大量网站和网页的诞生是随机事件，甚至是个人事件。大多数早期的网站必须发布在特定的地方，这通常意味着开发者要依赖于现有的学术机构或企业的网站。直到 1995 年，个人才被广泛允许注册自己的".com"域名。[2] 所以，如果你想访问苹果公司的网站，你可以浏览 www.apple.com；但是，如果你想在加百利（Gabriel）的网页编辑器列表中找到优秀的 HTML 编辑软件，那么你必须浏览 http://luff.latrobe.edu.au/~medgjw/editors/；如果你想在网上看看塔罗牌解读，那么你必须访问 http://cad.ucla/edu/repository/useful/tarot.html。[3] 这种不可思议的情况加上网络的庞大体量和匿名性引发了一个问题：现在，任何人都可以在网上发表任何东西，但是如果你发表了一些东西，其他人怎么知道呢？

这种情况决定了搜索引擎将成为最受欢迎且最重要的早期网站。同时，因为商业模式的问题已经被热线解决了，所以搜索网站，尤其是雅虎，将成为互联网上第一批伟大的公司。

历史上有很多不同的早期网络搜索引擎和搜索工具，它们的实用程度并不相同。[1] 所有的早期搜索引擎都不太好用，这是一个公认的事实。搜索结果可能很全面，但其准确性往往很差。例如，用户搜索"帆板运动"时，得到的结果可能是一个网页列表，里面罗列了全世界包括"帆板运动"这个词的网页，但是这些内容没有被排序。搜索引擎无法告诉你，最好的帆板运动网站是哪一个。如果用户使用了一个更精确的搜索词，比如"加州帆板运动"，那么返回的结果也许是与帆板运动相关的网站或与美国加州相关的网站，但结果也许不会同时包含这两者。搜索者可能会发现，位于搜索结果列表首位的是美国加州政府的官方网站，或者夏威夷帆板运动公司的网站。

导致这种糟糕结果的原因在于搜索过程本身的自动化特性。迄今为止，搜索引擎实际上是一个网站副本的数据库，它会派出"爬虫"，即一种计算机程序。爬虫可以在网上找到新出现的网页，然后将其部分或全部代码复制到搜索引擎的数据库中。当用户使用搜索引擎进行搜索时，他们实际上并不是在搜索互联网本身，而是在查询搜索引擎的数据库，其中存储了经过重新编译的网页副本。这类数据库的准确性和全面性因搜索引擎而异，因此，搜索结果也因每个搜索引擎对数据库中各种因素的权重不同而存在差别。搜索引擎 A 可能会将某个网页列在"帆板运动"搜索结果中的第一位，因为"帆板运动"这个词在该网页的标题中很突出；但是搜索引擎 B 的搜索结果的第一位

---

[1] 最早的搜索引擎是哪个，这个问题尚待讨论。为了简洁清晰，我们可以关注那些运行时间最长的搜索引擎，它们实际上造就了那些每天上网冲浪的人最为熟悉的网站。

可能是另一个完全不同的网页，因为"帆板运动"这个词在该网页的内容中出现的次数最多。

尽管早期的搜索引擎都竭尽全力地让自己与众不同，但它们用来对网页进行分类和排序的算法是粗糙的，而且效率极低。这种问题可以通过一个显而易见的方法来解决，即在搜索过程中引入策划元素。事实上，在搜索领域中出现的统治性玩家并不是一个严格意义上的搜索引擎，而是一个目录，其内容不是由机器人编译的，而是由真实的人类汇编的。

1994年初，杨致远和戴维·费罗（David Filo）还是斯坦福大学电气工程系的博士生。他们通过研究认识了对方，但在报名参与一个日本的短期教学项目之后，他们才真正地建立起信任关系。1994年春天，两人表面上正在撰写涉及自动化软件设计的论文，这是当时的一个研究热点。杨致远和费罗在斯坦福大学的一辆便携式拖车里共用并排的隔间，代替办公室。他们的论文导师在休假，所以他们可以随意点比萨、闲逛。当然，他们偶尔也做做研究。通常，他们中的一个或两个人最后会睡在拖车里。一位朋友称这辆拖车的状况就像是"蟑螂的圣诞节"。[4]

这两个学生并没有认真完成自己的论文。费罗在Mosaic浏览器发布后不久就发现了它，这让他全身心投入了万维网，达到了痴迷的程度。当时，用户在几个小时内访问现有的所有网站是有可能的，但是新的网站每天都在不断涌现。他们两人开始竞相搜集和交换自己发现的新网站链接。他们把这些受欢迎的链接汇编成了一个列表，都希望尽力找到当天最酷的新网站来超越对方。

此时，Mosaic正在点燃网络这个火药桶的导火索。随着那个夏天网络的发展，事情变得更加复杂了。因为杨致远的工作站连接了斯坦福大学的公共互联网，所以其他人可以通过访问 http://akebono.stanford.edu 查看他们两人正在编制的列表。这个列表被称为"杰瑞的万维网指南"。事实证明，它在杨致远和费罗的朋友中很受欢迎。通过口碑，这份列表被传播到了更远的地方。很快，有一些完全陌生的人会通过电子邮件将推荐加入列表的网站发给他们。为了保证对内容进行合理的管理，杨致远和费罗把列表设计成了层级目录的结构。因此，如果用户想找到音乐电视的主页，那么他们可以按类别进行搜索：娱乐 > 音乐 > 音乐视频 >MTV.com。他们两人计划开发自己的软件，持续寻找新的网站和网页，但是添加的目录内容完全由杨致远和费罗决定。那个时候还没有自动化技术或算法。

两人开始专注于网址目录的工作，几乎放弃了所有其他的事情。他们会连续拼命工作几十个小时，睡在地板上。对杨致远和费罗来说，这不是工作，而是很有趣的事情。"我们想忘掉论文。"杨致远承认。[5] 到 1994 年 9 月，杨致远和费罗的目录已经包括了 2 000 多个网站。更令人印象深刻的是，"杰瑞的万维网指南"每天能获得 50 000 次点击（搜索）。"1994 年夏天，我们处于一种独特的情形中，"杨致远后来回忆说，"我们经历了那种草根式的增长，这种增长是由用户极大的兴趣，而不是由我们推动的。我们只是坐在那里，看着访问数据的攀升。"[6] 他们认为这个项目需要一个更好的名字。当时，软件开发人员有一个惯例，他们通常会将一个项目命名为"另一个某某物"。比如，YAML 是"另一种标记语言"。但杨致远和费罗决定用雅虎，即 Yahoo! 这个名字。他们声称，这个缩写的意思是"另一个层次化的非官方预言"（Yet Another Hierarchical, Officious Oracle）。

这个名字中的感叹号是不敬的，而且完全是故意加上的——正如费罗所说，这是"纯粹的营销炒作"。[7] 他们的网址变成了 http://akebono.stanford.edu/yahoo。

在支持学生开发项目方面，斯坦福大学有着悠久的历史，这些项目可能会（也可能不会）发展成初创公司。因此，至少在最初阶段，斯坦福大学免费给予了雅虎慷慨的流量和内容支持。在网景公司1994 年底推出的测试版浏览器中，当用户点击浏览器顶部菜单上的"目录"按钮时，默认链接对应的是雅虎网站。没有人能事先预料到，在导航者浏览器的菜单栏上拥有一个按钮，与在 Windows 桌面上拥有一个图标几乎具有同样的价值。好奇的网络搜索用户如同涓涓细流，逐渐汇成了滔滔洪水。1994 年底，雅虎迎来了日点击量过百万的一天。到 1995 年 1 月，雅虎已经拥有了 10 000 个网站，每天有超过 100 000 名独立访问用户。同时，服务器逐渐无法满足需求，斯坦福大学要求杨致远和费罗为他们的网站找另一台主机。

对杨致远和费罗来说，这是一个关键的时刻。几个月来，他们的论文一直处于拖延状态。现在，他们要决定雅虎能否作为一种真正的事业，以及他们是否愿意成为商人。杨致远告诉《财富》杂志的采访者："费罗很早就有这样的想法，他认为雅虎最终将成为消费者面向网络的一个接口，而不仅仅是一个搜索引擎或一项技术。我们真的不确定其中能否衍生出商业机会。"[8] 但感兴趣的各方已经在他们的拖车门口排队了。路透社、MCI 公司、微软、CNET 公司和准备申请IPO 的网景公司的相关人员，都跑来跟两位创始人会面，想看看是否有可能建立某种形式的合作或收购。"我还记得 1994 年 12 月我坐在他们拖车里的情形。"蒂姆·布雷迪（Tim Brady）回忆说，他是杨致远和费罗的朋友，也是他们的首批员工之一。"他们有一套语音邮件系统，《洛杉矶时报》的负责人打电话过来，美国在线的人也打来电话，而这些只是在那一天发送了语音邮件的人。"[9]

风险投资人很快也打来电话。现在，这两位男生需要一个固定的工作场地。他们做好了沟通的准备。但是，这些金主对雅虎能否成为一家可持续发展的公司持怀疑态度。网景公司当初在寻求融资时，可能看起来只有一个不太确定的方案：它几乎无法挣钱，其产品似乎只能免费供用户使用，市场机会未经证实，等等。但至少导航者浏览器是一款软件，大家能理解软件是可以出售的。网景公司证明了，它可以提供技术支持和服务器等一系列服务作为软件的补充，从而实实在在地赚到钱。但雅虎是另外一回事，它是一项服务、一个目标地址、一个目录、一个受欢迎的列表，它几乎没有任何专利内容。此外，这是一项永远无法收费的服务。杨致远和费罗确信，他们开始向用户收取搜索费用的那一天，将会是用户访问雅虎的最后一天。如果网景公司的业务看起来是无形的，那么雅虎的业务看起来就是彻头彻尾的假设。杨致远给投资人提供了一份拼凑起来的商业计划书，但这并没有给那些嗅觉敏锐的风险投资人留下什么深刻的印象。

在杨致远和费罗搬离斯坦福大学之前，有很多人费尽周折地登上了他们凌乱不堪的拖车，其中一位是名叫迈克·莫里茨（Mike Moritz）的风险投资人。莫里茨是这样描述他们凌乱的拖车的："所有母亲都永远不愿意看到自己的儿子拥有一间那样的卧室。"[10]在一堆空比萨盒和嗡嗡作响的工作站中，莫里茨和他的团队向杨致远和费罗提出了一个显而易见的问题："那么，你们打算向订阅用户收取多少费用呢？"[11]

"费罗和我面面相觑，表示这一切说来话长。"杨致远回忆说，"但是两小时后，我们说服了他们，雅虎应该免费。"[12]

莫里茨是风险投资公司红杉资本的普通合伙人。红杉资本投资了苹果、雅达利、思科和甲骨文等硅谷知名公司，但它还没有涉足互联网领域。莫里茨用来论证雅虎这个项目的观点是杨致远和费罗给他提供的。那是一种结合了网景公司的策略与美国在线的一些特征的论证。雅虎已经拥有了数百万名忠实的用户，公司肯定会有办法通过他们获得收入。随着越来越多的用户进入互联网，雅虎可能会成为一个友好的向导，牵着新用户的手，带领他们在茫茫的互联网之中遨游。雅虎有机会成为互联网领域的《电视指南》。像雅虎一样，《电视指南》只是在提供汇总的信息，任何其他机构都可以提供这些信息；但是，《电视指南》是当时全球发行量最大的杂志。

红杉资本最终被这场推销打动了。雅虎已经拥有了数百万名用户，如果互联网继续以同样的速度增长，谁知道它在不久的将来会有多少亿名用户？按照这种逻辑，甚至这个公司古怪的名字也可以被视为一个加分项。毕竟，正如红杉资本的传奇创始人唐·瓦伦丁（Don Valentine）所说："很久以前，我们投资了一家名为苹果的公司。"[13]有时候，投资那些名字愚蠢的公司，会获得漂亮的回报。

1995年4月，红杉资本投资100万美元，换取了新成立的雅虎公司的1/4的股份。到1999年初，红杉资本最初的100万美元变成了80亿美元。[14]

有了首批资金的注入，杨致远和费罗获得了一个1 500平方英尺的办公空间，位于先锋路110号这个幸运的地址。[15]他们招募了一批工程师来帮忙部署雅虎的服务器并打造公司的技术能力。他们注册了雅虎的域名，还引入了金融方面的人才，将雅虎构建成了一家精简的初创公司。他们找了一位"成年人"来担任首席执行官，他名叫蒂姆·库格尔（Tim Koogle），有丰富的科技初创公司和科技大企业的运营经验。至于两位创始人，杨致远获得了"雅虎主席"的正式头衔，并继续担任公司的代言人；费罗获得了"廉价雅虎"的称号，并致力于保持公司在技术方面实现平稳及低成本运行。最重要的是，一批新员工被打造成了一支专业的网络冲浪团队，为雅虎目录的完善提供支持，并让公司保持在爆炸式网络的顶端。这支冲浪团队的规模最终超过了 50 人，每人每天大约会在目录中添加多达 1 000 个新网站。[16]

网络正在以指数级增长，雅虎需要跟上它的发展节奏。同时，雅虎必须保持警惕：如果一个财大气粗的竞争对手复制了雅虎大受欢迎的列表，那么雅虎如何避免被对手压制？"这不是一项艰深的技术，"费罗承认，"我们没有专利或类似的东西。一些有资源的聪明人也可以做同样的事情。"[17]

在杨致远看来，雅虎有一个独特的优势：它是第一个这样的目录。在互联网时代，尽早进入互联网前沿市场，就能很幸运地享受神奇的"先发优势"，这已经成了一种信条。当然，雅虎的经历也证明了这一点。最初几个月，作为网景导航者浏览器的默认搜索工具，雅虎在早期互联网用户中播下了种子，获得了他们的认可和忠诚。即使出现了竞争性服务，用户也倾向于继续使用他们所熟悉的服务，只要它还能继续运行。先发优势意味着，雅虎在争夺早期网络爱好者的市场份额和认知份额的竞争中领先了一大步。但雅虎的领先优势面临着威胁。为了保持领先地位，雅虎决定学习美国在线的策略：它要树立自己的品牌，以增强用户的忠诚度。

　　有数百万名用户已经熟悉了雅虎，还有数千万名新手用户正在不断加入，成为第一个互联网品牌将是非常宝贵的优势。雅虎邀请了凯伦·爱德华兹（Karen Edwards）来领导公司的营销活动。凭借之前在高乐氏（Clorox）和20世纪福克斯等公司的经验，爱德华兹对品牌在由点击和浏览构成的新世界中所能发挥的威力充满信心。在第一次与公司的交流中，爱德华兹就提出了一个观点。她认为，由于雅虎的服务不具专利性且明显可复制，所以建立一个强大的品牌能够在雅虎周围构建一条防御的壕沟。"我认为我们真的可以让雅虎变得家喻户晓。"爱德华兹告诉她的新同事们，"我记得杨致远笑着说'哈哈！一个家喻户晓的名字？'。"[18]在爱德华兹的指导下，雅虎做了一件在当时看起来极其激进的事情：在电视和广播中打广告。雅虎是第一家通过大众媒体推销自己的互联网公司。有了活泼时髦的广告，再加上网站花哨讨巧的名字和盛气凌人的整体形象，美国人发现自己开始不断被人问道："你用雅虎吗？"雅虎很快成了互联网上最知名的公司之一，甚至那些还没有上网的美国人都很熟悉它。雅虎略显古怪的紫色标志很快就无处不在了，从曲棍球场到广告牌，再到T恤衫。《商业周刊》称，雅虎展示了一个"很酷的加州形象——时髦但不突兀，易用但不简单"[19]。在雅虎的营销活动"你用吗"开始后的12个月里，其网站流量翻了两番。[20]到1998年，普通消费者对雅虎的熟知程度甚至超过了微软。

　　"我们将自己视为一家媒体公司，而不是一家工具公司。"杨致远告诉《财富》杂志的采访人员，"如果我们是一家工具公司，那么我们将无法生存，微软将接管我们的市场份额。如果我们是一份出版物，就像《财富》或《时代》，并且创造了自己的品牌忠诚度，那么我们就有了一种可持续的业务。"[21] 将雅虎打造成互联网时代的第一个伟大品牌，有助于该公司在整个互联网时代维持良好的运营能力。后来，当一位股票分析师被问及，为什么雅虎在股票市场的价值高于 Excite 等搜索竞争对手时，他回答说："雅虎很酷！它不是一家科技公司。它是一个品牌，是一种文化。"[22]

然后，1995 年 8 月，网景公司举办了 IPO。互联网很热门，华尔街正在寻找其他似乎有着相同增长轨迹的互联网公司。搜索引擎拥有世界上最多的网民用户，雅虎在这方面处于领先地位。到了第二年 2 月，雅虎网站每天有超过 600 万名访问者。[23] 这些流量是雅虎 5 个月前的两倍，其增长呈抛物线状。

当时的华尔街处于后网景时代，雅虎也面临着上市的压力。它其实并不需要上市，后续的几轮投资使雅虎获得了相当可观的资金。但是雅虎的竞争对手，Excite、Lycos 和 Infoseek 等搜索引擎都跟在网景公司之后申报了上市。募集更多资金的机会让雅虎无法拒绝，它也无法放弃自己的领先优势。此外，网景公司的上市已经表明，一次成功高调的 IPO 可以获得令人难以置信的免费宣传效果。放弃这种机会，雅虎就要承担失去行业领袖地位的风险，至少华尔街是这样认为的。

Excite 和 Lycos 在 1996 年 4 月初的 IPO 中取得了一定的成功（Infoseek 在几个月后上市）。雅虎于 4 月 12 日完成 IPO，发行了 260 万股股票，最初的发行价为每股 13 美元，但开盘价为每股 24.50 美元。[24] 在第一天的交易中，其股价曾达到每股 43 美元的峰值，最后收盘于每股 33 美元。[25] 这个价格比 IPO 发行价高出 154%，首日涨幅甚至比网景的 105% 还要高。[26] 更重要的是，这使得雅虎的市值达到了 8.5 亿美元，超过了 Excite 2.06 亿美元和 Lycos 2.41 亿美元的市值之和。[27] 就像它计划的一样，雅虎的 IPO 让所有其他搜索网站看起来就像是王位的觊觎者。

雅虎拥有了数亿美元的资金，杨致远和费罗每人在名义上获得了大约 1.3 亿美元。但杨致远表示，雅虎的 IPO 引发了恐慌——不，不是恐慌，而是焦虑。[28] 他们面临着一个迫在眉睫的问题：尽管雅虎的银行账户里有很多钱，但实际上雅虎的利润并不高。网景公司在上市之后，第一季度的收入为 5 610 万美元。[29] 相比之下，雅虎在上市之后，第一季度的收入只有 320 万美元。[30] 尽管如此，这个数据比 1995 年还要好：雅虎 1995 年全年的收入只有 140 万美元。[31] 同样，如果网景公司在上市时的收入令人质疑，那么雅虎的上市则显得更为投机；但投资者已经用行动表明，只要能够展示出足够的增长性，他们愿意投资那些没有获得利润的年轻互联网公司。只要雅虎能展示出持续的用户增长，并且找到一种通过这些用户赚钱的方法，那么雅虎就是没问题的。这一天总会到来的，越快越好。

与此同时，热线网站已经展示了一种轻松赚钱的方法：网络内容可以通过广告获得收入。与热线、Pathfinder 或《评论》不同，雅虎甚至不需要自己在网站上生产内容。网络就是内容！杨致远和费罗不想在他们的目录中插入广告，但是在目录周围放置广告是没问题的，这与热线网站在文章周围放置广告有点儿类似。当时，雅虎喜欢给人一种并不愿意采用广告模式的印象，但实际上，公司没有其他可行的选择。早在 1995 年 4 月红杉资本首次投资后不久，戴维·费罗就接受了《广告时代》杂志的采访。这次采访的主题是"一批网站指南争夺广告，随着竞争的加剧，雅虎目录开放了赞助"。费罗宣称："因为我们现在获得了第三方的支持，所以有了生产的压力。雅虎必须变成一家赚钱的企业。我们不确定将来是开始对网站进行评论，还是继续仅仅以一种综合整理的方式罗列各种网站，但我们肯定会将广告融入我们的内容。"[32]

雅虎很小心地处理这一转变。它在主页上发布了一项调查，询问用户是否会支持广告。它得到的回应是冷淡的接受。然而，公司内部有些人担心，即使是引入图片广告，也可能从根本上改变雅虎的自由精神，而这是令雅虎独一无二的根源。蒂姆·布雷迪称，当那个月下旬第一批广告发布时，"邮箱里立刻挤满了说我们坏话的邮件，用户要求我们拿掉广告"。人们说："你们在做什么？你们在毁掉网络！"[33]雅虎的工作人员屏住了呼吸，想看看广告是否会令搜索者对该目录敬而远之。但是在仅仅几周后，抗议活动就平息了。雅虎的目录一如既往地有用，用户依旧忠诚。

一旦雅虎拧开了广告的龙头，这一模式的规模就迅速扩大了。在不到6个月的时间里，雅虎签约了80多家赞助商。[34]随着雅虎流量的增加，广告商和广告只会继续增加。到1996年第四季度，雅虎拥有了大约550家广告商，其中包括很多《财富》500强的公司，比如沃尔玛和可口可乐。雅虎的收入也因此增长了1 300%，于1996年达到了1 970万美元。但因为网络每天都在增长，该公司发现它销售广告的速度还不够快。到1996年底，网站的日浏览量达到了1 400万，但雅虎75%的潜在广告位尚未售出。[35]流量实在太大了，广告位无法全部销售出去。

因为雅虎如此成功地将自己标榜为互联网版的黄页，无数品牌和零售商争相购买雅虎目录上有价值的"不动产"。新的互联网公司为了争夺目录上突出的展示位置，彼此之间也会发生激烈的竞争。电子商务公司亚马逊和 CDNow 曾"大打出手"，只为了在"雅虎音乐"的目录页做音乐销售的广告。互联网券商 E*Trade 和 Datek 会签署数百万美元的协议，只为了在"雅虎财经"版块设置在线交易的按钮。当雅虎决定将新闻、天气、股票价格和其他新奇的内容添加到目录中时，它发现，不仅仅是零售商，像路透社这样的媒体合作伙伴也渴望与它建立合作并提供内容，以换取一部分广告收入分成。

一位雅虎营销高管回忆道："这是一次土地掠夺。"随着互联网热潮的兴起，雅虎处于绝对有利的地位。"很多公司试图通过过度投资获得快速的增长，这不是任何人的过错。你也很难因此责怪雅虎——当然，我们就是这样向这些公司收钱的。"[36] 到 1997 年，在线广告的市场价值接近 10 亿美元，仅雅虎一家公司就控制了总市场的7.5%。[37] 雅虎的广告商包括 1 700 个品牌客户，这些广告商在抢夺已经飙升至每天 6 500 万浏览量的惊人流量。所有这些使得雅虎的收入相应增长了 257%，达到了 7 040 万美元。[38] 雅虎的股价也在不断上涨，1997 年的涨幅达到了 511%。该公司当时的市值接近 40 亿美元。

雅虎比网景公司的规模更大。网景公司仍然是一家传统的软件和商业服务公司，但雅虎是一家纯粹的互联网公司。它是一家互联网原生公司，如果互联网没有被发明出来，那么雅虎就不会存在。

第六章
把这个东西送到月球上去

亚马逊及电子商务的诞生

一旦在互联网上赚钱的密码被破解，人们就会利用网络来销售东西，这种情况似乎不可避免。远程商务在一个多世纪以前就有先例：价值数十亿美元的目录销售行业。与西尔斯百货公司或兰茨恩德公司提供的目录相比，网页是一种更具活力、更有效的目录形式。网景公司开发的安全套接层技术使得网络上的实际交易成为可能，企业不需要通过电话或客户服务代表来接受订单。网景导航者浏览器通过安全套接层技术，为早期网络设定了标准。如今，迭代后的安全传输层协议（TLS）使得全世界绝大多数的在线商业交易成了可能。事实上，这项技术也许是网景导航者浏览器最长久的遗产。

但是，如果你愿意更深入地观察在线商务带来的机遇，那么你可以期待更多的可能性、更高的效率和规模经济。报刊行业的梦想是，在向客户交付产品时不需要承担昂贵的投递成本和生产费用。与此类似，一个有前瞻性的零售商也可以梦想出现这样一个世界：它不用承担昂贵的商业地产租赁费用，并能大大削减仓储和物流成本。对早期的商业先驱来说，网络并非能够帮助他们做一些与以前完全不同的事情——他们仍然要向顾客销售商品——而是可以从根本上改变他们做事情的方式。

将近 25 年过去了，这一愿景基本上已经实现了，而且在大众的认知里，这一切的实现要归功于一家公司。通常来说，新技术的先驱很少能存活足够长的时间，最终主导其所在的领域；反而是那些模仿者或跟随者至今仍活跃在我们的身边。例如，搜索领域最终的主导者是谷歌，而不是 AltaVista；社交网络领域最终的主导者是脸书，而不是 Friendster。但这一规律也有例外情况，在电子商务领域中最具突破性的公司依然是今天占据主导地位的公司：亚马逊。

※

1992 年，在一家名为德劭基金（D. E. Shaw）的华尔街对冲基金公司里，28 岁的杰夫·贝佐斯是有史以来最年轻的高级副总裁。贝佐斯的主要职责是协助公司推出新的业务。1993 年前后，公司给他安排了一项任务，让他去调查互联网上有哪些商业机会。贝佐斯提出了许多想法，其中一个想法真正引起了他老板的兴趣。德劭基金的员工应该还记得，这个想法获得了一个称号——"应有尽有的商店"。这个想法是，仅仅利用计算机网络和互联网成为销售产品的中介，连接每一种产品的买家和卖家，提高效率并承担其中一小部分麻烦的工作。但是贝佐斯很快就认识到，"应有尽有的商店"这一想法有点儿夸张了，于是他开始调研可能适合做概念验证的产品。他权衡了大约 20 种不同的可能产品，包括计算机软件、办公用品和光盘。最终，他认为用图书来做测试的效果最佳。布拉德·斯通（Brad Stone）写过一本关于亚马逊历史的著作《一网打尽》，他在书中说，图书是一种"纯粹的商品，这家商店里的某本书与那家商店里的同一本书是一样的，所以购买的人总是知道自己将会得到什么"[1]。这一点与服装不同，服装在尺寸、剪裁、样式和颜色等细节上会有各种各样的变化。图书与光盘相比也有优势，因为当时与美国所有的图书零售商合作的只有两家主要的图书发行商，即英格拉姆（Ingram）和贝克与泰勒（Baker & Taylor）；而全世界有几个大型唱片公司和数百个小规模的唱片公司在发行音乐光盘。斯通还指出，图书拥有我们现在熟知的强大的长尾效应：全世界已出版的各类图书超过 300 万种，而已发行的光盘只有 30 万种。[2] 没有哪一家线下商店可以上架所有的图书，但线上商店可以。正如贝佐斯后来所说："有了超级丰富的产品，你可以在网上开设一家商店，而这家商店根本不可能以任何其他的方式存在。"[3]

在研究过程中，贝佐斯似乎和吉姆·克拉克一样，对自己了解到的互联网的绝对增长感到震惊。他偶然从一位分析师那里获得了一些数据，这位分析师声称，从 1993 年 1 月到 1994 年 1 月，通过网络传输的字节数增加了大约 205 700%。[4] 正如贝佐斯后来指出的："只有在培养皿中的事物才会发展得这么快。"[5]

1994 年春天，杰夫·贝佐斯从德劭基金离职，独自创立了一家线上书店。在反复讲述其创业故事时，贝佐斯将这个时刻神化成了一种经典的创业者两难窘境：他将放弃一份安全的、收入丰厚的华尔街中的职业，独自创业，前途未卜。但是这并没有什么问题，就像贝佐斯后来所说："我知道，等我到了 80 岁的时候，我永远不会去想为什么我会在 1994 年放弃华尔街的奖金。在 80 岁的时候，你根本不需要为这种事情操心。但是，如果我没有参与这件被称为互联网的事情，错过了一次革命性的活动，那么我知道我可能真的会感到遗憾。"[6]

根据众所周知的传说，杰夫·贝佐斯和他的妻子麦肯齐收拾好了他们的行李，开着汽车一路向西，不确定最终要在哪里落脚；贝佐斯一边用笔记本电脑编写商业计划书，一边用手机给天使投资人打电话。但事实是，为了招募软件工程方面的人才，贝佐斯已经乘飞机去过加州。根据不同的说法，他当时可能知道自己驾驶越野汽车的目的地是华盛顿州的西雅图市。通过细致的研究，他发现西雅图作为一个技术中心，具备很大的优势——这是微软的所在地，因此那里技术人才充足——而且它距离俄勒冈州的罗斯堡市只有 6 个小时的车程，图书发行商英格拉姆在那里运营着一个重要的仓库。此外，华盛顿州的人口也没有加州多。贝佐斯通过研究发现，如果公司没有以实体形式存在于下订单的客户所在的州，那么它就不会被征收销售税。因此，华盛顿州的人口少于加州是一个重要的加分项。考虑到税收优惠，贝佐斯还有几个其他的备选地点，比如俄勒冈州的波特兰市、科罗拉多州的博尔德市，以及内华达州的太浩湖。

1994 年夏天，在杰夫·贝佐斯夫妇租住的华盛顿贝尔维尤市东 28 街 10704 号的家里，即将成为亚马逊的公司在车库里诞生了。[7]贝佐斯和麦肯齐是公司的创始员工，还有几位贝佐斯早些时候招募的编程人才。一位是谢尔·卡芬（Shel Kaphan），他负责编写亚马逊网站的大部分初始架构，因此很多人认为他也是亚马逊的联合创始人之一。"当我到那里的时候，公司甚至连一份书面的商业计划书都没有，"卡芬说，"只有几页电子表格和对这个概念的口头描述。车库已经被改造过了，只不过它是那栋房子里没有专门配备供暖设备的一个角落。"[8]

作为《星际迷航》的粉丝，贝佐斯最初一直有一个想法，就是用皮卡德船长的一句著名口头禅，将公司命名为 MakeItSo。他还考虑过 Relentless 这个名字，以表示公司会毫无保留地专注于客户服务，但这个名字也遭到了反对，因为它听起来太具威胁性了。在很长一段时间里，他倾向于"卡达布拉"（Cadabra），但是卡芬劝说贝佐斯不要采用这个名字，因为这个词听起来太接近"尸体"（Cadaver）了。Browse 和 Bookmall 也遭到了反对，具有字母顺序优势的 Aard 和 Awake 也没有获得支持。最后，贝佐斯自己决定用"亚马逊"这个名字。正如他后来所说："它不仅是世界上最大的河流，而且它比第二大河流要大很多倍。它完胜其他所有的河流。"[9]地球上最大的河流，地球上最大的书店。他的公司于 1994 年 11 月 1 日注册了对应的域名。

※

尽管亚马逊后来在仓储、物流和履约控制方面享有盛誉，但有趣的是，我们发现该公司在刚刚成立时，并没有合适的仓库资源。起初，亚马逊会把一本名为《美国在版书目》的可购买图书的目录放到网上，这个目录是由位于新泽西州的图书出版书目信息服务商 R. R. Bowker 发行的，亚马逊增加了一些搜索功能，以方便顾客找到他们想要的图书。[10]《美国在版书目》基本上是出版行业的《圣经》，美国的每一家书店，无论大小，都是通过它来订购图书的。如果你去找当地的零售商，要求订购某一本书，那么零售商需要参考《美国在版书目》来看看能否满足你的需求。亚马逊做的所有工作只是借助这一资源，让自己成为中间人，将这些信息直接传递给顾客。R. R. Bowker 自己能把《美国在版书目》放到网上吗？可能可以吧，但它并没有这样做。

而杰夫·贝佐斯做到了。亚马逊用两大图书发行商英格拉姆和贝克与泰勒的库存数据来补充完善这个目录。如果一位顾客需要一本书，那么亚马逊会自己先订购这本书，暂时收货，然后再把它寄送给顾客。

1995年春天，亚马逊在其员工的朋友和家人中进行了一次半私密的内部测试。贝佐斯和员工们几乎立刻发现，承诺能够找到世界上的"每一本"书，这一点对人们很有吸引力。公司接到的第一批订单并不是最新出版的畅销书，而是可能不会进入普通书店的一些冷门图书。这次内部测试的第一份订单，也就是亚马逊的第一份订单，来自谢尔·卡芬的前同事约翰·温赖特（John Wainwrigh），他应卡芬的邀请来参加这次内部测试。温赖特于1995年4月3日订购了道格拉斯·霍夫斯塔德（Douglas Hofstadter）的《流体概念和创造性类比》一书。

亚马逊当然也提供畅销书，而且售价的打折力度很大，这也使得这些书成了主要的亏损源。但是那些冷门图书，比如《流体概念和创造性类比》，会让亚马逊将一部分早期用户转化为狂热的追随者。亚马逊成立第一年的畅销书是《如何建立和维护万维网网站：信息提供者指南》，这本书的作者是林肯·斯坦（Lincoln Stein）。[11]

但是，冷门图书也有自己的问题。亚马逊试图在一周内把图书送到顾客手中，但是要找到这些稀有品可能需要长达一个月的时间。即便如此，亚马逊仍然必须先订购这些书，然后接收、重新包装，并把它们寄送给顾客。此外，图书发行商实际上要求零售商一次至少订购10本书。在内部测试期间，亚马逊当然没有那么大的销量。"我们发现了一个漏洞！"贝佐斯后来骄傲地回忆说，"根据发行商的系统设计，你不一定要收到10本书，你只需要订购10本书。"[12]亚马逊团队在发行商的系统中发现了一本关于苔藓的图书，但它经常缺货。他们就订购一本自己想要的书，再订购 9 本关于苔藓的书。他们想要的书会被寄送过来，而发行商承诺会继续寻找这本关于苔藓的书。

有很多用户早期是以打电话的方式输入信用卡号码的，他们不相信网上交易是安全的。"有些人甚至会通过电子邮件把他们完整的信用卡号码发给我们，他们认为这样做比在网站的表单里输入号码更安全。"卡芬说。[13] 为了确保订单不受黑客攻击，该团队会先把信用卡号码记录在一台电脑里，然后复制到一张软盘中，接着由工作人员亲自把数据导入另一台电脑，并在最后这台电脑里批量处理交易。这个流程在亚马逊内部被称为"人工传递网络"。人工传递网络系统最终被淘汰了，但正如卡芬所指出的："实际上，在相当长的一段时间之后，我们才有足够的业务量来验证业务与信用卡处理器之间的直接连接是合理的。"[14]

亚马逊绝对不是第一个推出电子商务的玩家，但是它雄心勃勃，将网络上已经实现的一些关键创新技术和模式整合了起来，其中很多在我们今天看来是理所当然的。这些创新意味着，电子商务可以完成一些传统商务做不到的事情。首先，想想电子商务的基本用户界面：购物车。如果用户正在你的网站上购物，那么他们可能需要购买好几样东西。你当然不希望他们必须为每一样他们想购买的商品走一遍结账流程，你需要给顾客一个虚拟的空间，用来存放他们正在考虑购买的商品。你想要的是一辆"虚拟购物车"。亚马逊使这个功能流行起来了。从技术角度来看，记住特定的顾客是很有用的事情。亚马逊记得顾客之前购买过什么，或者差一点儿就购买了什么（顾客最后把它从购物车里拿出来了）。它可以存储这些信息并相应地提示那些回头客。基于 Cookie 技术，卡芬和他的小团队在这个网站上做出了一些改变：顾客一旦购买了一本书，该网站就不会再向他重复推销这本书了。现在，我们已经习惯了这样的方式。基于各自不同的购物经历，我在登录某个电子商务网站时看到的商品，可能与你看到的完全不同。亚马逊是最早以这种方式单独定制店面的网站之一。

产品评论也是一个极其巧妙的创新。在互联网出现之前，很少有普通的零售商给顾客提供它们所销售的商品的评论。超市并不会宣称，一种品牌的牙膏比另一种品牌的牙膏更受顾客青睐。事实上，情况恰恰相反，传统零售商希望自己被顾客视为中立的经纪人。但亚马逊觉得，它需要在一个关键方面模仿现实世界里的图书零售商：充当一个推荐者。因此，谢尔·卡芬用一个周末的时间，开发出了一套基础的评级系统。最初设计这个系统是为了提供亚马逊自己编辑的内容，但这个系统很快就迭代了，任何人都可以进行评论。不过，用户评级和评论是有争议的。很明显，不好的评论出现在销售页面的图书展示区旁边，这种做法让图书的作者感到很不适。值得称赞的是，亚马逊坚持己见，它认为诚实的评论以及帮助客户做出明智购买决定的声誉，将是它与线下零售商的一个关键区别。

在之后的几年中，所有这些创新结合起来，孕育出了著名的推荐引擎。集成了 Cookie 及会话识别系统，推荐引擎将解析你的网络浏览历史、购买历史，以及亚马逊上所有其他人的购买历史，并为你提供一个经典的提示：如果你喜欢 x，那么你可能会喜欢 y。现在，这不仅是电子商务的关键组成部分，也是网飞等视频流媒体服务和 Spotify 等音乐流媒体服务的关键组成部分。但是，对亚马逊来说，这最初只是它与线下零售商的一个不同之处，也是一种证明电子商务可以实现传统零售商做梦也想不到的事情的方式。

亚马逊的完整网站于 1995 年 7 月 16 日面向公众发布。网站上仅有的图片包括早期亚马逊的标志（一条河流穿过的一片原野，以及一个巨大的字母 A）和亚马逊正在推销的特色图书的封面图片。网站上所有图书的售价都有 10% 的折扣，其中重点推荐的图书有 20%~30% 的折扣。

但销售的增长非常缓慢。最初，一天能有 10 多个订单就很不错了。这也是好事，因为所有的事情都是员工一步步完成的。在顾客下订单后，亚马逊要向图书发行商订购这本书，发行商会将这本书送到亚马逊简陋的办公室中；然后，亚马逊为数不多的员工，包括贝佐斯和卡芬，会将这些书重新包装并寄送给顾客。亚马逊有一个面向公众的电子邮件地址，所有员工会轮流回复客户的咨询。

开业的第一周，亚马逊的图书销售额达到了 12 438 美元，但它只能向顾客寄出价值 846 美元的图书。[15] 到 10 月，亚马逊首次实现了单日订单过百。对一家正在全新的道路上披荆斩棘的创业公司来说，尽管这些数字看起来很不错，但实际情况是，仅凭这些业务并不足以维持公司的长期运营。一方面，在网站发布的时候，亚马逊已经搬进了一个更大的办公场所，位于西雅图 SoDo 社区第一大道南 2714 号，就在星巴克总部的马路对面。另一方面，亚马逊现在是一家真正的公司了，贝佐斯等人在尽最大的努力学习如何像一家公司一样行事，这样做的成本并不低。

在亚马逊随后向美国证券交易委员会提交的登记文件中，我们可以看到，尽管它的销售额稳步增长，但截至 1994 年底，亚马逊的亏损为 52 000 美元。1995 年，亚马逊在第一个完整的运营年里卖出了价值 500 000 美元的图书，但它的亏损高达 303 000 美元。[16] 这就引出了融资的问题，你可能会发现，我直到现在才真正提到这个问题。这是因为，贝佐斯决定尽可能通过自筹的方式为公司提供资金。贝佐斯利用他多年在华尔街积累的资金以及信用卡贷款和个人担保，解决亚马逊早期发展所需资金的问题。1995 年夏天，贝佐斯的母亲杰基以她的家庭信托的名义，给亚马逊投资了 145 000 美元。这是一笔名副其实的"亲朋好友轮"投资，但这笔钱并不足以让公司维持很长的时间。

于是，在 1995 年夏天，杰夫·贝佐斯第一次尝试为亚马逊融资。他不想接触知名的风险投资机构，而是在他认识的西雅图人脉圈里寻求帮助。根据贝佐斯向当地那些投资人兜售的商业计划书，预计到 2000 年，亚马逊的销售额将达到 7 400 万至 1.14 亿美元。[17] 凭借这些预测，到 1995 年底，贝佐斯募集到了 981 000 美元，出让了公司约 20% 的股份。[18] 当然，那些投资人会获得巨大的回报，因为他们所能想到的最乐观的情形，甚至都远远不及亚马逊最终实际做到的成果。到 2000 年，亚马逊的净销售额达到了 16.4 亿美元，是贝佐斯最乐观的预测的 14 倍。

1996 年 5 月 16 日，亚马逊登上了《华尔街日报》的头版，这是公司真正的转折点。在《华尔街奇才在网上发现销售图书的商机》这篇文章中，《华尔街日报》将贝佐斯描述为"华尔街神童程序员"，他"突然被当今时代最不确定的商业机会之一迷住了：网上零售"。[19] 这篇文章的影响力立刻显现了。几乎在一夜之间，亚马逊从互联网角落的一个小异类，变成了全新行业的一名旗手。搜索引擎公司和美国在线打来电话，想要与亚马逊建立合作伙伴关系。同样重要的是，杰夫·贝佐斯一直刻意回避的知名风险投资机构也开始主动联系他。亚马逊坚持只与最优秀的投资机构合作，并成功获得了凯鹏华盈 800 万美元的投资，出让了公司 13% 的股份。约翰·杜尔也同意加入亚马逊的董事会。[20]

在谈到贝佐斯时，杜尔说："他一直是一位心胸开阔的思想家，拥抱资本对公司的发展是一个推动。"[21] 突然之间，一个新的座右铭在亚马逊内部流传开来，这也将成为互联网时代每家公司的标准口号：快速做大。这个说法最初是由网景公司创造出来的，但是杰夫·贝佐斯和亚马逊把它变成了一句官方口号。从本质上说，"快速做大"背后的最初想法是切实可行的。《华尔街日报》文章的宣传无疑向更大的竞争对手提醒了亚马逊的存在。如果美国最大的两家连锁书店博德斯（Borders）和巴诺（Barnes & Noble）之前还没有注意到亚马逊，那么它们现在应该注意到了。《华尔街日报》的文章提到，亚马逊当年的收入已经接近 500 万美元，这相当于一家巴诺超市的年销售额。贝佐斯知道，亚马逊必须在巴诺书店推出自己的网站之前做得更好，而且要快。如果"地球上最大的书店"真的要与整个图书零售行业硬碰硬竞争，那么它是时候狠踩油门了。

为此，贝佐斯和亚马逊开始将近期筹集到的资金投入人力资源：仓库员工、技术支持人员、产品评论员等。公司迅速招聘了很多人，以至于亚马逊的一位早期人力资源经理向当地的招聘机构发出了一份令人记忆犹新的公告："把你们手头的怪人都送过来吧。"在一间传统的办公室或一家常规的公司里，这些古怪的、不合适的人可能难以适应，但在一家快速做大的公司里，他们反而能够在混乱中茁壮成长。

1996 年 11 月，亚马逊再次搬家了。它搬进了西雅图南部的新办公场所，街对面有一家当铺和一家脱衣舞俱乐部，广告上写着"12个漂亮女人和一个丑女人"。[22] 这栋新建筑配有一套合适的配送设施，而且它的空间面积有 93 000 平方英尺。[23] 与此同时，亚马逊聘请到了奥斯瓦尔多－费尔南多·杜埃纳斯（Oswaldo-Fernando Duenas），他是联邦快递的一位拥有 20 年工龄的老员工，也是亚马逊第一位拥有丰富物流和仓储经验的员工。同样在这个时间前后，大约是 1996 年秋天到 1997 年春天，亚马逊又聘请到了卡夫食品和赛门铁克的几位资深人士来负责公司的市场营销，一位前微软工程师来负责产品开发，以及一位巴诺的高管来负责业务拓展。

巴诺肯定已经注意到了亚马逊在做什么。巴诺当时是一家拥有 466 家店铺的商业巨头，是图书零售业的沃尔玛，由伦纳德·里吉奥（Leonard Riggio）和斯蒂芬·里吉奥（Stephen Riggio）两兄弟一手打造而成。1996 年底，他们飞往西雅图与贝佐斯共进晚餐。根据当时贝佐斯的顾问汤姆·阿尔伯格（Tom Alberg）所说，里吉奥兄弟说他们很钦佩亚马逊在做的事情，但是一旦巴诺开始在网上卖书，它就会摧毁亚马逊。伦纳德·里吉奥嘴上说："我想投资并获得 20% 的股份，我不在乎价格是多少。"[24] 实际上，里吉奥兄弟想要的是达成某种模糊的合作关系。但是，贝佐斯没有上钩。

问题是，如果巴诺创建一个网站，它能比亚马逊表现得更好吗？贝佐斯估计它不能。简而言之，贝佐斯会把线下零售商吸引到他挑选的战场上，也就是网络上。他相信网络给亚马逊提供了技能上的优势，而这将是具有决定性的。虽然线下零售商将花费数百万美元在网上复制亚马逊的业务，但同时亚马逊将通过进军新的市场来击败它们。

1997 年 5 月 12 日，巴诺推出了自己的网站，并与美国在线签订了独家协议，成为美国在线的独家图书销售商。[25] 那就意味着它可以接触到美国在线的 800 万名早期在线订阅用户。对那些希望参与竞争的年轻互联网公司来说，这种优势是无价的。当然，顾客对巴诺遍布全美国的 600 多家实体店铺有一定的熟悉度，巴诺也试图利用这个优势。一些非常聪明的人在看到这种竞争态势之后，宣称亚马逊注定会失败。1997 年 9 月，《财富》杂志发表了一篇标题为《为什么巴诺可能会碾碎亚马逊》的文章。作者表示："亚马逊在互联网上能做的任何事情，巴诺都能做到。"[26] 还有一件备受关注的事是，弗雷斯特研究机构（Forrester Research）在 1997 年初发布了一份题为《被烤焦的亚马逊》的报告。[27]

但是，亚马逊像网景公司那样进行了反击。亚马逊于 1997 年 5 月 15 日完成了 IPO，获得了当时非常必要的媒体关注。其股票以每股 14~16 美元的价格发行，第一个交易日的收盘价格为每股 23.50 美元。[28] 它的首日涨幅并不像网景公司或雅虎的首日涨幅那样令人震惊，但投资者对亚马逊强劲的增长势头很感兴趣。1996 年，公司的销售额为 1 570 万美元；1997 年，销售额超过了 1.47 亿美元。[29] 在公司举办 IPO 时，亚马逊的收入同比增长了 900%。[30] 贝佐斯异常坚信电子商务模式能保证效率的提升，而这一点实际上也正在实现。亚马逊的库存每年能周转 150 次，而巴诺这样的传统实体书店的库存一年只能周转 3~4 次。[31]

正如贝佐斯所预料的，掌控网络的是他，而不是里吉奥兄弟。巴诺不得不花费数千万美元来创建一个网站，但即使其网站上线了，它也无法将大量的亚马逊购物者吸引过去。与此同时，亚马逊却正在稳步地从巴诺的网站挖走客户，并蚕食其线下零售业务。事实上，人们还不清楚，拥有遍布全国的连锁店能否为企业应对网络竞争者提供优势。这种竞争完全打破了人们对零售的理解。作为亚马逊的邻居，星巴克的首席执行官霍华德·舒尔茨有一次与贝佐斯会面时，提议双方建立某种形式的合作，他允许亚马逊将其商品放在星巴克的店铺里，或许是为了效仿巴诺的咖啡馆。舒尔茨告诉贝佐斯："你没有实体店，这会让你停滞不前的。"贝佐斯反驳说，实体店的存在是没有必要的："我们要把这个东西送到月球上去。"[32]

"颠覆"这个词已经成了一个常用术语，用于描述这类竞争的本质，而亚马逊与巴诺之间的战役将是线上颠覆者和线下现任者之间的第一场伟大竞争。我们发现了一个有趣的事实：亚马逊并没有完全击败它最初的竞争对手。巴诺仍然在运营（尽管博德斯已经消失了），书店仍然存在，没有像音像租赁商店或音乐商店那样消失。亚马逊的收入直到2004年才超过巴诺公司。[33] 它直到2007年才成为世界上最大的图书零售商。[34] 但这并不重要，因为正如它一直以来的计划一样，当现有的图书零售商竞相复制亚马逊的模式时，亚马逊已经迈向了新的领域。坦率地说，杰夫·贝佐斯并不在乎亚马逊是否在图书领域获得了决定性的胜利，因为他真正目标是在其他领域获得越来越大的份额，然后是另一个新的领域，再转移到下一个新的领域……直到有一天，亚马逊在每个细分领域中都占有一席之地。

大概在他在德劭基金研究互联网与接受凯鹏华盈投资之间的某个时刻，杰夫·贝佐斯确信电子商务真的是一种非常优越的商业模式。像网景公司的安德森和克拉克一样，贝佐斯认为互联网的前景是无限的。在几次不同的采访和演讲中，贝佐斯一次又一次地谈道，现在只是互联网革命的"第一天"。贝佐斯认为，他不仅有机会将电子商务作为一种可行的方式来打造亚马逊，而且亚马逊还有机会颠覆买卖一切商品的整体体系。贝佐斯不仅考虑了图书市场，还考虑了零售模式本身。这种商业模式可以追溯到几千年前的某一天，商人们聚集在一个中心位置，向当地的居民兜售他们的商品。在贝佐斯的愿景中，各种产品都会被送到购买者手中。先是图书，然后是其他任何东西。最终，他会让"应有尽有的商店"变成现实。

亚马逊的高管乔伊·科维（Joy Covey）还记得，贝佐斯"总是胃口很大，这只是一个在正确的时机抓住合适的机会的问题"。亚马逊于 1997 年 6 月推出了音乐商店，于 1997 年 11 月推出了电影商店。[35]在音乐商店推出仅仅 120 天之后，亚马逊就可以宣称自己是世界上最大的在线音乐销售商了。亚马逊网站顶部的座右铭从"地球上最大的书店"变成了现在的"书籍、音乐及更多"，最终，它会简单地展示为"地球上最大的商店"。[36]

在 20 世纪 90 年代中期，商业界开始流传一个警示：当心，你的行业可能会突然被亚马逊化！不管你卖的是什么东西，或者提供的是什么服务，你都必须注意，可能会出现一家互联网初创公司（通常是亚马逊）来抢夺你的市场。这个"暴发户"最初看起来可能像是一个小小的模仿者，但是它会运用互联网魔法吸引顾客。在你不知不觉的时候，这家小互联网公司可能已经获得了比你更高的市值。导致在那之后即将到来的互联网泡沫的一个关键因素是，各行各业的公司都花费了数不清的资金，试图积极主动地实施"互联网战略"，以避免被亚马逊化。谈到亚马逊的第一个竞争对手突然发力在网络上竞争时，贝佐斯自己后来说："巴诺这么做不是因为它自己想这么做，而是因为亚马逊的存在使它不得不这么做。"[37]

第七章
信任陌生人

易贝、社区网站和门户网站

人们常说，硅谷存在一种明显的乌托邦倾向。一些网络聊天应用程序如今价值数十亿美元，当这些应用程序的创始人很真诚地谈论他们的发明如何改变了世界时，他们就是这种不切实际的数字理想主义的悠久传统的一部分，这种理想主义是科技行业与生俱来的。在很大的程度上，这是由硅谷的地理位置和历史造成的。硅谷诞生于20世纪六七十年代。冷战时期，美国在国防和太空研究上的支出在硅谷播下了科技产业的种子；而附近的伯克利和旧金山的反文化天堂，为当地居民注入了"权力归花儿"[1]的思想。因此，一直以来，硅谷既有理论家的自由意志主义，又有略带酸味儿的嬉皮士浪漫主义。这两种世界观实际上融合得非常好，因为它们都主张技术可以改善人类所处的状况，使人类摆脱各种压迫、压抑和日常的苦差事。互联网只是众多技术奇迹之一。许多人认为这些技术奇迹将提升人们的思想，将人们的灵魂从各种障碍中解放出来。对自由意志主义者来说，互联网是

①　权力归花儿（Flower Power）是20世纪60年代末、70年代初年轻人信奉爱与和平，反对战争的文化取向。——译者注

伟大的，因为它的规则和管制很少；对嬉皮士来说，互联网可以帮助他们实现言论自由和思想的民主化。

有一位法国－伊朗移民当时就沉浸在这种环境中，他名叫皮埃尔·奥米迪亚（Pierre Omidyar）。甚至在互联网时代来临之前，奥米迪亚就已经涉足了硅谷的创业领域。在微软收购了他就职的初创公司 eShop 之后，奥米迪亚获得的补偿款让他成了百万富翁。此时他还不到 30 岁，并没有退休的打算。就硅谷的双重世界观而言，奥米迪亚属于自由意志主义那一方。带着这种哲学倾向，他发现自己在考虑一个问题，即当时正在爆炸式发展的互联网是否可能成为某种实验室，以实现自由意志主义者长期以来的梦想：一个完美的、无摩擦的、无监管的市场。他认为传统的分类广告——比如在报纸上购买几行广告内容来销售二手咖啡桌——并没有有效地利用市场动能。在一条普通的广告中，你只是简单说："这张桌子卖 100 美元。"如果有人认为这是一个合理的价格，那么你就能得到 100 美元。但是如果 100 美元的价格不合适呢？如果你本可以将咖啡桌卖出更高的价格呢？如果买家可以少付钱呢？人们无法知道这些问题的结果。在一个完美的市场中，市场价格就是合适的价格，因为买方和卖方（理想情况是多个买方和卖方）可以讨价还价，以实现最佳结果。在分类广告中，人们无法讨价还价，但是如果你能在分类广告中创造一个拍卖场景，那会怎么样呢？你可以得到任何商品的真实市场价格，因为买卖双方会有机地达成最终的成交价格。正如奥米迪亚所描述的："如果有不止一个买方感兴趣，那么卖方就可以让他们自己解决问题。根据定义，无论成交的价格可能会是多少，卖方获得的金额就是该商品的市场价格。"[1]换句话说，奥米迪亚所想的不仅仅是把分类广告带到网络上（实际上有一些机构，比如分类广告公司"怪兽公告板"（The Monster Board）和个人交友广告网站 Match 已经在做类似的事情了），他想知道的是，人们能否通过引入拍卖元素，在网络上创建完美的分类平台。

1995 年美国劳工节假期前的星期五晚上，奥米迪亚龟缩在他别墅二楼的家庭办公室里，开始为他的拍卖创意编写代码。在漫长的假期结束时，他七拼八凑地搭建好了一个粗糙的网站，用户在网站上可以做三件简单的事情：挂出待售的商品、查看待售的商品，以及对这些商品进行竞价。他将网站托管在自己的家庭服务器上，并通过他在当地互联网服务提供商那里开设的每月交费 30 美元的账户将其发布到了网上。他给这个网站起名为"拍卖网"（AuctionWeb），但他只是将其作为一个子网站放在自己的个人网页 ebay 上，所以，该网站的网址是 ebay.com/aw。

为什么用易贝（eBay）这个名字？通过 eShop 的出售成功套现之后，奥米迪亚以"回音湾技术集团"（Echo Bay Technology Group）的名义做了一些网络咨询和自由职业的工作，他喜欢这个名字。但是，域名 EchoBay.com 已经被别人注册了，所以他注册了一个他认为最为接近的域名：eBay.com。奥米迪亚在这个域名下创建了各种其他的特色网站，因此，拍卖网实际上诞生于一堆其他的网站之中，包括一个与埃博拉病毒暴发有关的网站，奥米迪亚对此很感兴趣。

据奥米迪亚回忆，在拍卖网上线的第一天，没有一个访客登录。为了引起人们的兴趣，他在 NCSA 网站上发布了一条关于拍卖网的消息——在那个时候，NCSA 仍然是最大的网络流量聚集地。NCSA 的网站上有一个"最新动态"版块，奥米迪亚就把消息发布在那里，他把拍卖网描述为"网上最有趣的买卖方式"。[2]

访问者开始慢慢涌入拍卖网。奥米迪亚早期在新闻组中发布了很多帖子，多亏其中的一个帖子，我们得以了解当初人们挂出的一些标新立异的商品。1995 年 9 月 12 日，奥米迪亚在新闻组 misc.forsale.noncomputer 中发布了一个帖子，挂出了代售商品以及对应的报价。其中包括马克·沃尔伯格（Marky Mark）亲笔签名的内衣（报价：400 美元）、丰田 Tercel 二手车（报价：3 200 美元）和美泰任天堂动力手套（报价：20 美元）。[3]

在缓慢起步之后，奥米迪亚本人对拍卖网迅速发展的方式感到惊讶。不到一个月，就有整套的 Sun 计算机工作站被挂出待售，甚至还有一个爱达荷州的 35 000 平方英尺的仓库被挂出，其初始报价为325 000 美元。到年底，拍卖网记录了 1 000 多次拍卖和 10 000 多次个人报价。[4] 此时，奥米迪亚仍然将运营拍卖网作为自己工作之余的一次尝试，而且它对用户完全免费。但是，这种状况不可能永远持续下去。由于他使用的数据量越来越大，互联网服务提供商在 1996 年2 月联系了奥米迪亚，告诉他，他的托管费将被提高到每月 250 美元，这是一个针对商业账户的收费水平。奥米迪亚对此表示反对，他辩称自己实际上并没有在经营一家商业企业，但是互联网服务提供商并不相信他。就在那个时候，奥米迪亚觉得，如果他被当作一家商业企业对待，那么他也可以直接经营一家商业企业。于是，他针对拍卖网做出了一大改变：买家可以继续免费使用这个网站，他们唯一需要承担的成本就是按照报价把费用支付给商品的卖家；但从此以后，卖家必须把最终售价的一定比例支付给网站作为服务费。对于销售价格低于25 美元的商品，这一比例为 5%；对于销售价格高于 25 美元的商品，这一比例为 2.5%。这次改变没有经过任何研究或计算，仅仅基于奥米迪亚自己的直觉。

奥米迪亚不知道收费是否会导致网站无法继续运作。此外，他没有办法强制执行卖家的付款流程。他没有信用卡商业账户，甚至没有办法验证拍卖的最终结果。但是，为了与他的自由意志主义思想保持一致，他拒绝对网站系统进行任何治理或监管。他只是简单地依赖卖家的诚信。

事实证明，他对人性的信仰是有道理的，因为装有支票的信封开始出现在他的邮箱里。到二月底，在尝试收费一个月之后，奥米迪亚在清点信封时发现，自己收到的金额超过了250美元的网络托管费用。就这样，易贝成了最罕见的事物：第一家实现了盈利的电子商务公司。

很快，拍卖网就不仅仅是名义上盈利了。考虑到这个网站只是一个人的业余爱好，它实际上迅速变得非常赚钱了。1996年3月，网站收入达到了1 000美元；4月收入2 500美元；5月收入5 000美元；6月的收入再次翻番，超过了10 000美元。奥米迪亚有了一个意外发现。"我有一个业余爱好，赚的钱比我的日常工作赚的钱还要多。所以我决定，是时候辞掉我的日常工作了。"他回忆说。[5]

拍卖网的早期用户大多来自古董和收藏品领域，因为在无意之中，奥米迪亚利用了互联网从一开始就非常擅长的东西：为小众的兴趣提供平台。从出现新闻组和电子邮件的第一天起，极客们就开始交换或出售他们稀有的星际迷航纪念品以及其他类似的东西。拍卖网并没有把分类广告放到网上，而是把新闻组和早期社区网站上已经存在的临时旧物交换集市转移到了一个集中的地方。

拍卖网的迅速成功也要归功于一些结构性决策，这些决策使得该服务能够成功实现规模化。简而言之，奥米迪亚允许拍卖网的社区进行自我管理。最早的时候，奥米迪亚在网站上列出了他的个人电子邮件地址。当买卖双方出现问题或争议时，他们会直接找他。但是，奥米迪亚不愿意花时间去解决这样的小争吵。同时，他的自由意志主义冲动告诉他，大家应该能够管理自己的事情。通常情况下，当买家向他投诉卖家时，他会将投诉邮件直接转发给卖家，顺便加上一句提醒："你们两个自己解决问题。"

帮助系统实现自我调节的另一种方式是反馈论坛。这是一个公开的在线留言板，用户可以在其中留下与其他买家或卖家相关的书面反馈和数字评级：加1分、减1分或者中立。一旦某位用户在反馈论坛上的评分低于负4分，那么他就会被禁止登录网站。这项措施使争议解决过程得以公开化，并且在奥米迪亚看来同样重要的是，这些争议从他的电子邮箱中消失了。公告栏也能实现这个功能。用户可以在公告栏里提问："我如何上传图片？"或者提问："你认为这件商品的最低出价应该设定为多少？"易贝的其他用户可以发表他们的观点。很快，就像在线社区里经常出现的情况那样，一群特定的用户成了固定的建议权威和可信的"专家"。偶然之间，奥米迪亚发现了拍卖网最终获得成功的长期因素：关注社区，赋权给用户，并允许他们自主发挥作用，这些因素都是至关重要的。

尽管奥米迪亚打造了能够自我监管的网站，但拍卖网的发展实在是太快了，他无法继续独自运营。一方面，他需要有人开启所有的信封，存储用户寄来的支票和零钱。他雇用了一个朋友的朋友克里斯·阿加保（Chris Agarpao）。他每周两次到奥米迪亚家开启信封、存钱。另一方面，奥米迪亚需要把拍卖网打造成一个比业余爱好或尝试更复杂的东西，并把它搬到他的空闲卧室以外运营。他后来回忆说："我有一个模糊的想法。我知道作为一名创业者，我需要做哪些事情，但我知道我无法为此编制一份商业计划书。"简而言之，尽管奥米迪亚是一位创业老手，但他仍然需要一个"懂商业"的人，一位真正的合伙人来协助运营公司。

杰夫·斯科尔（Jeff Skoll）在其职业生涯早期创建过两家成功的公司。1996年，他在加州为奈特里德公司提供咨询服务，帮助这家报业连锁公司实践了除水星中心之外的互联网战略。作为其咨询工作的一部分，斯科尔正在监控早期的互联网，分析哪些东西会威胁其雇主的分类广告中的现金牛业务。当斯科尔偶然发现拍卖网时，他可以清楚地看到其中蕴藏着那种奈特里德公司所担心的威胁。斯科尔可以看到，互联网的颠覆很快就会到来，但他并没有试图帮助报纸反击，而是决定加入颠覆者。他于1996年8月正式加入了拍卖网。

斯科尔在参与进来之后，首先帮助公司在加州坎贝尔市汉密尔顿大道2005号找到了一个办公场地。斯科尔还说服奥米迪亚将拍卖网从子域转移到了ebay.com的主域名之下，并将埃博拉网站和其他子网站移除。这项服务最终被简称为易贝。

玛丽·卢·宋（Mary Lou Song）也是斯科尔邀请加入公司的。玛丽在发展和培育社区方面起到的重要作用超过了其他任何人，而社区是易贝成功的关键。玛丽起初对易贝的商业模式持怀疑态度，在1996年10月第一天上班时，她的疑虑可能更大了。她拿到了一张轻便小桌和一把折叠椅。她的办公室在奥米迪亚和斯科尔的办公室之间，奥米迪亚似乎总在忙于编写计算代码以防止网站崩溃，而斯科尔专注于撰写易贝初期的商业计划书。她的办公室外面是克里斯·阿加保的小桌子，他正忙着翻看拍卖商寄来的支票信封。

尽管玛丽可能一直很谨慎，但她马上明白易贝做的是一类从未出现过的新型业务——事实上，这种业务在互联网之外是不可能存在的。易贝是在线商务，但是它与亚马逊的模式不同；易贝是一个平台，但是它与操作系统或浏览器也不一样。易贝只不过是一个虚拟市场，除了促进买家和卖家之间的互动以外，它实际上什么也没做。它不储存商品，不运送商品，甚至不能保证买卖双方之间的商品交换！易贝真正拥有的东西是那些买家和卖家的信任，以及他们自己创造出来的用于开展买卖交易的社区。易贝是最早的互联网公司之一，它能够理解其服务的全部价值来源于用户及其社区。事实上，易贝的唯一资产就是它的用户，因此对公司来说，唯一重要的事情是确保买家和卖家都很开心，这样他们就会继续回来。

玛丽将她自己的角色塑造成了易贝社区的联络员及经理，她总是将用户称为"社区"，而不是顾客。在网站的公告栏里，有一些颇具影响力的用户意见领袖。玛丽会与他们联系，并聘请他们正式接管之前已经由他们免费负责的工作：监督拍卖过程并提供客户服务。对于当前由奥米迪亚奠定基础的社区指导方针和程序，她也予以强化和扩展。玛丽还建立了一些用户信誉系统，这对易贝的买家和卖家来说都非常重要，这些系统很快成了易贝最有价值的功能。

对一位易贝的新用户来说，在网上从一个隐藏在用户名后面的陌生人那里购买一些看不到的东西，这确实是一件值得警惕的事情。如果你是买家，你怎么能确定卖家真的会把你买的东西寄出来呢？同样，卖家怎么能确定买家会付钱呢？买家和卖家的信誉评级有助于缓解这些担忧。卖家的评级越高，他们就越值得信任。反过来，如果评级显示有些买家习惯强迫拍卖商，那么卖家就不会将商品卖给他们。经过玛丽的修补，反馈评分最终表现为一些实际的数字，与用户自身及他们在网站上的拍卖行为相关联。因此，如果有人在考虑报价参与一位评级为"+48"的卖家的竞拍，那么他可以合理地假设该卖家已经完成了48次成功的拍卖。此外，买家和卖家都知道，如果经历了糟糕的拍卖过程，他们可以行使追索权：你可以给违规用户一个糟糕的评价，从而降低他在市场上的信誉评级。易贝上的每个人都有给出建设性反馈的真正动机。虽然像欺诈和严重纠纷这样的事情从来没有100%被杜绝，但它们被控制在了极少数的拍卖中。

这是一个关键的发展。在过去的20年里，互联网在很多方面慢慢地训练了所有人，使我们逐步适应了与大众互动，而且通常是与陌生人互动。一个基本上匿名的社区，在一些指导方针和规则的严格限制下，再加上一个在线信誉系统，实际上完全是可以运作的，易贝是最早展示这个事实的网站。如今，评级和信誉这两个关键要素仍然在Yelp和Reddit等网站上继续存在——尤其是在优步和爱彼迎等网站中。我们很难想象，没有易贝首创的信誉系统，当前的共享经济是否会存在。

1996年秋天，在玛丽·卢·宋加入该公司时，易贝每月只完成大约28 000次拍卖。[6]1997年1月，在经过公司内部的重大调整之后，易贝仅在当月就完成了20万次拍卖。[7]到第一季度后期，易贝的智囊团发现，根据网站的发展速度，如果完成了所有新的拍卖，那么它可以获得430万美元的收入。易贝1996年全年的收入仅为35万美元，它正以惊人的1 200%的年增长率进入快速发展的轨道。[8]

几个因素促成了这种爆炸式增长。首先，易贝注意到了一月的威力：交易量是在圣诞假期之后增大的。这意味着，有数百万人拥有数百万个不想要的礼物，需要易贝去拯救他们。其次，这个网站受益于奥米迪亚之前发现的一个现象：互联网是一个兴趣相似的人可以聚集在一起的地方，不管他们彼此多么陌生或距离多么遥远。突然之间，易贝成了一个中心，各个地方的不同兴趣群体都可以在这里找到彼此，无论他们的爱好是棒球卡、芭比娃娃、邮票、野牛镍币、床罩、各种各样的古董，还是收藏品。一夜之间，易贝成了世界上最大的跳蚤市场、车库拍卖地或集市。在拍卖网推出的最初几个月，用户挂出的大部分商品都是电脑产品和电子产品。但是到了1997年初，古董和收藏品的占比突然上升到了易贝产品总量的80%。[9]易贝还引入了许多热门的时尚收藏品，比如电子玩具超毛星（Furbies）、挠痒娃娃（Tickle Me Elmos）、电子宠物鸡（Tamagotchi）等。但影响最大的是1996—1999年前后的豆豆娃布偶（Beanie Baby）热潮，它完全反映了易贝的崛起。

豆豆娃布偶是一种填充动物玩具，由位于芝加哥郊区的一家独立玩具制造商Ty公司（Ty Inc.）开发。从最初的闪光海豚、帕蒂鸭嘴兽到其他动物，Ty公司逐渐增加了其他角色，以鼓励顾客的收藏习惯。同时，Ty引入了一个绝妙的因素：人为制造的稀缺性。豆豆娃布偶的角色并没有被平均地配发给零售商。收藏豆豆娃布偶的乐趣之一是搜寻缺失的角色。1996年，当Ty公司开始让一些豆豆娃角色"退休"时，市场上掀起了一场搜集狂潮。比如，嗡嗡蜜蜂一旦卖完了，收藏者获得停产的嗡嗡蜜蜂的唯一途径就是二手市场——也就是易贝提供的这种市场。

1997年4月，豆豆娃布偶的拍卖数量激增至2 500个，易贝将它们划分到了独立的类别中。当稀有且停产的豆豆娃布偶突然开始以数百美元甚至数千美元的价格被拍卖时，处于热潮中心的易贝自然获得了媒体的关注。不到一个月，这个单一的豆豆娃布偶类别的销售额就占到了整个网站销售额的 6.6%。[10] 易贝的创建并不依赖豆豆娃布偶，但豆豆娃布偶无疑让易贝引起了全世界的关注。

易贝非常适合收藏品的交易。通过创建一个针对难以找到的物品的集中化交换中心，易贝可以消除多年的市场低效模式。从 20 世纪 90 年代末开始，成群结队的易贝爱好者涌向全国各地的跳蚤市场和古董店，攫取了几乎所有的东西，希望在易贝上倒手出售，卖出更高的价格。缅因州的一家古董店在易贝上挂出了一个老式计算器，售价 100 美元。后来，计算器爱好者们发现了这个物品，他们最高的报价达到了 6 500 美元。这家商店直到把这个计算器挂在易贝上时，才意识到自己的手上拥有什么，以及只有在易贝上，完美的买家才能够找到它。[11]

这很快引发了一种现象：人们开始在易贝的市场平台上创建真正的小公司。易贝上的大多数小卖家一直以来都是业余爱好者和兼职者，他们为了一点儿额外收入出售多余的物品。但后来，有成千上万的人在易贝网上谋生，有些人创建的公司大到可以雇用数十名员工，总收入达到数百万美元。易贝不仅创造了世界上最大的虚拟市场，也创造了第一个可以与现实世界匹敌的市场。就像互联网可以让人们与整个世界建立连接一样，易贝也可以让一个人在自己的小角落里面向整个世界出售商品。

易贝欣然接受了其爱好者圣地的形象。很多人都很熟悉易贝的创立故事：皮埃尔·奥米迪亚创建网站是为了帮他的未婚妻收藏更多的佩兹（Pez）糖果盒。但是与很多公司的创立故事一样，糖果盒的故事也是虚构的。这个故事是玛丽·卢·宋炮制的，其目的是让记者更有兴趣报道易贝在收藏品市场中的角色。正如她后来所说："没有人想听一位30岁的天才想要创造一个完美市场的故事，他们想听的是，他所做的一切都是为了自己的未婚妻。"[12]

※

没过多久，易贝的快速成功——用户数量和拍卖数量有时会在一个月内翻一番——带来了一个严重的问题。奥米迪亚最初的代码只不过是为了一次尝试而拼凑在一起的，这些代码无法处理不断增长的用户数量。谈到1997—1998年用户数量的激增，玛丽说道："这就像一场飓风。"[13]

奥米迪亚和斯科尔知道，他们需要资源来维持增长。他们认为，是时候募集一些资金了。易贝之前并不需要融资，因为从奥米迪亚启动拍卖收费的第一个月起，该网站就可以盈利了，它能够维持自力更生。杰夫·斯科尔联系了他在报业领域的人脉，这引起了他在奈特里德公司和《时代镜报》的老同事的兴趣。但这两家公司都因为斯科尔给出的易贝4 000万美元的估值而打了退堂鼓。按现代人的眼光来看，4 000万美元似乎并不疯狂——对一家每月有着两位数的增长率并且毛利率超过80%的公司来说，更是如此。[14]但正如《时代镜报》的高管马克·德尔·维奇奥（Mark Del Vecchio）后来回忆的那样，他的老板根本无法完全理解易贝是什么。"他们一直说，'他们什么都没有。他们不拥有任何建筑，也没有一辆卡车'。"德尔·维奇奥说。所以，两家公司都放弃了投资。

易贝通过科技风险投资获得了支持。1997年6月，基准资本

（Benchmark Capital）给易贝投资了 500 万美元，获得了其 21.5% 的股份。根据各种评估标准，这笔交易称得上是有史以来最杰出的投资之一。基准资本持有的易贝股份最终价值 40 亿美元。[15] 基准资本除了提供资金之外，还强烈建议易贝引入更为严肃的管理机制。用轻便小桌当办公桌的日子结束了。奥米迪亚和斯科尔对此充满信心，奥米迪亚说："我们是创业者，这在一定程度上是好事。但我们没有将公司提升到一个新水平的经验。"[16] 于是，他们招聘了一位名叫梅格·惠特曼（Meg Whitman）的世界级经理人。惠特曼没有任何技术背景，但她在品牌和营销方面具备实实在在的经验。惠特曼拥有普林斯顿大学的经济学学位和哈佛大学的硕士学位。与美国在线的首席执行官史蒂夫·凯斯一样，她曾在宝洁公司工作过。她还有迪士尼和孩之宝玩具公司的工作经历。事实证明，她是一个完美的人选，能够引领易贝进入一个新时代，将易贝逐渐打造成一个包容世界上所有品牌和产品类别的市场。

惠特曼于 1998 年 2 月 1 日就任易贝的首席执行官。当时，易贝仅有 50 万名注册用户。这些用户在 1998 年第一季度交换了价值超过 1 亿美元的商品，给公司创造了每月 300 万美元的收入。在仅仅一个季度之后，1998 年 6 月，易贝宣布网站的用户数量达到了 100 万。当易贝于 1998 年 9 月 21 日上市时，它的股票价格超过了发行价的 197%，公司市值约为 20 亿美元。正如我们将要看到的，1998 年是互联网狂热真正爆发的一年，而易贝将成为那个时代真正的佼佼者之一。大约 2/3 的 IPO 前员工——约 75 人——成了名义上的百万富翁。到 1999 年 7 月，《福布斯》杂志认证，皮埃尔·奥米迪亚在易贝上的财富为 101 亿美元，杰夫·斯科尔的财富为 48 亿美元，梅格·惠特曼的财富约为 10 亿美元。

※

互联网时代可能是在硅谷开启的，但在很大程度上，它的货币化是由纽约的初创公司实现的。随着互联网开始将数字广告作为其收入引擎，年轻的纽约极客们开始创建数字代理公司、经纪公司和广告公司。如果市面上出现了一项新技术，而年龄大的人无法很好地理解它，那么他们就会求助于年轻人来帮助他们跟上时代。公司高管层召集年轻的实习生来做演讲，给他们介绍最新的数字化现状，这种现象变得非常普遍。"我们都 20 多岁，穿着非常糟糕的西装。"塞思·戈尔茨坦（Seth Goldstein）回忆说。他是纽约首批互联网营销公司之一SiteSpecific 公司的创始人。[17] 这些年轻人似乎对未来很有把握，常规的礼仪与资历规则逐渐被他们忽视了。

美国东海岸的年轻技术人员有一种无所畏惧的直觉和一种自己动手（DIY）的精神，与硅谷的同龄人所展示的勇气与魄力相比，他们甚至可能更为激进。克雷格·卡纳里克（Craig Kanarick）就是一个很好的例子，他给美国电话电报公司和热线网站设计了第一条横幅广告，并且与儿时的朋友杰夫·达奇斯（Jeff Dachis）一起创立了一家互动媒体与广告代理公司 Razorfish。这两位 20 多岁的年轻人在达奇斯位于纽约字母城的公寓里运营他们的公司。他们突然发现，自己在给时代华纳这样的《财富》500 强公司提供咨询服务，因为他们声称自己"抓住"了互联网。SiteSpecific 的第一间办公室就在麦迪逊广场公园北部的百老汇大街的一间小屋里。这家初创公司做了大量工作来掩盖其肮脏的环境，并给它的传统媒体客户制造了一种专业的氛围。

"赛斯会给他所有的朋友打电话说，'过来吧，你要看起来像是正在工作'。"SiteSpecific 的联合创始人杰里米·哈夫特（Jeremy Haft）回忆说，"所以我们所有人会在客户到达前 15 分钟赶到办公室，然后坐在办公桌前打字。我们演一出戏，然后给客户一种印象——看！我们是一家公司。"[18]

出于各种原因，设计、营销和广告类初创公司大量涌现在了麦迪逊广场公园和熨斗大厦附近。这一创业"场景"获得了一个硅巷（Silicon Alley）的称号，这个称号的由来主要归功于总部位于纽约的一家初创广告公司——双击公司（DoubleClick）。由凯文·奥康纳（Kevin O'Connor）和德怀特·梅里曼（Dwight Merriman）创立的双击公司，第一个在网上创建了大规模的广告网络与市场，在 20 世纪 90 年代后期，代理和投放横幅广告为很多由广告支撑的网站创造了收入。到 1998 年，双击公司每月投放超过 15 亿条广告，并于 1998 年 2 月成为率先实现 IPO 的重点硅巷公司之一。[19] 沉浸在成功中的双击公司在熨斗大厦后面挂了一面旗帜，在它的鼎盛时期向世界宣告"双击公司欢迎你来到硅巷"[20]。

如果硅谷有软件工程的文化，那么硅巷就有创造的文化、媒体的文化。纽约人自己动手的精神传递到了记者和作家身上。他们认为，互联网能够支持他们发行覆盖全球的出版物，可以与世界上任何一家传统的印刷出版商相媲美。关于互联网上的"电子杂志"的兴起，最好的例子是 *Feed* 杂志。这份杂志由两位年轻的自由作家斯蒂芬妮·西曼（Stefanie Syman）和史蒂文·约翰逊（Steven Johnson）发起，它作为独立出版商的吸引力与时代华纳这样的大公司一样：承诺看似微不足道的制作成本。西曼和约翰逊开始与媒体和文化领域的知名人士接触，对他们进行采访并搜集资料。"我们会说，'嗨！我们刚刚创办了一种在线杂志。你能过来聊聊这个话题吗'。"西蒙回忆说，"他们会答应！我们总是很震惊，我们什么都不是！我们不是《纽约时报》，不是《绅士杂志》，甚至不是《连线》杂志。但是，他们愿意参与进来。"[21]

当然，当时甚至《纽约时报》这样的大公司也参与到了互联网中。早在1994年，《纽约时报》就在美国在线上试验了一种联合品牌的新闻形式，叫作@times。完整独立的网站www.nytimes.com于1996年1月22日上线，标题、故事和图片均来自印刷版报纸。《纽约时报》的竞争对手《华尔街日报》在1996年发布了网站，并将其内容设置为仅对付费用户开放。《华尔街日报》的付费专区模式最终获得了成功，积累了约100万名在线订阅用户，这证明了观众愿意为某些类型的内容付费。但一次又一次，走订阅用户路线的出版商发现，这样做只会向免费的、依赖广告支持的在线竞争对手敞开大门。拉里·克莱默（Larry Kramer）是一位报业资深人士，透过《华尔街日报》的付费专区，他看到了一个提供金融类信息的机会。克莱默说："我可以在网上免费复制投资者关心的股票信息！我可以建立一个新闻编辑室，给用户提供属于他们的《华尔街日报》和彭博终端机版本。"[22] 他行动了，推出了Marketwatch网站，该网站后来实现了IPO，并获得了10亿美元的估值，最终被《华尔街日报》的母公司道琼斯公司（Dow Jones）收购了。

关于网络媒体，最大的教训是其全天候的野兽本性。1997年，英国王妃戴安娜的悲惨离世是当时轰动媒体的事件，不仅仅《泰晤士报》这样的传统报刊销量大涨，像Pathfinder这样的在线新闻网站也发现它们的流量激增。心烦意乱的读者上网去了解他们能找到的任何相关信息和所有细节。此外，互联网用户发现，在线论坛和留言板是表达情感和分享集体悲痛的最佳场所。《评论》是一个没有从流量激增现象中受益的网站，它遵循了出版商在夏季休假的传统，夏季被认为是突发新闻的淡季^①。因此，在戴安娜悲剧发生后的整整一周，《评论》隐身了。对渴望新闻的读者来说，它没有提供新的内容。"戴安娜的去世最终让我们明白，在线新闻本质上是一项 24 小时不间断的业务。"《评论》的戴维·普罗茨（David Plotz）后来承认。[23]

Suck 这家网站最能体现在线环境中媒体的新陈代谢。两位热线网站的工作人员乔伊·阿努夫（Joey Anuff）和卡尔·斯蒂德曼（Carl Steadman）于 1995 年 8 月在《连线》杂志的服务器上推出了 Suck 网站，不过当时并没有人知道。斯蒂德曼、阿努夫、《连线》的其他员工和外部的自由职业者都是秘密加入的，他们都用化名发表文章。你一眼就能看出这个网站与其他网站的差异。大多数早期的网站都有某种固定形式的登录页面：它们通常有导航菜单。这种从传统印刷时代延续下来的目录风格可以帮助读者确定自己在网站中的位置。Suck 网站完全摒弃了这个惯例，直接将内容放在了头版。用户不需要点击任何其他地方。Suck 网站采用了一种简单的单栏结构，按时间顺序排列内容：最新的内容在顶部，旧的内容在底部，这非常像我们后来说的博客或社交网络新闻流的风格。与当时的其他网站不同，Suck 总是在不停更新。在《评论》没有更新时，Suck 正试图每天发布新内容。斯蒂德曼和阿努夫认为，用户每天都在上班，他们在工作间隙

---

① 考虑到节假日和夏季这一传统新闻淡季的"休假周"，周刊出版商一年通常只出版 50 期甚至 48 期。

会在网上消费内容（对大多数人来说，当时最快、最可靠的互联网连接通常在办公室里），所以 Suck 网站应该定期更新内容，为办公室里感到无聊的人提供服务。

Suck 网站的声音传播到了与它相似的人群中：办公室小隔间里疲惫的斗士、X 世代，以及这场新互联网革命中的战士。Suck 不像传统媒体那么强硬，它采用第一人称叙事，具有对抗性和怀疑精神。网站上的第一篇文章描述了初期的科特·柯本（Kurt Cobain）的死亡阴谋文化，另一篇早期文章则拿网景公司的马克·安德森开玩笑。没有神圣不可侵犯的人或事，即使是在数字世界中。Suck 网站的用户将大部分尖锐的描述留给了数字时代的卢德分子。下面的内容引自一篇典型的帖子：一位化名波普的作者在新媒体世界里被迫为头脑空空的高管工作，他描述了自己的失望之情。

> 他们不上网浏览。他们跟不上时代。天呐，他们只是在《纽约时报》和《华尔街日报》上听说过互联网。他们让自己的下属订购一些礼物，却不知道下属具体做了什么，也不知道事情应该是什么样子的。他们只是一些学到了一点点性知识的处女，却认为自己懂得很多。他们只是间接的专家。

专栏、帖子和日志有时会围绕一个固定的话题或主题展开，有时会描述随机的内容。有些帖子的内容经过了仔细研究，几乎属于严肃的新闻。跟往常一样，这些文章只是流言蜚语或对互联网行业新闻的分析。这是 Suck 网站的重要贡献：传统媒体写作中的很多正式结构和沉闷姿态被抛弃了。Suck 网站上的帖子总是让人觉得，这是一种明显的个人观点。用户可以评论网站上的帖子，有的评论直截了当，也有的含蓄隐晦。Suck 中的评论粗鲁无理，通常很原始、很肤浅，并且具备讽刺性，但总是有目的的。简而言之，Suck 中的评论往往是尖锐的批评。无论是在结构上还是在语气上，Suck 为博客的现代形式奠定了基础。

※

到 1996 年和 1997 年，美国在线不断巩固它在新型互联网经济中的主导者地位。1997 年，其订阅用户超过了 1 000 万人。[24] 为了服务这些用户，美国在线的高管泰德·莱昂西斯（Ted Lenosis）接受了创建美国在线专有内容的任务，这些内容将拓展美国在线用户的体验，并使在线服务能够与互联网所提供的服务竞争。在被称为美国在线工作室（AOL Studio）或美国在线温室（AOL Greenhouse）的倡议下，莱昂西斯开始引导新网站的开发。新尝试通常呈现在美国在线的专有页面上，但作为对冲美国在线赌注的一种方式，他也会提供一些试验性的网站，包括专业的健身网站"健康地带"（The Health Zone）、高尔夫网站"我打高尔夫"（I Golf）、金融网站"傻瓜投资指南"（The Motley Fool）和有色人种网站"黑色网"（Net Noir）。

坎迪斯·卡彭特·奥尔森（Candice Carpenter Olsen）、南希·埃文斯（Nancy Evans）和罗伯特·莱维坦（Robert Levitan）都是媒体老手，他们与莱昂西斯一同商讨开发网站的事宜。美国在线首次注意到，女性，尤其是全职妈妈，开始大量上网。所以，莱昂西斯委托这个顾问三人组开发一个以父母为中心的网站，名字叫作"父母汤"（Parent Soup）。因为这三个人主要有着出版行业的背景，所以"父母汤"体现出了杂志的思维模式，推出了大量的专业文章及育儿建议。但他们很快发现，用户真正喜欢的是文章周围的留言板，用户可以在那里交换育儿技巧、体验和故事。"没错，用户在登录网站时会阅读文章内容，"埃文斯说，"但内容只是开胃菜，他们最终会在留言板上聚集，然后开始互相交流。我记得有一位母亲说，'今天能与一个用完整句子说话的人交流，我太激动了'。"[25]

在这条经验的基础上，美国在线投资了一个专门面向女性用户的独立网站，它最终被称为 iVillage。内容仍然是吸引用户的一个关键构成部分，但 iVillage 有意识地关注着留言板和论坛。经验再一次表明，在线社区的用户完全有能力自己创造价值。iVillage 等网站的社区不再仅仅是简单的聊天和互动，它还成了人们的一种在线生活方式。埃文斯说："iVillage 让我度过了怀孕期，iVillage 让我熬过了乳腺癌，iVillage 让我扛过了离婚。这都是因为我与那些女人在一起。女人实现了互联网生活的价值，互联网是为她们打造的。"[26]

像易贝一样，越来越多基于社区的网站意识到，它们最有价值的资产是它们的用户。现在，我们理所当然地认为像脸书这样的社交网站仅仅是用户活动的平台，脸书自身实际上并不生产任何东西，但用户会为脸书生成可以承载广告的内容。早期的社交网站比马克·扎克伯格早 10 年发现了这种神奇的商业模式。

一位名叫戴维·博内特（David Bohnett）的洛杉矶创业者创办了一家小型公司，为当地企业提供设计和托管网站的服务。为了招揽更多的客户，他产生了一个灵感：他想免费向个人提供有限的主页。"我是用户生成内容有效性的热情倡导者，"博内特说，"互联网就是要给人们提供贡献和参与的机会，让他们觉得自己是媒体的一部分，而不应该采用广播和电视那样自上而下、程序化的模式。"[27] 博内特提供了模板和即插即用的工具，帮助用户创建基础的主页，用户不必再学习 HTML 或如何找到主机和服务器。博内特的想法是运用虚拟房地产模型，将主页按相似兴趣分成不同的小组。因此，用户可以把网站建立在一个"社区"里。例如，Nashville（纳什维尔）是乡村音乐网站社区，Area 51（51 区）是科技网站社区，West Hollywood（西好莱坞）是性少数群体（LGBT）网站社区。

正如该网站的名称一样，地理城市（GeoCities）将百花齐放的策略推向了概念上的极致，这种做法被证明是非常成功的。数百万个地理城市主页出现了，它们通常是由个人用户创建的，其中的大多数不过是展示了一条"世界你好"及类似信息的简单个人页面。市面上出现了两款类似的即插即用的网页托管主机，叫作"三脚架"（Tripod）和"天使之火"（Angelfire），用户可以通过制作基本的简介直接展示自己。地理城市和类似的网站是一种社交媒体，或者至少是社交媒体的早期形式。确切地说，它们并不是社交网络，因为尽管地理城市将兴趣相似的人聚集在了一起，但其重点并不是绘制社交关系。

虽然博内特避开了"自上而下"的媒体模式，但其他创业者认为，互联网本身可以成为自上而下的媒体的一种强大的新模式，至少在广播领域中是这样的。马克·库班（Mark Cuban）是一位退休的创业者，他在 1990 年将一家公司卖给 CompuServe 之后，赚到了数百万美元。随着互联网的快速发展，一位来自他的母校印第安纳大学的老朋友托德·瓦格纳（Todd Wagner）找到库班并告诉他："即使我们在达拉斯，我们也一定有办法听到印第安纳的篮球比赛播报。"[28] 两人在 1995 年 9 月创立了 AudioNet，并将其最终更名为 Broadcast。

他们创立这个网站是基于一个简单的愿望：通过网络浏览器，让人们可以访问世界上任何地方的流媒体广播和视频内容。很快，该网站每天能推出 400 场现场活动，每天有 50 万名观众访问。[29]

库班与 Suck 网站的创始人有着同样的直觉：因为人们在工作时被绑在电脑上，所以他们在白天有一定的"黄金时间"来获取内容。"用户在哪里，我们就触达哪里。"库班告诉《快公司》杂志，"我们在工作时间接触到的白领职员的数量，比美国广播公司（ABC）、美国全国广播公司（NBC）和哥伦比亚广播公司（CBS）接触到的总和还要多。"[30] Broadcast 可以播放任何内容，甚至是警察的现场摄像内容。通过签署独家协议，Broadcast 为数百家本地电台和电视台的直播节目以及美职业棒球大联盟（MLB）、美国全国大学体育协会（NCAA）和全美国曲棍球联合会（NHL）的体育赛事提供网络直播服务。Broadcast 甚至有一些类似 SportsWorld 的社区元素，粉丝们可以在一起讨论他们正在观看的现场赛事。

Broadcast 的出现证明，仅仅是"帮助用户使用互联网"就可以称得上一种非常成功的商业模式。1995 年的某个时候，苹果公司的两名初级员工萨比尔·巴蒂亚（Sabeer Bhatia）和杰克·史密斯（Jack Smith）将这个创意进一步升华了。在 20 世纪 90 年代中期，你的电子邮件地址是你的互联网服务提供商、你的雇主或者你就读的大学分配给你的，而且你只能通过这些供应商查看你的电子邮件。现在，我们习惯了免费的、几乎是一次性的电子邮件地址；但是在互联网时代早期，电子邮件地址实际上是一种稀缺商品。巴蒂亚和史密斯的想法将改变这一切，人们可以在任何有网络浏览器和互联网的地方查看自己的电子邮件——在办公室中、在家里、在路上。他们想让用户选择自己的电子邮件地址。他们希望人们能够将个人生活和职业生活分开，至少在电子邮件领域能够如此。

这个创意是如此之好，对巴蒂亚来说是如此明显，以至于当史密斯第一次通过他的手机向巴蒂亚提出这个创意时，巴蒂亚告诉他："等你回家之后，你再用安全的线路给我回电话！我们不能让任何人听到！"[31] 巴蒂亚为这个创意编写了一份商业计划书，但他绝不复印，因为担心别人会抢先一步。当巴蒂亚寻求融资时，他给风险投资机构推销的是一个虚构的创业概念，而不是基于互联网的电子邮件创意。如果其中的某些风险投资人拒绝了这个虚构的创业项目，而巴蒂亚认为他们拒绝的理由是合理的，他才会与他们分享真实的创意：一个简单的、看似显而易见的概念，他将其称为 Hotmail。

Hotmail 于 1996 年 7 月 4 日在网上发布。在一年半多一点儿的时间里，Hotmail 获得了 2 500 万名用户。[32] 当时，这意味着 Hotmail 是历史上发展最快的互联网产品。该产品如此惊人的增长源于其巧妙的营销策略。每当用户使用 Hotmail 的免费网络邮箱账号发送电子邮件时，邮件底部都会附加一个小链接，内容是"Hotmail：免费、可信赖、丰富的电子邮件服务，马上点击获取"。所以，发件人每次在发送电子邮件时，都是在推广 Hotmail 的服务。用户使用 Hotmail 的行为为 Hotmail 的传播提供了帮助。这种做法现在被称为"病毒式营销"，是一种由狂热的用户进行口碑传播的方式。现在，病毒式营销已成为现代营销策略的基础，但在 Hotmail 时代，它是极具创新性和革命性的。

在互联网领域，几乎所有人都认为 Hotmail 是一个绝妙的创意。雅虎打来了电话，科技领域的几乎所有其他玩家都对 Hotmail 及其病毒式增长感兴趣，但它们都输给了微软。1997 年的新年前夜，微软以价值 4 亿美元的股票收购了 Hotmail。这个创意非常明显，甚至连它的创始人也认为任何人都可以做到，而仅仅两年的时间就获得了这样的收益，这一结果还是很不错的。

※

Hotmail 的时机是无可挑剔的。到 1997 年底，特别是在整个 1998 年，在互联网玩家中出现了一个新的流行口号：门户网站。市场中的几个主要搜索网站——Lycos、Infoseek，尤其是两个最受欢迎的搜索网站 Excite 和雅虎——通常是网络上流量最大的目的地址。在 1997 年，拥有大量的网络流量就意味着可以创造大量的收入。尤其是雅虎，它实现了一个看似疯狂的指标：每月 10 亿的浏览量。[33] 当然，这些页面浏览量会被转化为对广告商及其横幅广告的"印象"。

搜索网站想要产生更多的"印象"需求，所以开始改变其流量积累方式。例如，雅虎曾经很乐意帮助网络冲浪者打开他们想要浏览的网络地址。但是现在，这些广告收入让杨致远不断地思考：只要雅虎能让网页浏览者一次又一次地返回，那么广告费就会源源不断地流入。他突然意识到，为了产生更多的广告印象，与其帮助用户进入更为广阔的互联网世界，不如让他们整天不停地加载雅虎的页面。正如杨致远在接受一位电视记者采访时所说，雅虎正面临着一种两难的境地。"你是一个搜索引擎——用户一旦完成了搜索，他们为什么还需要你？"[34] 雅虎需要找到一种方法，让用户留在它的页面上。用当时非常流行的一个网络名词来说，雅虎需要变得更有"黏性"。

为此，雅虎和其他搜索网站开始尝试各种可能的手段，来鼓励用户养成返回的习惯。首先，搜索网站复制了报纸的模式：它们添加了星座信息、天气预报和股票报价等内容；然后，它们意识到分类广告这样的功能的成本很低，并且可以在几乎零投资的情况下快速获得展示费。搜索门户网站发现，如果提供航空公司的展示列表，那么它们可以收取丰厚的推广费，因为显而易见，Expedia 和 Travelocity 这样的旅游类网站会为了登上它们的网页而发起竞标大战。

搜索网站开始搜集各种实用的服务和工具，让用户对这些产品着迷。事实证明，所有工具中黏性最高的是基于互联网的免费电子邮件、日历和地址簿。一旦互联网用户锁定了一个特定的门户网站，并开始依赖这个网站发送个人电子邮件、进行日程安排、管理自己生活中最私密的方方面面，门户网站就能够锁定这些用户的重复访问。现在，你每天一次又一次地访问门户网站不仅仅是为了搜索，也是为了管理自己的生活。

门户网站提供这些个人服务还有一个额外的好处：用户必须"注册"，也就是表明他们的身份。事实证明，相比于那些只是来进行搜索的随机用户，门户网站的注册用户的价值更高。雅虎的注册用户人均每月浏览页面238次，每月在线3.82个小时；相比之下，未注册雅虎的浏览者人均每月浏览页面58次，那些只为了搜索的用户每月在线0.76个小时。[35]用户注册这一行为使得门户网站可以向广告商收取更多的费用。一旦你在自己选择的门户网站中验证了身份，以便申请属于自己的电子邮件地址，这个网站就知道了你的名字、你通常所在的地理位置、你的年龄、你的性别和大量你的个人偏好。当然，门户网站声称，它们收集所有这些信息都是为了给用户提供有用的信息服务，比如当地的天气状况、个性化的标题和股票报价等。但事实上，它们现在也拥有了精准营销的圣杯：目标广告人群的人口统计数据。这些数据和信息可以大幅提升搜索网站已经实现的广告收入。

现在——不管有多么不安——我们似乎已经接受了这样一种观念，即"免费的"互联网服务提供商通过向营销人员和广告商出售我们的个人信息来赚钱。但这种做法实际上是从门户网站开始的，门户网站声称它们只对为我们提供个性化服务感兴趣，比如向我们汇报我们最喜欢的球队在特定比赛中的得分情况。所有主要的搜索网站很快都采取了这种新型的门户网站和个性化策略。说得含蓄一点儿，这种做法让它们获得了丰厚的利润。Excite 的收入仅在 1997 年就增长了709%。[36] 雅虎、Excite、Lycos 和 Infoseek 这四大搜索网站的股价在1998 年平均上涨了 390%。[37]

当所有这些不同的玩家狂热地拼凑门户网站的功能，以参与所谓的"门户战争"时，它们创造了竞争泡沫，并为互联网泡沫的出现奠定了基础。在互联网公司的 IPO 变得屡见不鲜之前，股价飙升的门户网站能够投入大笔资金（至少是账面上的）来构建自己的用户特征库。雅虎最初想收购 Hotmail，但是微软赢得了那场争夺战，于是雅虎以相对便宜的价格，即 9 400 万美元，收购了 Hotmail 的竞争对手RocketMail，并很快将其更名为雅虎邮件（Yahoo Mail）。[38] 一家名为When 的在线日历初创公司的创始人乔·贝尼纳托（Joe Beninato）与雅虎进行了一次会议，希望与之建立一种渠道合作关系。他还没来得及推销自己的方案，双方的讨论就转向了雅虎收购 When。贝尼纳托觉得这个想法有点儿疯狂，因为 When 甚至还没有面向公众发布。"我们真的什么都没有，我们才成立了几个月。"[39] 贝尼纳托回忆说。雅虎最终没有收购 When，但它最终被美国在线收购了，收购价格为

2.25 亿美元。

门户网站想涉足所有人的一切事务，所以它们冒险进入任何可能有利可图的相关领域。看着亚马逊这样快速增长的网站享受着丰厚的收入，门户网站非常嫉妒，所以尝试电子商务成了无法避免的选择。雅虎除了与几十家精选的零售商建立了推广合作关系之外，还推出了自己的在线购物中心，名为"雅虎购物"（Yahoo Shopping）。为了方便小型商家在该购物中心开店，雅虎从一位名叫保罗·格雷厄姆（Paul Graham）的年轻英国程序员手中收购了一家名为 Viaweb 的公司。到 1998 年的圣诞假期，已经有超过 3 000 家不同的店铺在雅虎购物网站上开业，雅虎收取的月费和销售额提成都在飞速增加。[40]

"我们从简单的搜索开始，"杨致远告诉《时代》杂志，他的口气听起来有点儿像影视业的大亨，"这仍然很成功——如果你愿意，可以把这项功能当作我们的《欢乐单身派对》保留节目——但是我们也在试图打造一个必看的节目清单：雅虎财经、雅虎聊天、雅虎邮件。如今，我们将自己定位成了一个媒体网络。"[41] 一位华尔街分析师告诉《商业周刊》："你必须把雅虎视为一家 21 世纪的新媒体公司。"[42]

第八章
咖啡杯中的泡沫

飙升的互联网股票

对那些年龄较大的人（例如我的祖父母）来说，大萧条不仅仅是一次历史事件，它还是一场经济和社会的灾难，只要发生过一次，就可能在任何时候重演。大萧条像一个精神恶魔一样，在他们的脑海中反复出现。任何时候，只要事情"变得过于美好"，那就意味着一场灾难近在眼前。从很多方面来看，互联网泡沫及其随后的破灭就是一个类似的恶魔，至少对硅谷来说是这样的。每当一项新技术引起初创公司爆发性增长，或者风险资本的投资额逐年增加，又或者公司的估值超过史上最高水平而且高调的 IPO 频频出现时，技术领域内部、外部的人都会纷纷宣称一次新的泡沫危机已经到来，并唯恐避之不及。但事实是，互联网泡沫是一次真正独特的事件，是由一些罕见的原因综合导致的，我们在有生之年不太可能再次看到这种情况发生。

※

1982 年 8 月 13 日，星期五，这听起来这并不像是历史上重要的日子，但在金融史上，这是极其重要的一天。当天下午，道琼斯指数收于 788.05 点，较前一天的 776.92 点上涨了 11.13 点，涨幅为 1.4%。道琼斯指数此后将不再跌至 776 点。到 1982 年底，道琼斯指数超过了 1 000 点。几年后，1982 年 8 月 13 日星期五被认为是美国历史上最大牛市的开始。到 2000 年 3 月互联网泡沫破裂时，道琼斯指数和标准普尔 500 指数上涨了 10 倍，以科技股为主的纳斯达克指数上涨了近 30 倍。[1]

在这个过程中，资本市场出现了一些很明显的小问题，但从 1982 年到 2000 年，市场几乎每年都在逐步修复。在 1987 年的"黑色星期一"崩盘事件中，道琼斯指数在一天内下跌了 22%，但对在崩盘中坚持下来的投资者而言，他们 1987 年 12 月 31 日拥有的资金量还是超过了 1987 年 1 月 1 日的资金量。整整一代的投资者都认为市场只会朝一个方向发展：向上。如果说历史告诉过我们什么，那就是，当人们开始相信将要发生的都是美好的事情时，投机性金融泡沫可能就无法避免了。互联网时代实际上是这个牛市的高潮，也是人们欢欣鼓舞的最后阶段。

因为互联网泡沫发生在婴儿潮一代的身上，这种影响就要大得多。1946—1964 年，有 7 600 万名美国人出生，到 20 世纪 90 年代，这一群体迈入了 40 岁的门槛，这是大多数人开始为退休储蓄的时候。如果婴儿潮一代开始对投资感兴趣，那就意味着整个美国开始对投资感兴趣了。他们人数众多，再加上他们前些年工作积累了大笔财富，这就意味着突然有一大堆钱在寻找去处。

婴儿潮一代管理自己退休储蓄的人数比他们的上一代多得多。上一代人的退休生活依赖的是退休金而不是401K计划①，并且婴儿潮一代的成长环境中并没有对股市崩盘和经济危机的恐惧。经济学家约翰·肯尼思·加尔布雷思（John Kenneth Galbraith）在他的著作《金融狂热简史》一书中，描述了这种投资哲学的代际更替。加尔布雷思写道："实际上，我们可以说金融记忆最多不超过20年。在人的头脑中抹去对一场灾难的记忆，或者让之前患有'金融痴呆症'的人获得金融思维，通常需要20年的时间。这也是新一代登上舞台，展示其令人印象深刻的创新天赋（像他们的前辈那样）所需的时间。"[2]

　　互联网泡沫之所以被称为互联网泡沫，是因为20世纪90年代末，有数百只新的科技股票进入资本市场，但事实是，这场狂欢聚会已经开始了相当长的一段时间。从1987年的"黑色星期一"到比尔·克林顿总统就职，股市指数几乎翻了一番。1995年，标准普尔500指数一年内的回报率为37.20%。在网景公司于1995年8月进行惊人的IPO时，一大批互联网公司也宣告了自己的到来，华尔街的情绪已经极度高涨。"互联网股票就像是卡布奇诺咖啡中的泡沫。"《巴伦周刊》（Barron's）的前金融记者玛吉·马哈尔（Maggie Mahar）说。[3]

　　尽管雅虎、亚马逊、易贝等公司大多成立于1994—1996年（它们通常在成立后两年内上市），但直到1998年，互联网公司的股价才开始受到关注。互联网股票花了一段时间才脱颖而出，因为当时华尔街所有的公司似乎都表现良好。一切都已经膨胀了，通用电气（General Electric）这样的传统旧经济的股票的市盈率也达到了40

---

① 401K计划也称401K条款，是一种由雇员、雇主共同缴费建立起来的完全基金式的养老保险制度，于20世纪90年代迅速发展并逐渐取代了传统的社会保障体系，成为美国诸多雇主首选的社会保障计划。——译者注

倍。[4] 从 1995 年 8 月网景公司举办 IPO 到 1999 年初，宝洁这样的传统蓝筹股公司的股价翻了一番。仅仅 40 个月后的回报是非常不错的。所以，一开始，互联网股票似乎并没有什么特别的。

但是，如果你对通过宝洁这样稳健的股票让自己的钱翻一番并不满足，那么到 1998 年，你可能会羡慕科技股上涨带来的回报。在 1998 年，一切都变了。如果你在雅虎和亚马逊 IPO 时分别认购了价值 1 000 美元的股票，那么经过 1998 年，仅仅 12 个月之后，你会在 1999 年新年时发现，你最初在亚马逊的 1 000 美元投资现在价值 31 000 美元，而你价值 1 000 美元的雅虎股票已经飙升到了 46 000 美元。这 2 000 美元的投资变成了 77 000 美元，这样的投资回报率在任何时间尺度上都是惊人的，而在不到 30 个月的时间内实现它更是闻所未闻的。有趣的是，获得这种回报并不是一种复杂高深的学问。在 1998 年的 12 个月里，雅虎的股票回报率为 584%，美国在线为 593%，亚马逊为 970%。[5] 这是 20 世纪 90 年代中期最为著名、最受关注的三只股票，它们被广泛誉为互联网可能形成的新经济的先锋，而它们几乎不是人们大海捞针般找出来的。

在 20 世纪 90 年代的最后两年，似乎任何一只互联网股票都像是一张确定中奖的彩票，这就是我们为什么把这段时期视为互联网泡沫。事实证明，基于几个原因，互联网股票特别容易受到投机的影响。互联网公司都很年轻，有些在创立后仅仅几个月就上市了。它们一旦显示出任何增长的迹象，似乎就证实了"公司未来会有更多增长"的观点，于是股价就会上涨。正是这种无限的预期导致了互联网股票的第二个特征：利润似乎无关紧要，估值与收入等因素无关，只与公司未来将会在某个地方实现的潜在财富相关。即使增长无法用钱来衡量，大家也可以通过计算"眼球关注"和"认知份额"等新指标来展示公司正在增长。有时候，甚至在公司宣布亏损之后，一只互联网股票的价格也可能会上涨！投资者可能会将此视为该公司不惜一切代价，"明智地"将资金投入增长战略的一种标志。

美国人相信这一切，因为所有所谓的专家都告诉他们，这是对的。"这次不一样"是那个时代的战斗口号。《连线》这样的杂志在不停地宣传一个辉煌的未来，表示技术将很快成为治愈人类所有疾病的灵丹妙药。正如雷·库兹韦尔（Ray Kurzweil）在他的《灵魂机器的时代》（*The Age of Spiritual Machines*）一书中所预期的那样，技术可以帮助我们超越死亡本身。《长期繁荣》（*The Long Boom*）和《道琼斯 36 000 点》（*Dow 36,000*）这样的畅销书提出，技术进步正在推动一场结构性转变，并将把全球经济推向一个全新的、更高的水平，这对当代人来说几乎是难以理解的。

技术正在改变游戏规则，投资市场正在变化，各种观点最终融合在一起，几乎变得一致，并成了自我强化的战斗口号。所有这些理想主义歇斯底里的煽动在金融媒体中找到了心甘情愿的帮手，尤其是电视媒体。20 世纪 90 年代末声名鹊起的电视频道对互联网繁荣的往复和变化进行了完完整整的实况报道。在此之前，CNBC（美国消费者新闻与商业频道）一直是一个没有盈利、收视率很低的有线电视频道，与 CNN 之间有着一种愚蠢、无聊的关系。但是 1993 年底，罗杰·艾尔斯（Roger Ailes）接管了这个频道，并对它进行了改造。艾尔斯从 ESPN（娱乐与体育电视网）报道体育资讯的方式——尤其是其"体育中心"（SportsCenter）的报道方式——中得到了启发，他开始像体育主持人报道杯赛那样，让股市赢家登上 CNBC。从早到晚，来自华尔街的一群评论员不停地分析市场的波动情况。现在，我们已经习惯了有线电视新闻，一群嘉宾评论员一整天待在布雷迪·邦奇（Brady Bunch）风格的演播厅里讨论各种话题。但是在艾尔斯把这种模式引入福克斯新闻（Fox News）并使其成为各地有线电视新闻的标准操作程序之前，这种冗长的自由辩论模式在CNBC获得了最初的成功。

到2000年，CNBC已经成了一种特定的美国时刻的背景音，成了泡沫时代的默认频道。正如《快公司》杂志所描述的那样，这是"一种真实的文化现象，人们会在疗养院、健身房、宿舍、酒店大堂、会议室和餐馆里播放它"，以便快速了解他们最喜欢的股票或最新IPO的热门新股。人们当时认为，对于正在发生的投资全面民主化，CNBC是一种最明显的体现。"为什么在熟食店工作的乔·史密斯不能与在投资银行工作的另一位乔·史密斯拥有相同的信息呢？"CNBC的玛利亚·巴尔蒂罗莫（Maria Bartiromo）在向普通投资者解释自己的角色时说，"这就是牛市出现的原因。这不再是一场职业化的游戏了。"[6] 几年之后，玛吉·马哈尔对此表示同意："在20世纪90年代的最后5年里，个人投资者真正占领了市场。他们真的在引领市场，他们在大量购买股票。"[7] 确实如此，数字可以证明这一点。2002年的一项调查显示，在拥有25 000~99 000美元金融资产的投资者中，有40%的人声称自己在1996年1月之后才首次购买股票。他们买入了大量的股票，因为新的在线股票交易平台已经激增，比如E*TRADE、Ameritrade、Firstrade、Schwab等。到1999年底，有接近150家在线股票经纪公司，普通美国人每天进行50万次在线股票交易。[8] 1999年，大约有40%的零售证券交易是在线完成的。[9]

如果乔·史密斯看到CNBC节目介绍了一只像Lycos这样的股票，

那么他可以在几分钟内在线下单购买，不会有任何中间人来说服他不要购买。如果史密斯想花时间讨论 Lycos 的相对优势和未来前景，那么他可以在雅虎财经等网站的留言板上讨论，这些网站有数千个专门讨论个股的论坛。通常，这些版块的读者会产生看涨和看跌、多头和空头的争论。现在，一篇普通的博客文章或 Reddit 等网站页面的评论部分可能会像罗马斗兽场一样，这种争论对抗的情形我们都很熟悉。其实，在 20 世纪 90 年代末，正是由于类似"傻瓜投资指南"等经济新闻网站的股市论坛中出现了看涨和看跌的辩论，美国人才开始熟悉互联网上的一些传统，比如恶意挑衅的帖子和网络论战。

※

1998 年 12 月，一位名叫亨利·布洛杰特（Henry Blodget）的 33 岁股票市场分析师正在投资银行 CIBC 奥本海默公司（CIBC Oppenheimer）工作。[10] 奥本海默在华尔街不是一个特别突出的公司，布洛杰特也不是一位特别重要的分析师。不到三年前，他很幸运地找到了这份工作，因为这家投资银行急切地想找到一位理解互联网新事物的"年轻人"。两个月前，布洛杰特发表了自己关于亚马逊的第一份分析报告。他建议购买这只股票，设定一年期目标价格为每股 150 美元。这是一个正确的建议。在布洛杰特第一次推荐时，亚马逊的股价为每股 80 美元，随后暴涨至 240 美元。奥本海默的销售团队希望在新的一年给他们的客户一个新的建议。在他们的要求下，布洛杰特进行了仔细的计算，考虑到亚马逊最近的销售增长情况，他认为明年股票价格增长 70% 的预测是合情合理的。于是他为亚马逊的股票设定了一个新的目标价格：每股 400 美元。他写道："亚马逊的估值显然更像是一种艺术而非科学，我们相信，该公司令人惊叹的营收势头将继续推高其股价。"[11]

当时，一位经验更丰富的分析师乔纳森·科恩（Jonathan Cohen）也在关注亚马逊。科恩服务于一家更著名的投资银行——美林银行（Merrill Lynch）。与布洛杰特不同，科恩的分析被人们广泛追捧。几个月前，科恩将其对亚马逊的推荐降级为"减持"，称该股股价过高。更准确地说，科恩后来将亚马逊的股票称为"有史以来最昂贵的股票，这不仅是与其他互联网股票相比，与现代股票市场历史上的任何股票相比，都是如此"[12]。科恩给予亚马逊的目标价格是50美元。所以，亨利·布洛杰特提出一个与更具经验的科恩大相径庭的看涨建议，这是在冒险："当我在内部传阅我的目标价格数字时，我的一个老板来到我的办公室，有点儿惊讶地说，'每股400美元？'"布洛杰特后来仍然记得当时的情形："第二天，当看涨的建议被公开时，我的电话就像被点亮的圣诞树一样不停地闪灯。我想，'哦，不，我彻底搞砸了。'"[13]

然而，布洛杰特并没有搞砸，而且看涨亚马逊反而成就了他的事业。布洛杰特在1998年12月16日做出了他著名的预测，认为亚马逊的股价将达到每股400美元。仅在当天，该股的股票价格就上涨了20%，这在很大程度上要归功于布洛杰特的推荐。到1月6日，在甚至不到一个月的时间内，亚马逊的股票价格就突破了布洛杰特预期的400美元目标。几乎一夜之间，布洛杰特就成了CNBC的常客。美国几乎所有的报纸和金融杂志都开始定期引用他的分析，对他进行报道。一个月后，当乔纳森·科恩离开美林银行时，布洛杰特就任了科恩在这家声望更高的机构里的分析师职位。据说布洛杰特从事股票分析工作的年薪在 2001 年达到了 1 200 万美元。[14]

在华尔街，乔纳森·科恩的经历并不是独一无二的。对冲基金经理、共同基金经理、股票分析师，甚至金融记者在 20 世纪 90 年代末都吸取了一个深刻的教训：人们不想听到消极的声音。对所有那个时代的人来说，如果你加入主流人群，一起大谈特谈飙升的市场前景，那么这对你的职业生涯会有更大的帮助。那些没有在持股单上罗列满满的科技股的基金经理发现，他们的回报落后于同行，甚至跑不赢市场指数。1999 年 6 月，那个时代最著名的科技投资者之一罗杰·麦克纳米（Roger McNamee）对《财富》杂志说："你要么参与到这场狂热中，要么改行。这是自我保全的问题。"[15] 一个接一个看跌的股票市场分析师多年来一直宣称牛市过于美好，难以持续，但最后在现实面前都纷纷认输，顺应潮流。[16] 布洛杰特作为当时最著名的科技股鼓吹者之一，进入了华尔街预言家的万神殿，这些预言家在 20 世纪 90 年代末几乎无处不在，比如拉尔夫·阿坎波拉（Ralph Acampora）、杰克·格鲁布曼（Jack Grubman）、玛丽·米克（Mary Meeker）和艾比·约瑟夫·科恩（Abby Joseph Cohen）。他们最轻微的话语就可能推动市场，他们都是全力以赴的看涨者，把自己的声誉寄托在互联网公司的增长前景上。

所有的经济学家都在寻找一个理由、一个基本原理或者其他任何证据来证实他们确信自己正身处其中的繁荣时代。大多数人只是本能地将一切归功于信息技术。毕竟，一切都联系在一起了！世界在缩小！电脑无处不在！这当然意味着事情会运转得更好、更高效、更有利可图。唯一的问题是，这些设想似乎没有体现在任何官方的数据中。如果你可以数清楚装配线上的小零件，那么经济产出就很容易衡量。但是，如果你的"经济革命"围绕着思维和创意展开，依托一些快速的新方式将这些思维和创意联系在一起，那么你如何量化这些创新的价值呢？自动取款机可能意味着更少的银行柜员工作岗位，但是想想数百万名消费者节省的时间！这种效益如何衡量？《财富》杂志在 1999 年曾发表评论："越来越多的价值不再来自工厂和资本等实物资产，而是来自人们能够一起思考和工作的现实。但是，尽管计算机明显提高了生产效率，要证明这一点还是不可能的。"[17]

很多人开始相信，证据可能就是飙升的股市。按照这种思路，股票（尤其是科技股）价格正在上涨，因为投资者对科技带来的巨大进步和利润进行了合理的定价。股票市场是经济趋势的一个前瞻性指标，因此也许市场本身揭示了未来某个时刻官方数据会显示的利润和效率。

这一基本原理自上而下得到了一致认同。美国联邦储备系统（简称"美联储"）主席艾伦·格林斯潘（Alan Greenspan）认为股价上涨的背后一定是生产效率的提升，但当他找不到对应的数据支撑时，他就委托美联储研究人员深入研究他们的统计数据，以证明生产效率的实际增长要高于政府统计数据。玛吉·马哈尔讽刺道："格林斯潘纵容了泡沫，然后编造了一个理论来解释为什么泡沫是理性的"。[18]

格林斯潘一开始对互联网时代股市的乐观情绪持怀疑态度。1996年 12 月，他面对一个保守的智囊团发表了一次演讲，其中他即兴说的一句话（"但我们怎么知道，非理性繁荣何时过度推高了资产价值？"）导致了市场失灵。[19]有点儿讽刺的是，"非理性繁荣"成了互联网时代的一个文化口号。到 20 世纪 90 年代末，格林斯潘向市场发出了信号——如果他不否认——表示他不再担心投机过度。1999 年1 月，一位参议员向格林斯潘提问，股市的上涨"有多少是基于基本面，有多少是基于炒作"。主席回答说："如果在根本上没有一些潜在的、合理的东西，你就无法'炒作'。"在"非理性繁荣"演讲之后的近两年里，美联储只上调了一次利率。事实上，为了应对现在很少有人记得的20世纪90年代中期的各种"危机"，比如1997年7月的所谓"亚洲流感"（Asian Flu），美联储曾数次降息。[20]因此，从1996年底到1998年底——恰好是互联网泡沫膨胀时期——借用华尔街的行话，美联储对股票市场极其"宽松"。

无论是当时还是现在，有很多人认为艾伦·格林斯潘至少促进了互联网投机性股票市场泡沫的产生。当时，美国投资者非常坚定地相信，格林斯潘希望他们变得富有，如果出了什么问题，"艾伦大叔"会把他的手指放在天平上，让事情变得公平合理。在2000年大选前夕，总统候选人约翰·麦凯恩宣誓说："顺便说一句，我不仅会重新任命艾伦·格林斯潘——如果他碰巧死了，但愿不会-我还会像电影《老板度假去》[①]（Weekend at Bernie's）里演的那样，扶着他，给他戴上一副墨镜。"[21]

※

《格兰特利率观察家》的编辑詹姆斯·格兰特（James Grant）在1996年写道："股票市场不是一方输、另一方赢的那种零和游戏。在股票市场的游戏中，在一定时间内，几乎所有人都可能赢，或者几乎所有人都可能输。"[22]20世纪90年代末，所有参与股市的人似乎都在

---

① 喜剧电影《老板度假去》讲的是两个年轻人受老板邀请来海边别墅共度周末。在两人满心欢喜地到达别墅之后，他们发现老板被人杀害了。为了不被冤枉，他们开始隐瞒事情的真相，为老板的尸体戴上墨镜及帽子，假扮成在度假的人……

赢。互联网股票的到来似乎只是延续了这一连胜势头。没有任何既得利益者会去质疑这种疯狂，尤其是媒体。早在 1997 年，大约全美国报纸广告收入的 30% 来自金融服务业。[23] 到 1999 年，有线电视的广告费同比上升 21%，网络电视的广告费同比上升 16%，这都要归功于年轻的互联网公司一年花费 19 亿美元来宣传自己。[24]

最重要的是，所有婴儿潮一代、所有 CNBC 的瘾君子、所有投资股市的普通美国人，他们都在赚钱。如果他们投资了正确的互联网股票，那么他们就会赚很多钱。《财富》杂志估计，到 1998 年，互联网热潮给美国经济增加了 3 010 亿美元的价值；另一项研究估计，在所有新增的工作岗位中，有 37% 要归功于互联网。[25]

总的来说，1996—2000 年，有大约 50 000 家新创立的公司试图在互联网领域实现商业化，它们总共获得了超过 2 560 亿美元的风险资本支持。[26] 但是，如果你以为互联网泡沫主要表现为"IPO 成了所有头条新闻"，那么你要明白的重要一点是，真正的互联网狂热是指高调的互联网 IPO 源源不断地出现的现象，这种现象发生在一段相对较短的时间内。1995 年，只有 7 家举办了 IPO 的公司可以被称为"互联网公司"；1996 年，有 27 家；1997 年，有 19 家；1998 年，有 29 家；但是 1999 年，有 249 家互联网公司举办了 IPO。这些只是首次进入股票市场的互联网公司，还有其他数不清的公司要么被收购，要么不温不火。

在泡沫接近尾声时，人们不可避免地创立了很多年轻的互联网公司，很多公司充其量只有一些不可靠的商业计划。其中一些公司的质量非常差，它们的创始人的所作所为可以算是某种公开的欺诈。然而，投资者（风险投资人和公众）不再有任何兴趣去辨别它们的真实价值，任何名字以".com"结尾的公司都可能是下一个10亿美元级别的赢家。早在1996年，一贯持怀疑态度的老派基金经理巴顿·比格斯（Barton Biggs）就说过："股票的市盈率和市销率是令人难以相信的，有些公司在上市时甚至没有收入，大家通过网络交流来强化彼此对这些疯狂的投机性股票的信念。"[27] 在20世纪90年代末，这种"杞人忧天"的呼吁听起来很格格不入。如果美国人——尤其是那些普通的美国人，他们根本不是金融专业人士，却突然疯狂推动市场——要求投资互联网公司，那么硅谷和华尔街非常乐意满足他们的需求。随着每一家新上市的公司在股票市场中享受挂牌首日100%的暴涨幅度，主张谨慎的声音越来越被孤立，也似乎越来越不可信了。1998年底，一位备受尊敬的长期股票市场知情人士发表了意见。他说："这么多不成熟的人通过这些股票进行投机，这大大挑战了我的想象力。"

　　说这些话的人，名叫伯纳德·麦道夫① （Bernard Madoff）。[28]

---

① 伯纳德·麦道夫是美国历史上最大的诈骗案的制造者，这位商业神童、华尔街金融巨骗以最不可思议的方式骗取了大量钱财，制造了美国历史上最大的"庞氏骗局"。

第九章
非理性繁荣

富有创造力的亏损

如果你要寻找一家能够代表互联网时代的公司，那么你可能很难找到比 Priceline 更合适的公司了。

Priceline 由杰伊·沃克（Jay Walker）创立，他是一位 42 岁的创业者，用一个巧妙的方案解决了一个实际的问题：航空公司每天有 50 万个座位卖不出去。[1] Priceline 将这些空座位提供给在线客户，他们可以按照自己的意愿给这些座位报价。客户（至少理论上）可以获得更便宜的航班座位，而航空公司可以出售多余的库存，市场的低效率将被消除，Priceline 将为整个过程提供便利，并从中分得一杯羹：这种多赢局面只有在互联网上才能实现。

Priceline 于 1998 年 4 月成立，是一家"一夜成名"的互联网公司。在最初 7 个月的时间里，公司的员工从 50 名增加到 300 多名，售出机票超过 10 万张。到 1999 年底，它每天可以卖出 1 000 多张机票。[2] 秉承亚马逊"快速做大"的商业战略，Priceline 试图将其业务线扩展到酒店预订、汽车租赁和住房抵押贷款领域——似乎每个市场都有多余的存货，也有消费者愿意以低价购买它们。凭借这个创意，

Priceline 筹集到了 1 亿美元的运营资金。机票只是概念验证，沃克的目标是把这个创意推广到每一个适用的细分领域中。"Priceline 只是开始。"他告诉《行业标准》杂志（*Industry Standard*）。[3]

沃克打算仿照雅虎的套路，通过持续不断地营销、打造品牌来实现无处不在。在最初的 6 个月里，该公司在广告上花了 2 000 多万美元，主要是以《星际迷航》中的威廉·夏特纳（William Shatner）参与的创意广播广告和电视广告为主。[4] 据传闻，广告的脚本是沃克自己编写的，夏特纳获得了 10 万股 Priceline 的股票作为报酬，而不是最初承诺的 50 万美元现金。"这难道不是一个很好的做法吗？"夏特纳在 1999 年 9 月反问一位《财富》杂志的记者，当时他持有的股票价值约为 750 万美元。[5] 到 1998 年底，所有这些努力使得 Priceline 在互联网品牌认知度排行榜上排名第 5，仅次于美国在线、雅虎、网景和亚马逊。[6]

《福布斯》杂志将沃克视为"新时代的爱迪生"，并让他登上了封面。他对《行业标准》杂志表示："Priceline 的长期成就将取决于我们能否成功引入近 500 年来的首个创新定价体系。"[7] 1999 年 3 月，Priceline 以每股 16 美元的价格上市，首个交易日最高涨到每股 88 美元，最后以每股 69 美元的价格收盘。这使得 Priceline 的市值达到了 98 亿美元，成了截至当时首个交易日估值最高的互联网公司。[8] 在 Priceline 经历了如此高调的首次亮相之后，很少有投资者注意到，它在创立之初的几个季度累计亏损了 1.425 亿美元。[9] Priceline 必须在公开市场上以成本价购买机票，以应对其客户的低价竞标，因此平均每张机票亏损 30 美元；而且 Priceline 的客户在拍卖中支付的价格，往往比他们通过传统旅行社支付的价格要高。[10] 然而，投资者更感兴趣的是，面对一家将会改变商业未来的公司，他们能否抢到一块蛋糕。

发生这种情况的原因是，在 1999 年，一家成功的互联网公司的标志就是亏损。很少有互联网公司能像 Priceline 那样富有创造力地大规模赔钱。一家名为 CheapTickets 的旅游网站是 Priceline 的竞争对手，其创始人迈克尔·哈特利（Michael Hartley）抱怨说，他的公司无法与 Priceline 的炒作相抗衡，他怨声载道地表示："在 CheapTickets，我们有一项政策——我们需要挣钱。但这损害了我们的估值。"[11]

Priceline 的市场估值还不错。在其估值处于高点时，作为代理销售机票的 Priceline 的市值超过了它服务的任何航空公司的市值，沃克持有该公司 49% 的股份，其价值高达 90 亿美元。[12]

※

许多互联网公司都具备 Priceline 的一些特征：一份承诺"改变世界"的商业计划；一个"快速做大"的战略——使产品无处不在并垄断一个特定的市场；一种为了获得市场份额而亏本销售产品的倾向；一种乐于在品牌和广告上花费巨资来提升知名度的意愿；最重要的是，一个脱离了盈利能力或理性的极高估值。

电子商务类公司一直是大家记忆中的互联网公司，像 Priceline 一样，这些公司瞄准的是主流消费者。亚马逊实际上已经扼杀了在线图书领域中的机会，还有数百家电子商务公司的创立目标是成为"X领域的亚马逊"，"X"在这里指的是人们能够想象的所有受欢迎的零售物品。

儿童玩具每年的市场销售额大约为 220 亿美元。（消费者每年在每个孩子的玩具上的花费是多少？ 350 美元。）[13] 所以，eToys 在这个细分领域实现了突破。当然，玩具领域已经有了成熟的玩家，尤其是玩具反斗城（Toys "R" Us）和沃尔玛。但是，亚马逊已经将巴诺公司"亚马逊化"了，不是吗？因此，eToys 的联合创始人托比·伦克（Toby Lenk）打算通过类似的方式，在当前的市场领先者做出反应之前，打造一个在线滩头阵地。"我们可以超越芭比和乐高这些销售大众产品的商家。"伦克告诉记者。[14] 到 1998 年 10 月，eToys 网站一个月的访问量高达 75 万。那段时间，网站的流量确实很大，但是当然，并非所有的访客都购买了东西。到 1999 年 12 月，经过两年多的经营，eToys 累计实现的收入只有 5 100 万美元。这仅相当于 7 家玩具反斗城实体商店的年销售额之和，而玩具反斗城在全球拥有大约 1 500 家商店。

但这并没有实质影响。eToys 于 1999 年 5 月上市，以每股 20 美元的价格发行了 832 万股股票。第一天，股价最高飙升至每股 85 美元，最后收盘于每股 76 美元，涨幅高达 282%。eToys 的市值达到了 76 亿美元，而玩具反斗城的市值为 50 亿美元。托比·伦克持有公司 7.36% 的股份，价值为 5.59 亿美元。[15]

美国人在毛茸茸的动物朋友身上花费非常大（1998 年为 230 亿美元，2015 年增至 600 亿美元[16]），有很多创业者总是期望能从中分得一杯羹。就像电影演员的出场名单一样，市场中出现了 4 个聚焦宠物的互联网电商竞争者：Pets、PetStore、Petopia 和 PetSmart。1999 年 2 月，一位名叫格雷格·麦克莱莫尔（Greg McLemore）的创业者推出了 Pets。如果对大多数互联网公司来说，"快速做大"是必要的，那么对 Pets 来说，事情尤其如此，因为它正面临着太多的竞争对手。Pets 有一些强大的支持者，巧合的是，其中包括亚马逊，它持有该公司 54% 的股份。[17] 2000 年 2 月，即该公司成立仅一年之后，它通过 IPO 募集了 8 250 万美元。但是，魔鬼就在细节之中。在 Pets 的 IPO 招股说明书中，该公司披露，从成立到 1999 年 12 月 31 日以来，它的累计销售额仅为 570 万美元，亏损超过 6 100 万美元。为什么会有这么高的赤字？尽管它售出的 570 万美元的商品的成本只是 1 340 万美元，但那也于事无补，因为 Pets 以低于成本的价格出售商品！事实上，它每销售 1 美元，就亏损 57 美分。Pets 上最畅销的产品——宠物食品——是一款体积大且笨重的商品，这是另一个不利之处。Pets 只收取 5 美元的运费，但是据报道，一袋 30 磅① 狗粮的实际运费是这个数字的两倍。[18] 对电子商务玩家来说，这是一个常见的问题。一家名为 Furniture 的初创公司募集了 7 500 万美元的资金，但它只学到了宜家在多年前就已经吸取的一个教训：你不能用 UPS（美国联合包裹运送服务公司）来邮寄沙发。Furniture 的一位前工程师承认："我们多次出现过这种问题，比如我们收到一份 200 美元的茶几订单，但是快递费花了 300 美元。我们永远无法从交易中获利。"[19]

书、玩具、宠物食品、家具，还有什么？我们可以想象的最大的零售市场之一怎么样？1998 年，美国食品杂货、药店商品和预制食品的市场总额超过 6 500 亿美元；20 世纪 90 年代末，美国人均每年在食品杂货上花费 5 000 美元，相当于他们年收入的 10%。[20] 有的创业公司将这些产品服务放到了网上，希望能分享用户的这笔消费支出，比如 Peapod、MyWebGrocer、Streamline，尤其是 Webvan。

Webvan 的创意源于一个人，他亲眼见证了自己之前的业务被

① 1 磅 ≈453.592 4 克。——编者注

"亚马逊化"。路易斯·博得思（Louis Borders）是连锁书店博得思集团的创始人，他决心把亚马逊在图书零售领域做的事情迁移到杂货零售领域。博得思知道，杂货店每销售 100 美元的商品时，单单是运营成本就有 12 美元。在一种众所周知的低利润业务中（每销售 100 美元，传统的杂货店只能获得 2 美元甚至更少的利润），削减这样一种巨大的成本可能会带来变革。"凭直觉，我认为如果能够省掉商店的成本，我们就会得到一个很完美的财务模型。"博得思告诉《商业周刊》。[21] 这就是电子商务的承诺预期，对吗？

博得思说服了高盛、基准资本、软银和红杉资本，在 Webvan 的 4 轮创业融资中，这几家投资机构总共投资了约 4 亿美元，这是互联网时代融资额最大的案例之一。[22] 为了进行概念测试，Webvan 在美国加州的奥克兰市建造了一座 33 万平方英尺的仓库，以便为旧金山湾区的客户提供服务。公司还招募了 80 名软件工程师，花了 3 年时间来设计运营所需的库存管理、配送与物流管理系统。[23] Webvan 认为，一旦可以在旧金山验证这个市场，它就可以将业务扩展到其他城市和地区，建造类似的配送中心，在每个中心投入 3 500 万美元资金。Webvan 预期，每个配送节点的服务能力能够覆盖 18 家传统超市所能覆盖的客户群，但人力成本会下降 50% 以上，而可供选择的商品则会增加一倍。[24]

Webvan 于 1999 年 6 月推出，它一开始声称其商品价格会比传统杂货店低 5%。[25] 为了吸引顾客，它通常会免收快递费，但这些费用对公司的成本影响很大。实际上，为了支撑业务规模，Webvan 以亏本的方式销售杂货商品。不过，这是当时的标准做法，并不会阻止 Webvan 享受一次典型的"强劲 IPO"。当 Webvan 在 1999 年秋天上市时，公司从成立以来累计只获得了 400 万美元的收入。尽管如此，该公司的股票按每股 15 美元发行，在首个交易日，股价最高飙升至每股 34 美元，最后收盘于每股 25 美元。Webvan 的市值达到了 80 亿美元。[26] 其竞争对手、食品连锁店 Safeway 的一名高管抱怨道："Webvan 的销售额仅相当于我们的两家商店的销售额，但市值相当于我们公司的 1/4。"[27]

Webvan 声称，如果旧金山湾区大约 1% 的家庭（即 120 000 户）定期使用它的服务，那么公司就将实现盈利。但最终的问题在于，尽管有大约 6.5% 的湾区家庭至少尝试使用过一次 Webvan，但其中只有一半的家庭下过第二次订单，每周甚至每月光顾的家庭数量更少。[28] 配送中心需要以 50% 的饱和度运营，才能覆盖其成本，但 2000 年第一季度，奥克兰仓库的运营饱和度仅为 35%，亏损 3 870 万美元。[29] 尽管如此，Webvan 还是忽视了这些问题，继续往前飞奔，开设了一些额外的仓库，为亚特兰大、芝加哥和萨克拉门托等城市提供服务，而这些地方只会进一步增加公司的亏损。没有一个仓库获得的订单量足以使其达到收支平衡。到 2001 年春天，该公司单季度亏损 1 亿美元。[30]

当然，即便行业中出现了这种令人咋舌的大灾难，其他创业者也不会停止追逐同样的梦想。在美国东海岸，Kozmo 和 UrbanFetch 两家公司将即时满足的服务又推进了一步：它们都承诺当天交货。但问题在于，有人能通过这种方式赚钱吗？例如，一位顾客在某个下雨的午后点了一罐本杰瑞啤酒，Kozmo 会以低于街对面的本地杂货店的销售价格把啤酒寄给顾客，Kozmo 还得给自行车快递员队伍支付配送费用。当然，这种零售模式不存在店铺的租赁费用，但是仓储、人力、网站和物流等后端系统的成本呢？Kozmo 和 UrbanFetch 对这些问题都不太担心。让服务无处不在是它们最先考虑的事情，利润属于之后的问题。

同样，没有人关注那些不便透露的细节，比如实施业务的成本或利润率。投资者、创业者、风险投资人和华尔街都更喜欢 1999 年经济合作与发展组织（OECD）报告中的数字，该报告让大家确信，到 2005 年，在线商务将会拥有一个 1 万亿美元的市场，占总体零售市场的 15%。所以要赶紧！抓住机会！摆在你面前的除了增长，什么都没有！如果你现在通过低价锁定了消费者，那么一旦你垄断了这个产品类别，你以后就可以提价了。

在那几年里，似乎每家互联网公司都在恳求我们购买便宜的东西，而补贴的钱主要来自慷慨的、看不见的风险投资机构。具有讽刺意味的是，这样的做法非但没有培养消费者的忠诚度，反而让他们觉得互联网公司就是昙花一现的让人占便宜的机会；当这些公司的网站上线时，他们就去购买东西，但通常不会重复购买。在讲述自己在宠物互联网公司的购物经历时，一位住在纽约的宠物主人告诉《商业周刊》："这些公司都会给我发送特价商品信息的邮件，哪家公司有我要的特价商品，我就在哪家公司下订单。有时候，它们甚至免费赠送商品。"[31]

Pets 每寄出一条狗链都会赔钱。但你如果看到该公司在 IPO 时的利润表，就会发现该公司最大的支出是市场营销费用，达到了 4 250 万美元，相当于总运营成本的 76%。这笔支出主要包括广告费用，这就是为什么我们记得住 Pets（如果我们真的记得住它）。Priceline 有威廉·夏特纳，而 Pets 有袜子玩偶。

Pets 在上线后不久，就聘请广告代理公司 TBWA\Chiat\Day 制作了一条最早的营销广告。据报道，其费用高达 2 000 万美元。[32] 该广告公司在前不久为塔可钟食品连锁店（Taco Bell）制作了一系列广告，主角是一只会说话的吉娃娃狗。也许是从那次广告活动的成功中借鉴的经验，该广告公司此次的提案以一只会说话的小狗造型的袜子玩偶为主角，它会在一系列的广告中对现实生活中的宠物表达同情（广告语："Pets，因为宠物不能开车。"）。喜剧演员迈克尔·伊恩·布莱克（Michael Ian Black）为该玩偶配音，但他故意不给它取名字，所以消费者在提到它时不得不说"Pets"。[33] 很快，玩偶广告就在全国广播电视节目中播出了。Pets 花了近 200 万美元，使其广告出现在了第 34 届超级碗总决赛的广告时段，该玩偶还被做成了第 73 届梅西百货感恩节游行的一辆彩车。[34] 从亮相《罗杰斯与凯茜·李脱口秀》和《早安美国》，到接受《人物》杂志与《娱乐周刊》（Entertainment Weekly）的采访，Pets 到处露面，并将该玩偶作为儿童流行玩具申请了专利授权。

据报道，仅仅一个季度，Pets 就花费了 1 700 万美元来推广其小狗造型的短袜玩偶。这值得吗？如果你考虑到它的总收入在这一季度只有 880 万美元，那这就不值了。[35] 截至 1999 年 10 月，Pets 在宠物网站的用户竞争中名列第三，只吸引了 55.1 万名独立访问者（落后于领先的 Petsmart 的 110 万名独立访问者），Pets 每获得一个新客户的成本是 158 美元。[36]

※

互联网公司认为，它们必须花钱，才能像雅虎一样打造自己的品牌。它们觉得，为了获得客户的忠诚，它们必须最早进入自己特定的细分领域，就像亚马逊做的那样。它们之所以花钱，是因为它们觉得自己必须像 eToys 一样，成为自己所在产品领域中首家实现 IPO 的公司，而在营销上花大钱有助于公司实现 IPO，并且在 IPO 之后也可以帮助公司维持高股价。"你可以合理地认为，本季度的收入每增加 1 美元，下一季度的市值就可能增加 300 美元。"PetStore 的乔什·纽曼（Josh Newman）说。[37] 更高的股价、更高的市值意味着更多的钱（包括实际的和账面的）。花费、花费、花费，这成了一个恶性循环，刺激了互联网时代的一切。互联网公司最初都有一个伟大的愿景，预期以更有效率的方式做业务，但几乎每家公司都不盈利，这成了一个笑话。其中有很多公司完全有可能专注于网上销售所带来的真正效率，从而慢慢发展成为可持续的公司；但这是 20 世纪 90 年代末互联网公司玩的游戏，这场游戏的名字叫作"快速做大"。

风险投资人支持互联网公司的发展，他们的目标是超新星级别的 IPO，因为在此之后，他们才能获得高额的回报。IPO 意味着风险投资人的一次"退出"机会。在一家互联网公司上市后的首个交易日，其股价经历的令人难以置信的"暴涨"其实是早期参与投资的投资人在套现，他们将自己持有的股票出售给大众投资者，而大众投资者手拿袋子，等着看这种精致的创新商业模式能否成功。互联网泡沫代表了一个幻想时期，许多风险投资人实际上并不在乎公司的商业模式是否有意义，因为这不重要。在考虑参与 Priceline 上市前的一轮投资时，基准资本的一名风险投资人承认："在我们所处的环境中，投资人不一定要等到公司成功才能赚钱。"[38]

新的公司必须源源不断地出现，才能实现新的 IPO。非常幸运的是，泡沫时代引发了人们对创业精神的一种狂热，这种狂热在美国大萧条之前（繁荣的 20 世纪 20 年代——汽车、电话、收音机、飞机的发明者与创造者的时代）可能并不存在。1999 年春天，在每 12 名接受调查的美国人中，就有一个人说他正处于创业阶段。[39] 互联网公司似乎每天都在创造财富，吸引了如此多新的创业者去追逐，但谁能责怪他们呢？1994 年，风险投资公司 DFJ 收到了 376 份商业计划书；到 1995 年，也就是网景公司举办 IPO 的那一年，这个数字变成了 1 075；到 1999 年，投资者需要筛选的商业计划书超过了 12 000 份。[40] 创业者的数量超过了热切的风险投资人所能满足的范围，尽管这些投资人几乎是在乞求新的创业公司拿走他们的钱。仅在 1998 年，就有 139 只新的风险投资基金出现，可投资的新增资金额超过了 173 亿美元，比前一年增加了 47.5%。[41] 在谈到互联网时代创业公司的融资过程时，一名年轻的哈佛商学院毕业生说："这太容易了。你只要走进投资机构在纽约的办公室就可以了。他们如果认为你看起来很聪明，就会马上给你钱。我们没有任何市场数据，没有产品演示，什么都没有。我们只有一份商业计划书，但这就够了。"[42]

风险投资人知道，他们在找到王子之前必须亲吻很多只青蛙。互联网时代对风险投资人来说是独一无二的好时机，因为在任何情况下，他们都愿意让公司上市，无论其盈利能力如何，这就意味着风险投资人不会因为四处留情而受到惩罚。即使是最丑陋的青蛙，也可能是赢家。到 1998 年，专注于早期初创公司的风险投资基金的平均年回报率为 25%，很多顶级基金的年投资回报率远远超过 100% 或 200%。[43] 风险投资是一个寻找爆炸性回报机会的概率游戏，像易贝这样一笔成功的本垒打投资能够获得 1 000 倍的回报，足以弥补投资人很多笔亏损的投资。如果你支持了一家公司，并在不到 9 个月的时间里帮助该公司实现了上市，而你也通过某种方式套现了，那么即使这家公司最终失败了，又有什么关系呢？

在整个 20 世纪 80 年代，实现 IPO 的公司在首个交易日的股价平均上涨 6%，只有 7 家公司的股价翻了一番[44]；1999 年第一季度，举办 IPO 的互联网公司在首个交易日的股价平均上涨 158%[45]；2000 年第一季度，科技公司频繁上市，它们的股价几乎每隔一天就翻一番[46]。我们在前面几章提到的几家公司都受益于这场 IPO 狂潮。MarketWatch 于 1999 年 1 月 15 日上市，首个交易日的涨幅为 473.5%；iVillage 于 1999 年 3 月 19 日上市，首日的涨幅为 233.9%；Broadcast 于 1998 年 7 月 17 日上市，首日的涨幅为 248.6%。IPO 狂潮的出现并不意味着收购狂潮的结束。相反，情况愈演愈烈。Broadcast 和地理城市都成功实现了 IPO（地理城市首日股价上涨了 119.5%），但这两家公司的创始人最终都屈服于他们无法拒绝的收购要约。1999 年 1 月，雅虎斥资 36 亿美元收购了地理城市。当时，地理城市每季度的收入只有 750 万美元，没有利润。[47]雅虎随后在 4 月收购了 Broadcast，当时的交易价格为 61 亿美元，比该公司 IPO 当天的市值高出 474%。雅虎为什么要做这些并购交易？它是为了流量，为了眼球。当时，地理城市网站每月有 1 900 万的独立访问量，这使得它成了世界上流量第三大的网站，仅次于美国在线和雅虎。至于 Broadcast，雅虎是在购买流媒体领域中最成熟的播放器。该门户网站正在呈爆发式增长，预计将与美国在线展开竞争，成为 21 世纪第一大媒体公司。

当然，雅虎负担得起这些收购。由于雅虎所有的广告费都来自其他互联网公司，而且其门户网站每月的独立访问量接近 1 亿，所以雅虎的市值在 2000 年达到了顶峰[48]，超过了 1 200 亿美元，其市盈率高达 1 900 倍[49]。雅虎有很多钱可以挥霍，但是其他门户网站就很痛苦，因为它们不得不跟上！

也许，当时最不可思议的一笔交易是 Excite@Home 以 7.4 亿美元的现金加股票收购了蓝山艺术公司（Blue Mountain Arts）。Excite@Home 是宽带互联网服务提供商 @Home 与搜索门户 Excite 合并后成立的一家公司。蓝山艺术运营着 Bluemountain 网站，在该网站上，用户可以通过电子邮件互相发送电子贺卡。没错，这个网站除了给奶奶发送"快快好起来"之类的电子贺卡之外，什么也没做。但是，每月有 900 万名独立访问者来 Bluemountain 做这件事情，而在那个时候，流量是 Excite 这样的门户网站玩家与雅虎竞争的必要条件。[50]《纽约时报》上宣布了该交易的文章指出，Excite@Home "预计此次收购将帮助它增加 40% 的用户，包含了大约 34% 的互联网流量"[51]。因此，Excite@Home 愿意为每个用户支付 82 美元，以吸引更多的关注，并努力跟上门户网站的竞争。

只要与"互联网"这个词联系在一起，一家公司就可能会突然变得更有价值，比如出售 Hooked on Classics（古典狂热）等音乐系列的电视购物类音乐零售商 K-Tel。它宣布推出一个网站，在互联网上销售其光盘。在此之后，该公司的股票在一天内从每股 3.31 美元涨到了每股 7.46 美元。不到一个月之后，该公司的股票价格变成了每股 33.93 美元。[52]K-Tel 的业务没有发生任何根本性的变化，它只是推出了一个网站。类似的事情也发生在了拳击和运动服品牌 Everlast 的持有方 Activity Apparel 公司身上，在它宣布推出一个电子商务网站后，该公司的股票在接下来的两个交易日里涨了 1 000% 以上。[53]

在这种狂热中，很多可疑的公司钻空子获得了投资。iHarvest 融资 690 万美元，为网上冲浪者提供一个工具，帮他们保存网页副本以便他们在离线时浏览，但事实上，几乎所有的浏览器都有书签按钮[54]；Iam 融资 4 800 万美元，帮助有抱负的演员和模特保存头像和作品集[55]；Officeclick 融资 3 500 万美元，为秘书和行政专业人员创建了一个社区网站。还有一些公司继续致力于重塑电子商务，Mercata 融资 8 900 万美元来创建一个团购市场，宣称成千上万的人会在这里购买大量商品，以获得更好的价格。在该公司的 IPO 申报文件被撤销后的第一天，它就宣布了破产。[56]

Mercata 听起来像是一个与后来的团购网站 Groupon 类似的怪异想法，而这并不罕见。很多互联网公司创立所依据的概念很可能是一些很好的创意，只是有点儿为时过早。eCircles 开创了在线相册，而 MySpace 和 Desktop 本质上提供的是虚拟硬盘的租用服务——我们现在称之为云存储。破产后，MySpace 的域名被另一家我们稍后要讨论的初创公司接手了。

很多公司只不过是在玩一场 IPO 游戏。最坏的情况下，有一些泡沫公司成了彻底的欺诈平台。Pixelon 公司从风险投资机构那里获得过 3 500 万美元的投资，该公司承诺在拨号调制解调器时代开发"全屏、电视级质量的视频和音频流技术"[57]。然而，该公司转身就在拉斯韦加斯的米高梅大酒店搞了一个公司启动聚会，花掉了融资中的 1 600 万美元。这个聚会上有 KISS 乐队、狄克西女子合唱队（Dixie Chicks）、甜蜜射线乐团（Sugar Ray）和"谁人"乐队（Who）的表演。人们后来才得知，Pixelon 公司的创始人迈克尔·芬恩（Michael Fenne）实际上是一个名叫保罗·斯坦利（Paul Stanley）的人（他与 KISS 乐队的吉他手没有关系），他曾因股票欺诈被弗吉尼亚州通缉过。在最终被迫破产之前，Pixelon 从未发布过任何产品。

聚会、炒作、头条新闻，这些都是环境的一部分。在任何流行或泡沫事件中，情景表演者最终都会到来。当这些花枝招展的人出现时，这通常是泡沫事件发展到顶峰的一个信号。在世界媒体之都纽约尤其如此。如果说有一家公司是炒作商业计划书的典范，那么这家公司非 Pseudo 莫属。Pseudo 是约书亚·哈里斯（Joshua Harris）的创意，他是一位科技的早期采纳者，他之前创建了技术研究公司木星传播通信公司（Jupiter Communications）。Pseudo 的既定目标很简单：把电视带到网络上。为此，Pseudo 投资了工作室和创意人才，制作了几十个不同的"节目"——每月大约 240 小时的原创节目——在其家庭办公室总部通过网络播出。[58]

Pseudo 制作的节目涉及非常广泛的主题，从体育到电子游戏，从音乐到脱口秀。Pseudo 将视频与在线聊天室相结合，创造出了有自主意识的互动节目。直播天才与潜伏在聊天室里的观众自由地配合，经常可以实时影响正在播出的节目。就像一个依赖迷幻剂的公共频道一样，Pseudo 声称自己正在打造的是一个全新的媒体，这就像电视的第二次出现——但它变成双向、可互动的了。

如果说 Pseudo 的既定目标是为 21 世纪的观众制作电视节目，那么其交付方式似乎是一个 24 小时不间断的聚会。哈里斯和 Pseudo 成了纽约艺术界的焦点，Pseudo 的日常活动和聚会让 Pixelon 在拉斯韦加斯举办的狂欢聚会相形见绌，其中的艺术气息甚至超过了沃霍尔工厂（Warhol's Factory）。"我想，我的聚会规模实际上比艺术大师安迪·沃霍尔的更大一些。"哈里斯说。[59] Pseudo 的聚会以音乐、诗歌和艺术为主，但也包括电脑和电子游戏。一位《纽约邮报》派去报道Pseudo某次活动的八卦作家说："我记得有个爱出风头的胖家伙，在晚餐进行过程中淋浴。食物很好，但我无法真正享受它，因为一些半裸的人似乎认为自己很重要，他们一直在桌子上跳舞。"[60]这些颓废狂欢会花费的资金都来自哈里斯和他从英特尔和论坛公司（Tribune Company）那里获得的2 500多万美元的融资，而他表面上是为了将Pseudo打造成一家面向21世纪的广播公司。[61]

硅谷乐于以无条件的赞美来祝贺互联网公司。毕竟，硅谷的整体产业都建立在创造新事物的基础上，但是对互联网的嫉妒非常容易影响纽约。就此，对泡沫的抵制开始生根发芽。记者和旧媒体开始嫉妒地看着这些孩子，他们的狂欢、电脑和股票期权使他们（至少在账面上）拥有数百万美元的身家，但他们到底做了什么？或者，这些人可能看到了像iVillage创始人南希·埃文斯和坎迪斯·卡彭特·奥尔森这样的同行，他们都来自出版业，但已经跨越了鸿沟，并成了数字时代的大亨：在庆祝完他们破纪录的IPO之后，他们抽着巨大雪茄的照片被刊登在了杂志上。

当美国卫生局局长埃弗里特·库普（Everett Koop）成为Drkoop的代言人时，在那些因为不够聪明而没能尽早跟上互联网潮流的媒体名人看来，这就是一种搭便车的行为。Drkoop只不过是一个综合性的健康门户网站，并且拥有一个名人头像。该网站的流量没什么特别的，当然也不赚钱。尽管如此，Drkoop在IPO时还是从投资者那里募集了8 500万美元，上市首日的股价上涨了近100%。实际上，据报道，该网站整个生命期的累计收入仅为43 000美元。[62]在此之后，资深新闻主播卢·多布斯（Lou Dobbs）于1999年6月震惊了媒体界，他辞去了自己在 CNN 长达数十年的工作，创办了一家聚焦网络空间的门户网站 Space。该网站获得了风险投资机构格雷洛克资本（Greylock）和文洛克资本（Venrock）的投资。[63] 在谈到他很快就为公司招聘了大约 30 名员工时，多布斯说："如果有人说他来这里工作的原因是公司有 IPO 的潜力，那么我认为这里的大多数人都会觉得受到了侮辱。"接着他又补充说："我不是说那并非他们想来的原因，但肯定不是主要原因。"[64]

到 1999 年，"硅巷 100"年度名单上不仅有一些常客，比如双击公司的凯文·奥康纳和德怀特·梅里曼、剃刀鱼公司的克雷格·卡纳里克和杰夫·达奇斯，还有美国广播公司新闻频道的萨姆·唐纳森（Sam Donaldson），他在 1999 年底推出了一个时长 15 分钟、每周更新三次的网络视频新闻节目。[65]《硅巷记者》杂志（Silicon Alley Reporter）由纽约的一位科技鼓吹者贾森·卡拉卡尼斯（Jason Calacanis）推出，"硅巷 100"是该杂志发布的年度排行榜，以一种模仿的方式报道纽约的科技领域资讯，旨在与《名利场》（Vanity Fair）报道好莱坞的方式相媲美。卡拉卡尼斯的杂志似乎被视为新媒体机构的一张名片，卡拉卡尼斯本人也被视为一位新媒体大师。

1999 年底，在其 20 世纪的最后一期刊物上，《时代》杂志将亚马逊的杰夫·贝佐斯评为"年度人物"，这似乎使得这家互联网公司获得了官方的最高霸权。贝佐斯以 35 岁的年龄，成为获得这一荣誉的第 4 年轻的人，仅次于查尔斯·林德伯格、伊丽莎白二世女王和马丁·路德·金。[66]《时代》杂志的副总编辑詹姆斯·凯利（James Kelly）表示，贝佐斯被选中是因为"他的工作有助于保证买卖的世界永远不会一成不变"[67]。当被问及人们是否有朝一日真的能够在亚马逊上销售任何东西时，贝佐斯回答说："是的，任何东西都可以。"[68]

※

截至 1999 年 10 月，摩根士丹利的互联网分析师玛丽·米克追踪的 199 只互联网股票的市值高达 4 500 亿美元，与荷兰的国内生产总值差不多，但这些公司的年销售额只有 210 亿美元左右。它们的年利润呢？什么利润？这些公司合计亏损了 62 亿美元。[69] 1999 年 6 月，一位投资银行家夸口说："投资者总是跟我们说，'我最不想要的就是利润。因为那样我就无法获得一家互联网公司的估值了'。"[70]

市场的持续疯狂，加上人们对上市公司和股票越发强烈的担忧，最终将泡沫推向了尽头。到 1999 年下半年，问题已经不是泡沫是否存在，而是泡沫到底有多大，以及它何时会破灭。整个美国似乎陷入了一场"更大的傻瓜式"困局。你购买股票或者创办公司是因为你知道其他人都在这么做。大多数人都知道非理性繁荣是不可持续的，但是没有人想首先站出来承认这一点。毕竟，如果你能在窗口关闭前赶上 IPO，或者持有雅虎的股票并等待股价实现最后一次翻番，那么你就可以选择自己的套现时机，并且最好在其他人产生同样的想法之前行动。与此同时，当最后一批可疑的公司涌入公开市场时，你最好保持沉默，静静地摇头走开。

感受到这种怀疑情绪，纽约媒体机构做出了强烈反应并蔓延到了华尔街。《巴伦周刊》发表了一篇广为流传的封面文章，着重分析了电子商务公司的资产负债表，并警告说，投资者对持续亏损的耐心可能正在耗尽。与此同时，一些业绩糟糕的互联网公司发布了令人沮丧的季度报告，导致其股价下跌；甚至一些大公司也开始受到质疑。

《巴伦周刊》还发表了另一篇广为人知的封面文章，标题是《亚马逊：炸弹》。该文章提到："投资者开始意识到，这只看似完美的股票有问题。"[71] 如果作为互联网公司旗手的亚马逊陷入困境，那么这对其他公司意味着什么？投资银行雷曼兄弟的一位名叫拉维·苏里亚（Ravi Suria）的分析师开始撰写严厉的报告，质疑亚马逊作为一家持续经营的企业的偿付能力问题。苏里亚表示，亚马逊很可能在 4 个季度内耗尽现金，"除非公司设法从它那相当神奇的帽子里掏出另一只融资兔"。《纽约邮报》报道的标题是《分析师终于说出了互联网公司的真相》。大约在杰夫·贝佐斯被《时代》杂志评为"年度人物"的时候，亚马逊的股价创下历史新高，达到了每股 107 美元；然后，股价慢慢开始下跌。[72] 2000 年 2 月，当亚马逊宣布发行价值 6.72 亿美元的可转换债券时，华尔街震惊了。[73] 为什么亚马逊需要这么多现金，难道它担心自己的资金快要消耗完了吗？

在将近两年的时间里，美国人对互联网的未来抱着"这次不一样"的信念，推动了互联网狂潮。这种迷信崇拜新经济的做法非常适用于互联网公司——直到它不再适用；"快速做大"和"未来盈利"是有效的商业策略——直到它们不再有效。在互联网时代成立的数百家新公司把盲目跟风扩展得太广、延续得太久了。垃圾公司的泛滥，尤其是那些在泡沫即将破灭时诞生的公司，不能永远被忽视。如果像人们所说，"好的终会消失"，那么反之亦然：如果时间足够，坏的终会消失。

最糟糕的互联网公司，即那些商业计划最脆弱的公司，或者那些明目张胆地抄袭其他脆弱创意的公司，一家接一家地开始表现不佳。互联网公司不再是股票市场的赢家——这种形势起初发展缓慢，随后就一步到位了。公司股价下跌导致了股票退市，然后公司破产了。像任何好玩的听音乐抢椅子游戏一样，当音乐停止时，根本没有足够多的座位分给每个人。当投资者突然开始要求公司实现盈利时，互联网公司的集体回应是："什么？你不会是认真的吧！"

第十章
泡沫破裂

网景、微软和美国在线时代华纳

细心的读者会注意到，在关于互联网狂潮的所有讨论中，没有一处提到最早的互联网公司：网景。这是因为，在互联网泡沫膨胀到极限之前，随着形势的发展，网景公司已经不再是其中的重要玩家。

随着网景公司上市，其收入在之后 10 个季度的增长情况令人印象深刻。[1] 它一度是历史上增长最快的软件公司，收入在三年内从 0 增长到了 5 亿美元。[2] 但这种增长掩盖了其内部的问题，这些问题后来揭示出网景公司对其最终战略是感到困惑的。网景是以软件公司的名义上市的：它开发了一款网络浏览器软件，个人消费者和企业客户名义上需要付费使用。在 1995 年举行 IPO 时，该公司 90% 的收入都来自其独立的导航者网络浏览器。[3]

但是后来，微软及其 IE 浏览器出现了。因此，网景公司调整了业务方向，为企业客户提供商业服务器和局域网服务器的相关服务。到 1997 年，独立浏览器的收入在网景公司总体收入中的占比降到了 20% 以下。[4] 这种业务形态唯一的问题是，向企业客户销售需要一个传统的企业式销售团队。1995 年，网景公司的销售队伍由 15 名销售人员构成；1997年，其销售队伍激增至近800人，其市场营销成本占总收入的47%。[5]马克·安德森和吉姆·克拉克曾告诉媒体，网景公司注定要成为一家灵活、高效的"新型"软件公司；与此大相径庭的是，该公司实际上演变成了它曾经嘲笑的模样：一家笨拙、低效的"老式"软件与服务公司。

1998年5月，马克·安德森说："我完全认为我们是一家软件公司——我们开发软件，把它装进盒子里，然后销售出去。哎，出问题了。"开创了互联网时代的网景公司现在是一只多头蛇怪，拼命试探它能找到的任何商业模式。"我们已经完全变了。"安德森说。[6]

具有讽刺意味的是，这家向世界宣布互联网上有宝藏的公司却找不到一条在互联网上赚钱的可靠路径。经过10个季度的增长，网景公司的收入在1997年第四季度突然下降了17%。1998年1月，该公司报告季度亏损8 800万美元，并解雇了2 600名员工中的300名。[7]该公司的股价在1996年初创下历史新高；到1998年，当雅虎和易贝在市场里如日中天时，网景公司的股价跌破了其IPO时的价格。[8]

问题在于，网景公司只是被绊了一下，还是被掀翻在地了？1998年10月，微软的IE浏览器在浏览器市场中的份额超过了网景的导航者浏览器（后来被人们称为"网景通信器"）。[9]IE浏览器每次发布新版本，都会复制导航者浏览器之前推出的各种功能，然后添加一些导航者浏览器没有的新功能。微软以免费赠送的方式抢夺了浏览器市场。除了免费之外，微软还向有价值的合作伙伴付费——互联网服务提供商、计算机制造商——鼓励它们选用IE而不是导航者。相对微软来说，网景公司规模较小，放弃浏览器业务是它无法承受的。网景公司试图重塑其商业模式，但最终还是陷入了困境。唯一的原因在于，它知道自己在独立浏览器市场的竞争中无法与微软的雄厚财力相抗衡。

为了维持其市场份额，网景公司孤注一掷地做了最后的努力。1998 年 1 月，它在一个名为 Mozilla 的网站上发布了其浏览器的源代码。《经济学人》杂志称，这一举措对计算机行业来说"相当于公开了可口可乐的配方"[10]。这个开源浏览器项目后来演变成了火狐浏览器。在 21 世纪初，火狐浏览器最终从 IE 浏览器那里夺回了市场份额。但当时，它对网景公司没有任何帮助。到 1998 年 2 月，网景公司的股票价格只有它 IPO 时的一半，相比历史最高水平下跌了 88%。[11]

在这场有点儿不公平的战争中，网景公司很早就向美国联邦政府求助了，它试图从微软的掠夺中获得某种解脱。在网景公司看来，微软无疑是在利用其操作系统的垄断地位扼杀网络浏览器市场中的机会。1996 年 8 月 12 日（微软推出 IE 浏览器 3.0 版的那天），网景公司给美国司法部发了一封信，声称微软的 Windows 95 就像它正在挥舞着的一根短棍，令网景公司无法与经销商和制造商进行正常的交易来维护自己在市场中的地位。1997 年 10 月 20 日，司法部宣布，它正在调查微软是否存在违反之前的法令准许的行为；1998 年 5 月，美国 20 个州的总检察长加入了司法部针对微软的反垄断诉讼。

接下来的微软审判就像是在互联网泡沫的前几个月里，在后台上演的一场篝火式杂要。从 1998 年 10 月到 1999 年 11 月，这场审判为那些既害怕又嫉妒微软的科技行业人士提供了大量的娱乐。这场审判披露了来自微软、网景公司，甚至美国在线和苹果等其他公司的 200多万份电子邮件、备忘录和其他材料。[12] 政府主要致力于证明微软强制其他公司避开网景，比如诱导美国在线在默认浏览器方面欺骗网景公司，以及诱导计算机制造商删除网景导航者浏览器这一预装选项。

对微软高管来说，这次审判让他们非常尴尬，因为他们自己的电子邮件内容和之前的声明一次又一次地相互矛盾，甚至连比尔·盖茨也不能幸免。政府播放了盖茨几个小时的录像证词，人们可以看到他与政府首席律师戴维·博伊斯（David Boies）之间的争吵。盖茨表现得有点儿装聋作哑、暴躁赌气，甚至心胸狭窄。就像比尔·克林顿的著名证词争论"'是什么'这个词的意思是什么"一样，盖茨也在争论自己在电子邮件中对基本词语的描述。他声称自己忘记了一些会议内容和战略细节——就连对盖茨管理微软的方式知之甚少的人都不会相信这一点。盖茨否认将网景公司视为一个重要的竞争威胁，这与他之前的公开声明直接矛盾。

当法官托马斯·彭菲尔德·杰克逊（Thomas Penfield Jackson）最终宣布该案的判决时，微软的敌人听到了多年来他们一直期待的结论。杰克逊法官认定，微软违反了美国反垄断法。微软"通过反竞争手段保持其垄断权力，并试图垄断网络浏览器市场"[13]。法官建议的补救措施是，微软应该拆分成两家独立的公司，一家开发和销售操作系统，另一家开发和销售网络浏览器等应用程序。

当然，事情并没有这样结束。该案被上诉，原判决被驳回了。当布什新政府在 2001 年成立时，人们已经没有兴趣继续进行党派视角下的"反商业化"诉讼了。微软从未解体，而是最终同意了司法部的一项解决方案：开放其应用编程接口（API）和协议，并在将来与竞争对手友好相处。批评家认为这不过是一个轻描淡写的处罚。

经过了 20 多年，人们很容易把针对微软的反垄断审判，甚至整个网景和微软的网络浏览器之战视为小题大做。毕竟，我们现在知道微软即将进入所谓的"失败的10年"。在此期间，它对行业的影响力将会减弱；随着技术的发展，该公司将被许多人视为一股几乎无关紧要的力量。事实上，21世纪初微软地位的下降似乎验证了该公司在审判过程中的一个关键声明：科技产业是如此活力四射、竞争激烈，以至于无论在某个领域或在某个时间点占据了多么强的统治地位，没有一个参与者可以被视为是垄断性的。因为，转眼之间，新竞争者或新技术的到来可能会让整个市场都发生变化。

从另一个角度来看，值得思考的是，这个行业中最占主导地位、最贪婪的玩家在新时代形成时被分散了注意力，这种情况在很大程度上其实促成了互联网时代的繁荣。事实上，尽管微软在互联网时代采取了很多举措（比如MSN、Expedia、Hotmail、WebTV），但它基本上没有与主要的互联网玩家进行直接的战斗。更重要的是，微软从未有机会吸纳任何一家精英公司，正如它在技术时代早期所展示的风格那样。比如，微软从未考虑过收购亚马逊，尽管它当初有足够多的钱。最重要的是，在互联网泡沫破裂时，微软无法趁虚而入去吞噬受伤的幸存者，因为它担心这样做会再次激怒美国政府。

简而言之，参考微软前员工的回忆，我们很容易看出反垄断审判从战略上削弱了微软的实力，甚至从创造性上可能也是如此。玛丽·乔·弗利（Mary Jo Foley）在谈到反垄断审判时说："它产生了巨大的影响，甚至10年后它仍然在产生影响。"作为在20世纪90年代和21世纪初跟踪报道微软的一名记者，弗利认为，在审判之后，微软无论想开发什么样的产品或功能，都必须首先考虑法律问题。[14] 因此，人们必须认识到，那次审判在极大程度上分散了微软的注意力，导致它错过了付费搜索这个充满活力的新市场的发展和社交网络这个全新范式的崛起。

这并不是说微软在 20 世纪 90 年代不成功。1999 年 12 月 30 日，微软的市值达到了 6 189 亿美元的高点。[15] 这在很大程度上要归功于一个事实，即 20 世纪 90 年代是计算机真正走向主流的 10 年。1990 年，美国销售了大约 950 万台个人电脑；到 2000 年，这一数字已经增加到了 4 600 万。[16] 考虑到这些机器中大约有 90% 运行着微软的 Windows 操作系统和 Office 办公软件，没有人会为微软担心。同样在 2000 年，美国家庭的个人电脑普及率首次超过了 50%。[17] 互联网革命帮助计算机实现了普。微软像任何互联网公司一样，驾驭着这股浪潮，但这次审判的最终结果是，在奔向未来的旅程中，微软只是大船上的一名乘客，它不再掌控浪潮的方向。

※

如果说微软在科技行业的霸权在 20 世纪末被打破了，那么这场结构性地震中唯一有分量的受害者就是网景公司。反垄断审判当然不是为了挽救网景公司。参与审判的双方是美国政府和微软，网景公司只是主要证人、主要受害者。在审判结束时，网景公司甚至已经不再是一家独立的第三方企业。1998 年 11 月 24 日，美国在线宣布以价值 42 亿美元的股票收购了网景公司。

网景这家具有开创性的互联网公司无法与微软的力量相抗衡，这对许多参与其中的人来说是非常痛苦的。但是，网景公司最终被美国在线这个互联网的"辅助训练轮"吞并，这似乎让人感到特别丢脸。"我是说，微软是一位值得尊敬的对手！"网景公司最早的工程师亚历克斯·托蒂克说，"它是在公平战斗吗？不，它没有，但这是可以理解的。现在，我要待在一个网景公司被卖给美国在线的市场里？这真是令人沮丧。"[18] 大多数网景早期的团队离开了公司，而不是加入美国在线。马克·安德森继续担任美国在线的首席技术官，但他也在一年内离职，然后与网景公司的逃难者本·霍洛维茨（Ben Horowitz）一起创办了一家新的公司。至于网景公司的另一位联合创始人吉姆·克拉克，他在第三家价值10亿美元的初创公司 Healtheon（后来成为 WebMD）中站稳了脚跟，该公司在1999年2月举办了 IPO，首个交易日股价涨幅为292%。

网景公司的人可能瞧不起美国在线（在硅谷，美国在线从未得到过真正的技术人员的尊重），但是到了1998年，华尔街并不认同他们的偏见。大约40%的美国用户通过美国在线上网[19]，它是美国最受欢迎的互联网服务提供商——在它1997年9月收购了最古老的竞争对手 CompuServe 之后，情况更是如此[20]。到1999年底，美国在线的用户数超过了2 000万。[21] 在任何时候，尤其是晚上，多达110万名美国人会登录美国在线。[22] 美国在线给华尔街留下了非常深刻的印象，它不仅是为数不多的盈利的互联网公司之一，而且即便是在互联网时代的鼎盛期，它依然是一家真正盈利的公司。在1999年，美国在线获得了48亿美元的收入，其账上现金有8.66亿美元。[23] 史蒂夫·凯斯登上了《财富》杂志的封面，标题是《震惊！美国在线赢了》。[24] 随着20世纪90年代接近尾声，反垄断审判分散了微软的注意力。在很多业内人士看来，如果有任何一家公司有机会成为微软的王位继承者，那么这家公司一定是美国在线。

美国在线的2 000万名美国用户每月支付21.95美元来登录互联网，对美国在线而言，这是一笔可观、稳定的可靠收入，不过它也学到了一个新策略：广告。到 1999 年，仅通过与电子商务相关的广告，美国在线就获得了 10 亿美元的年收入，超过了 ESPN 和 ESPN₂ 两大体育频道的收入总和。[25] 分析师当时预测，到 2003 年，美国在线的广告收入将超过美国广播公司或哥伦比亚广播公司。

　　美国在线充分利用了互联网泡沫的疯狂，在这方面，没有任何一家公司做得比它更好，因为它直接蚕食了其他互联网公司。你可能还记得，健康信息网站 Drkoop 通过 IPO 募集了 8 500 万美元。在上市之后的一个月，Drkoop 拿出了几乎所有的钱，同意在 4 年内向美国在线支付 8 900 万美元，为美国在线的用户提供与健康相关的内容。[26] 这甚至不是美国在线当时达成的最大的交易：一家名为 Tel-Save 的长途电话服务提供商支付了 1 亿美元。[27] 美国在线巧妙地挑起了各组竞争对手之间的竞争：巴诺公司支付了 4 000 万美元，成为美国在线的图书销售合作伙伴；亚马逊支付了 1 900 万美元，仅仅是为了入驻美国在线的门户网站；为了抵御亚马逊的拍卖竞争，易贝斥资 7 500 万美元获得了为期 4 年的独家拍卖权。华尔街对这种联合行为给予了奖励。在宣布与美国在线的合作之后，Tel-Save 的股价从每股 13 美元飙升至 19 美元，而 Drkoop 的合作公告导致其股价飙升了 56%。[28]

　　锁定美国在线这个有保障的流量来源已经成了互联网公司开始一场"快速做大"的游戏的必选项。随着美国在线意识到自己在互联网公司中的地位，合作交易变得越来越激进了。1998 年，互联网初创公司 N2K 试图与美国在线达成一份 600 万美元的合作协议，以获得美国在线首席音乐零售商的特权；但在谈判过程中，N2K 的高管无意中透露了他们急于在即将进行的 IPO 之前达成交易。于是美国在线迅速将交易价格抬高至 1 800 万美元，这个金额相当于 N2K 年收入的 10 倍以上。[29] N2K 甚至没有退缩，支付了 1 800 万美元，因为它无法承担 IPO 失败的风险。

在达成这些交易的过程中，美国在线变得非常熟练和贪婪。事实上，它因强硬的侵略性而闻名。在那之前，只有微软享受过这个名声。在美国在线内部，该公司的交易撮合员被称为"狩猎者"，因为他们像掠夺者一样袭击互联网公司，并向它们提供无法拒绝的报价。一位匿名的互联网公司高管还记得美国在线交易团队实施的策略："在前几个星期，他们一直说'你们很棒，你们很棒，你们很棒'，然后有一天，我们不得不把我们在银行里的每一分钱都给他们，还包括公司 20% 的股份。"另一位互联网公司的创业者表示，美国在线交易团队要求获得她公司 30% 的股份，然后他们补充说："这是我们的条件。你有 24 小时的时间考虑，如果你不答应，随便你，我们会去找你的竞争对手。"[30]

本质上，美国在线是在利用其流量和用户的"平台"，就像微软利用其操作系统一样。作为互联网市场里的一只 800 磅重的大猩猩，美国在线不断巩固这个名声，这种做法对公司来说能够产生非常可观的收益。在估值飙升的时代，没有任何一家互联网公司的估值能够升得像美国在线这样高。在 20 世纪 90 年代，美国在线的股价增加了 80 000%。[31] 到 1999 年，其市值达到了 1 498 亿美元；同年，美国在线成了加入标准普尔 500 指数的第一家互联网公司，取代了拥有百年历史的伍尔沃斯公司（Woolworth Corporation）。[32] 美国在线的市值超过了迪士尼、菲利普莫里斯公司（Philip Morris），甚至 IBM；它的市值超过了通用汽车和波音公司的总和。[33]

但是，这只大猩猩有一个问题。

科技行业的所有人都知道，使用拨号调制解调器的日子已经屈指可数了。对美国在线的上千万名用户来说，他们长期梦想的宽带——网页浏览速度比当前快 30 倍——即将成为现实。美国在线面临的最大问题是不方便，而有线互联网公司最有能力掌控这个新的互联时代。凭借受政府监管的、有着百年历史的古板电话网中的铜线，美国在线提供了无处不在的服务。但与电话线不同，美国在线不能指望在有线网络上实现同样的传输。作为美国的首选互联网服务提供商，美国在线的主要收入来源正在迅速消亡，公司内部的所有人都知道这一点。通过与这个领域几乎所有的玩家进行交易，这只大猩猩可以接触到每家公司的财务状况，它可以看到（甚至在媒体了解之前），很多互联网公司的账上都快没钱了。

　　因此，当这场互联网玩家的聚会达到高潮时，美国在线比任何人都清楚，是时候在音乐停止前找到一个座位了。幸运的是，美国在线有一张非常大的王牌：飙升的股价。它可以利用其庞大的市值收购另一家公司——可以是任何公司，但最好是一家拥有宝贵的长期资产的公司——以弥补其拨号上网的用户在转向宽带时造成的不可避免的损失。美国在线的内部电子邮件显示，早在 1998 年 12 月，史蒂夫·凯斯和他的高管们就开始多方面考虑购买一家可以让他们"安全着陆"的公司。美国在线非常倾向于收购易贝，但凯斯对在互联网领域加倍下注持谨慎态度；与美国电话电报公司合并是美国在线直接拥有分销渠道所有权的一种方式，但是美国电话电报公司拒绝了；在接触迪士尼并遭到其首席执行官迈克尔·艾斯纳（Michael Eisner）的拒绝后，美国在线将其注意力转向了（可以说是）世界上最大的媒体公司：时代华纳。与时代华纳的交易使得美国在线可以将其新媒体思维与最强的旧媒体内容结合起来。除了众多有形且利润丰厚的资产（杂志、电视频道、电影工作室等）之外，时代华纳还拥有美国在线渴望的一块关键拼图：美国第二大有线网络。

当然，时代华纳是一家从一开始就认真对待互联网的大型媒体公司，它在这方面遭受的数亿美元的亏损可以证明这一点。时代华纳的首席执行官杰里·莱文为全业务网络和Pathfinder这一系列尝试提供了资金支持，但这两者不仅昂贵，而且注定会失败。尽管遭遇了这些比较大的挫折，但莱文仍然坚定地相信，技术能够改变内容的传播。

考虑到这一切的结果，很多人把美国在线与时代华纳的合并描绘成了一件类似"破窗抢劫"的事情：精明的互联网小混混猛扑进来，利用无知的旧媒体。在某种意义上，人们很难不把这次合并视为美国在线的一种伎俩；它在其商业模式崩溃之前，趁机利用其市值大做文章。但是，从另一个角度来看，史蒂夫·凯斯可能代表他的股东做出了一个最理性的举动。一位美国在线的高管后来表示："我们都知道自己是在靠借来的时间生存，我们必须用这些巨额货币购买一些实际的东西。"[34] 另一位高管表示："我们没有使用泡沫这个词，但我们确实谈到了即将到来的'核冬天'。"[35]

从时代华纳的角度来看呢？正如一位优秀的科技记者卡拉·斯威舍（Kara Swisher）所说，如果时代华纳被骗了，"那很明显，受害者在很大程度上也有责任"[36]。1999年，互联网股票比黄金还贵，当Napster这样的新现象让人们彻底明白互联网技术可能对旧媒体公司及其发行模式构成生存威胁的时候（后续章节有更多介绍Napster的相关内容），时代华纳与名义上的互联网之王的合作完全可以被视为一招妙棋。通过与美国在线的"联姻"，时代华纳将使自己免受互联网破坏力的影响。

当这桩交易向全世界公开的时候，拥有 1 640 亿美元市值的美国在线与拥有 830 亿美元市值的时代华纳的合并，看起来就像是新经济的一场胜利。史蒂夫·凯斯告诉处于震惊中的财经媒体："这是一个新媒体真正发展成熟的历史性时刻，我们将成为一家互联网时代的全球性公司。"[37]凯斯宣称，有一天，美国在线时代华纳公司将拥有 1 000 亿美元的收入和 1 万亿美元的市值。当时，人们没有理由不相信他。尽管该交易被称为"对等合并"，但美国在线的股东控制了公司 56% 的股份，而时代华纳的股东只控制了 44% 的股份。[38]事实是美国在线收购了时代华纳，一家互联网暴发户接管了一家拥有几十年历史的媒体巨头，收购价格是被收购公司的年收入的 5 倍。[39]

这笔交易令整个商业界震惊了。硅谷的风险投资家罗杰·麦克纳米说："开诚布公地说吧，这是我在职业生涯中见过的最具变革性的事件。"[40]音乐行业的高管丹尼·戈德堡（Danny Goldberg）表示，双方的合并"验证了互联网，并证明了内容的价值"[41]。关于合并的权威书籍《这里一定有一匹小马》（There must be a pony in here somewhere）是卡拉·斯威舍在该交易完成的几年之后撰写的。她在书中写到，在当时，对她及几乎所有其他人来说，这两家公司的合并就像是一记本垒打："通过一次重大的行动，两家公司似乎都弥补了各自的弱点，增强了各自的优势。我承认我真的相信这一点，但其他很多人并不是这样的——很多人后来假装他们从来没有完全相信过这一点。"[42]

美国在线和时代华纳的合并事件是在 2000 年 1 月 10 日公开的。2000 年 4 月 3 日，杰克逊法官宣布了建议将微软拆分的最终裁决。

当时，大家觉得这是两件划时代的事情——引领科技甚至媒体行业新时代的号角吹响了。

然而，从事后来看，它们更像是历史的脚注，包含在互联网泡沫最终破裂的几周时间之内。

※

2000 年 1 月 14 日，美国在线与时代华纳宣布合并后的第 4 天，道琼斯工业平均指数达到了 11 722.98 点的峰值，这一水平在 6 年内都没有恢复。以科技股为主的纳斯达克指数在 2000 年 3 月 10 日达到了最高值，为 5 048.62 点，这一水平到 2015 年 3 月才再次出现。从 2000 年 3 月的最高点，一直到 2002 年 10 月 9 日的最低点（熊市最低值为 1 114.11），纳斯达克指数蒸发了近 80% 的市值。

是有哪一样东西刺破了互联网泡沫吗？当然不是。是无数的因素积累起来导致了非理性繁荣的终结。首先，美联储终于开始加息了：1999 年加息 3 次，2000 年初加息两次，这是整个 20 世纪 90 年代末最持久的一轮财政紧缩政策。与此同时，美联储的措辞也突然转向试图公开控制股价。此外，互联网支持者也在改变他们的论调。华尔街的分析师一个接一个地建议他们的客户对互联网股票的投资做减仓操作，称科技行业"不会再被低估"了[43]。但最重要的是，在 1999 年底上市的所有"可疑的"互联网公司质量普遍欠佳，使得天平发生了倾斜。长期来看，这些公司没有可行的挣钱机会。很多公司——也许是大多数公司——只是挖空心思谋求上市，然后希望之后能筹集到更多的资金来维持生存。

互联网泡沫的破裂波及了无数名受害者，其中有少数受害者极具代表性。Webvan 在 2001 年 7 月宣布破产之前，已经烧光了 10 多亿美元。[44] Pets 在 2000 年 2 月 IPO 后仅 268 天就进行了清算，这是可耻的[45]，它在首个交易日的收盘价是每股 11 美元，与 IPO 的价格相同——没有出现首日大涨的情形。在接下来一周的交易中，该公司的股票价格下跌至每股 7.50 美元。[46] eToys 在结算完 2.74 亿美元的债务后倒闭了，尽管其市值曾达到 100 亿美元，但其清算人甚至无法为其开发的价值 8 000 万美元的仓库系统找到竞标者。[47]

到 4 月，在达到峰值仅一个月之后，纳斯达克交易所的整体市值已下跌 34.2%。[48] 在接下来一年半的时间里，股价下跌 80% 或更多的公司数以百计。截至 2001 年 8 月，互联网股票经纪商 eTrade 的股票价格从历史高点下跌了 84%；SportsLine 下跌了 99%（交易价格为每股 91 美分）。对大多数公司来说，复苏从未出现，即使是最知名的公司也是如此。Priceline 的股价下跌了 94%；雅虎的股价下跌了 97%，从每股 432 美元的历史高点跌至 2001 年 8 月 31 日的每股 11.86 美元，其市值从 930 亿美元降至 67 亿美元。在亚马逊 IPO 时投入的 1 000 美元，在泡沫最盛时期的价值可以攀升至 61 000 美元以上，但在 2001 年 9 月底亚马逊股票价格低于每股 6 美元时，其价值约为 3 400 美元。

有很多种方法可以评估互联网泡沫破裂所消灭的财富。早在 2000 年 11 月，CNN 金融频道就估计总损失达到了 1.7 万亿美元。[49] 当然，这个数据只包括了上市公司的损失。如果考虑在举办 IPO 或被收购之前就破产的互联网公司，那么损失的金额会更多。除了上市公司之外，据估计，20 世纪 90 年代末有 7 000~10 000 家新的互联网公司成立，到 2003 年，其中约 4 800 家公司已经售出或倒闭。[50] 数万亿美元的财富几乎是一夜之间消失的。显然，离开赛场的那些钱一定会对整体经济产生一定的影响。美国政府将随后的互联网经济衰退的开始日期确定为 2001 年 3 月。到 2001 年 9 月 11 日发生恐怖袭击时，这场衰退对经济造成的冲击已经是毋庸置疑的了。在那个悲惨的 9 月，26 年来第一次没有一家新公司举办 IPO。[51]

互联网泡沫时代已经结束了。

"如果你在两年前问我，互联网上发生的这些事情有意义吗？我会说，没有意义，互联网泡沫会破裂的，"Webvan 公司的首席执行官乔治·沙欣（George Shaheen）在公司倒闭前不久告诉《纽约时报》，"但是我完全不知道接下来会发生什么灾难。"[52] 沙欣持有的 Webvan 股票期权一度价值 2.8 亿美元，当他离开公司时，他的账面财富缩水至 15 万美元。[53]

也许最能代表这一历史性转折的是 TheGlobe 的故事。1995 年，康奈尔大学的两名本科生创建了这个网站。这是一个社区网站，可以提供个人主页之类的东西，就像"地理城市"、"天使之火"和"三脚架"等网站一样。它早期的用户增长相当可观，到 1996 年，该网站获得了每月 1 400 万次点击和 30 000 名注册用户。[54] 最重要的是，该网站有两位 20 多岁的、拥有上镜的娃娃脸的联合创始人斯蒂芬·帕特诺（Stephan Paternot）和托德·克里泽尔曼（Todd Krizelman）。

到 1997 年，该网站每月新增 10 万名用户。[55] 这种增长吸引了阿拉莫租车公司的创始人迈克尔·伊根的注意，他投资了 2 000 万美元。帕特诺和克里泽尔曼将公司的运营中心搬到了纽约，并投入了已经全面展开的炒作与奢华聚会中。到 1998 年底，尽管 TheGlobe 的收入只有 270 万美元（亏损 1 100 万美元），但它似乎是又一家充满希望的互联网公司，准备好了迎接被所有人关注的时代。

TheGlobe 享受了互联网时代最典型的 IPO。1998 年 11 月 13 日星期五，股票承销商贝尔斯登（Bear Stearns）谨慎地以每股 9 美元的价格销售该公司的股票，结果发现该公司出售的 300 万股股票面临着 4 500 万股的认购需求。[56] 当股票在早上开盘时，第一笔交易以每股 87 美元成交。盘中股价一度冲到每股 97 美元的高点，最后收盘于每股 63.50 美元。这是有史以来最高的首个交易日的涨幅——605.6%。当天的交易量为 1 600 万股；这意味着当天可供公众买卖的 300 万股股票平均被买卖了 5 次。当然，这是明智的抛售。"我在股价 88 美元时卖掉了股票——谁不想卖呢？"一位对冲基金经理表示。[57]《纽约邮报》随后的相关文章是《极客们赚了 9 700 万美元》。[58] 帕特诺和克里泽尔曼当时只有 24 岁。

TheGlobe 完美地按照互联网时代的剧本执行着。

除了……

上市交易的第二天，TheGlobe 的股价跌至每股 48 美元。

在一周之内，其股价跌至每股 32 美元。

在 1999 年期间，TheGlobe 的股票与其他互联网股票一起涨跌，曾短暂反弹至接近每股 80 美元。但是，确切地说，它的股价从那以后一直在走下坡路。到 1999 年底，其价格下跌到每股 10 美元以下。

也许从一开始，TheGlobe 就是一家长期前景存疑的公司。对一家需要大量流量才有机会赚钱的公司来说，它从来没有真正与大公司竞争过，在"全世界流量最大的网站"排行榜上，它最高只排到第 34 名。[59] 由于这种"二流"地位，TheGlobe 从未获得像"地理城市"甚至"三脚架"那样被收购的机会。像"蓝山艺术"这样的电子贺卡公司每月都能获得 900 万的独立访问流量，但 TheGlobe 平均每月只有 210 万访问量。[60] 为了赚钱在每个页面的顶部放置横幅广告的做法，从来都不是一种可持续的策略，尤其是在 1999 年底互联网广告市场开始崩溃的时候。"地理城市"和"三脚架"在其母公司的保护伞下是安全的，但谁知道它们是否同样无法盈利呢？与此同时，全世界都能看到，对于在公开市场中交易的 TheGlobe，即使在一个业绩不错的季度中，比如截至 2000 年 3 月 31 日的 3 个月里，TheGlobe 的收入增长超过两倍，达到了近 700 万美元，但它仍然有 1 640 万美元的净亏损。[61] 如果 TheGlobe 按照其商业计划书执行下去，那么公司每产生 1 美元的收入，就要亏损 2 美元以上。

无论是现在还是当时，有很多人认为 TheGlobe 只是一家为了举办 IPO 而设计的公司，它能让投资者和银行家赚到钱，然后就没有别的作用了。不管情况是否真的如此，在其短暂的辉煌时刻，它是全世界最热门的一只股票，是最令人兴奋的一家公司。

然后，它成了一个笑柄。

到 2001 年春天，TheGlobe 的股价跌至每股 8 美分。帕特诺和克里泽尔曼早在很久之前就被迫离开了他们自己的公司。

当 TheGlobe 在 2001 年 4 月 23 日从纳斯达克退市时，其最终交易价格是每股 16 美分。

※

当然，互联网泡沫时代并非给所有人都造成了灾难性的结局。根据《巴伦周刊》事后公布的数字，在 1999 年 9 月至 2000 年 7 月期间，互联网公司的内部人员套现了 430 亿美元，这是他们在 1997 年和 1998 年期间卖出量的两倍。[62] 在纳斯达克指数见顶的前一个月，内部人士卖出的股票数量是他们买入的数量的 23 倍。[63] 这个时代最著名的例子是马克·库班，他也许是一位典型的互联网亿万富翁。他将自己的公司 Broadcast 出售给雅虎，提前实现套现退出了。库班并不相信人们对雅虎股票的疯狂估值，所以他对自己持有的雅虎股票进行了对冲，称为"领子期权"（options collar）。当雅虎的股票价格随后大跌时，他的全部财产都受到了保护。对冲基金经理兼作家詹姆斯·阿尔图彻（James Altucher）在谈到库班时说："他从最初的互联网泡沫中获得的东西可能比任何人都多。"[64]

让我们对比一下库班的故事与 eToys 创始人托比·伦克的故事。因为无法解除公司股票所面临的困境，托比·伦克目睹了自己 6 亿美元的账面财富日渐缩水。[65] 伦克决定跟着他的船一起沉下去，而库班精明地决定在形势有利的时候离开，两者存在道德方面的差异吗？可能并不存在。以帕特诺和克里泽尔曼为例，他们在 1999 年 5 月——TheGlobe 的股票仍然是每股 20 美元的时候——以合计大约 400 万美元的价格分别卖出了 80 000 股和 120 000 股股票（最初的投资人迈克尔·伊根卖出的股票价值超过了 5 000 万美元）。[66] "从道德或法律角度来看，帕特诺、克里泽尔曼和伊根没有做任何不对的事情。事实上，他们是在按照规则玩一个疯狂的游戏，而这个游戏基本上是市场强加给他们的。人们也想知道持有 TheGlobe 股份的其他人怎么样了。比如，有数百名员工获得了股票期权，他们想象自己在公司 IPO 那天会变得富有；或者，在该公司举办 IPO 时以每股 87 美元的价格购买了 TheGlobe 股票的成千上万名投资者，他们又怎么样了？他们什么时候卖出了股票？成交价格是多少？

我们可以肯定地说，当泡沫破裂时，最终一无所获的是普通投资者。2000年，随着股票市场开始崩溃，个人投资者仍然继续向美国股票基金注入了2 600亿美元。这个数额高于1998年人们投资于市场的1 500亿美元和1999年人们投资的1 760亿美元。[67]在互联网泡沫最为严重的时候，普通美国人是互联网泡沫中最积极的投资者——这也是精明者的资金不断流出的时候。[68]《巴伦周刊》的记者玛吉·马哈尔认为，到2002年，有1亿名个人投资者在股票市场上合计损失了5万亿美元。彭博新闻社估计，泡沫造成的损失为7.41万亿美元。[69]先锋公司（Vanguard）的一项研究显示，到2002年底，在拥有401K计划的人中，70%的人损失了至少1/5的资产，45%的人损失了1/5以上的资产。[70]

在过去的几年里，很多事情造成了收入的不平等，整体经济中的收益越来越多地流向了前1%的人，而其他人只拥有一些零碎的残羹冷炙。在写这本书的时候，我也听到了很多言论，讲到美国的公众——尤其是中产阶级和工人阶级——开始相信美国的经济结构受到了对他们不利的操纵，一切都偏向内部人士、有钱人和精英。可以说，这是一个人们在互联网泡沫破裂时首次确立的信念，尤其是对那几年首次进入股市的一代投资者而言。婴儿潮一代所做的事情都是社会告诉他们的：投资股票，买入并持有。有一段时间，他们做得很好，看到自己的积蓄变成5位数，甚至6位数（如果幸运，甚至可以变得更多）。然后他们看到一切都蒸发了。他们看着内部人士、银行家、幸运的人和精英们逍遥法外，而他们这些勤劳的美国人按照社会告知他们的方式做事，却失去了一切。过不了10年，这些事情再次发生在了他们身上，只不过这次是在房地产市场中。

互联网泡沫的破裂是我们当前经济时代的开端，泡沫破裂的余波至今仍伴随着我们，在经济、社会，尤其是政治方面对我们产生着影响。

当然，中年投资者并不是唯一的输家。整整一代技术人员将其职业生涯押在技术变革的梦想上，他们突然之间几乎全部失业。后来人们估计，从 2001 年至 2004 年初，仅硅谷就失去了 20 万个工作岗位。[71] 整整一代年轻人在 10 年的时间里，从掌控 IT 的年轻暴发户变成似乎在改变世界的宇宙主宰，然后又变成了完全多余的人。

各家互联网公司里总有一些工程师和秘书足够幸运，他们在合适的时间套现了一些股票期权，并且带着足够的钱偿还了自己的学生贷款，支付了房屋首付，或在口袋里装满了一两百万美元的现金。但这些都是早期参与者或幸运的人，绝大多数人——成千上万名在泡沫时代涌入科技行业的人——随后发现自己甚至拿不到遣散费，因为他们所在的即将上市的公司已经破产了。

这种因果报应的后遗症至今仍困扰着科技行业。即使是现在，当年轻的创业者们兴高采烈地谈论他们的技术将如何改变世界时，任何一位互联网创业者的脑海里都有一个互联网泡沫破裂的警示故事，他们担心自己有一天也会因为自大傲慢而遭遇厄运。

马克·安德森后来在谈到泡沫及其后果时说："很多大公司在 2000 年、2001 年、2002 年时松了一口气，说'哦！感谢上帝，互联网上的那些东西都没有用！一切都结束了。所有人都知道互联网是一场泡沫。那就是一个玩笑。现在结束了。所以，现在我们不必担心了'。"[72]

美国工业界只需看看"美国在线时代华纳"的例子，就能确信所有这些都只是一种巨大的错觉。有很多书籍介绍了美国在线的"牛仔"如何入侵时代华纳的大厅以及董事会会议室，以及在此过程中产生的巨大文化冲突。当然，功能失调的内斗和管理上的渎职在很大程度上使人们得出了普遍一致的观点，即这是有史以来最糟糕的一桩合并交易。有人指控美国在线内部存在会计欺诈和肮脏交易，但此次合并的最终失败实际上是美国在线广告业务崩溃的结果。2000—2002年，随着互联网公司相继破产，美国在线与它们之间的所有交易都被撤销了。美国在线的拨号上网用户数量在 2002 年达到了 2 670 万的峰值，但随着用户开始转向 DSL 公司的宽带连接，或者转向时代华纳有线公司（Time Warner Cable）自己的路跑网络（Road Runner Internet）等有线网络服务，美国在线的用户开始逐渐减少。[73] 早在 2003 年，时代华纳就在合并后的公司名称中删除了"美国在线"这几个字。[74] 当时，史蒂夫·凯斯和美国在线的大多数"牛仔"已经被赶出了公司。也是在那个时候，美国在线时代华纳公司被迫公开了美国历史上最大的两项损失：2002 年的 540 亿美元和 2003 年的 455 亿美元，这两项损失都是对美国在线膨胀市值的账面减值计提，其市值后来被证明都是虚幻的。[75] 美国企业自己证明了，在互联网上能赚到的钱很少，而最大的互联网玩家的市值蒸发似乎是确凿的证据。

※

很多互联网泡沫的观察者发现，将它与之前的泡沫进行比较能为我们带来很多启示，比如 17 世纪荷兰的郁金香狂热或 18 世纪伦敦的南海公司（South Sea Company）的倒闭，但与之最相似的是 19 世纪 40 年代英国铁路的例子。

在 19 世纪 40 年代，铁路一项是最先进的技术。与互联网时代的现象一样，曾经有三四年的时间，英国人疯狂投资一些围绕着这种新技术开展的商业计划。1844 年，有 800 英里^①长的新铁路计划开发；1845 年，政府提出了 2 820 英里的新轨道修建计划；1846 年，政府又批准了 3 350 英里的轨道修建计划。因为英国议会必须通过立法批准每一项新的铁路计划，因此"议会通过的铁路法案"与"互联网时代的 IPO"形成了一个有趣的类比。议会于 1844 年通过了 48 项铁路法案，于 1845 年通过了 120 项。在狂热的高峰期，资助这些计划所需的资金达到了 1 亿英镑，到 1847 年，铁路投资占国民总收入的 6.7%。[76]

历史学家克里斯蒂安·沃尔马（Christian Wolmar）在他的著作《火与蒸汽：英国铁路的新历史》一书中，描述了一种听起来非常熟悉的狂热。

> 资金供应似乎永无止境，而且越来越多的人渴望搭上"快速致富"的列车，于是肆无忌惮的欺诈者加入了这场争斗，他们推行自己的投资计划，唯一的目的是夺走投资者的积蓄。例如，他们找到一些投资者，让这些投资者为之前开展的项目买单。虽然这种完全欺诈性的投资计划很少，但有很多投资者因为经济不稳定和前景模糊，在很多投资项目中赔了钱。

泡沫的破裂是不可避免的，用沃尔马的话来说，这是因为泡沫本质上建立在"仅仅能自我维系的乐观"的基础之上，并且它在某种程度上被英格兰银行的加息给戳破了。[77]此泡沫破裂的后果与互联网大

---

① 1 英里 ≈1.609 千米。——编者注

溃败的后果类似，尽管前者带有一种维多利亚时代的色彩。

　　一位当代编年史学家认为，"对中产阶级而言，没有任何其他的恐慌如此致命……在英国，几乎没有哪个重要的城镇发生过一些悲惨的自杀事件。但泡沫破裂影响到了每个家庭，伤害了这个大都市里的每一颗心……被精心抚养的女儿出去寻找食物，儿子被迫从学校回家，家庭被拆散，家园以法律的名义被亵渎了"。[78]

　　但是，沃尔马的叙述也指出，这场泡沫以及由此建造的铁路最终创造了基础设施，使得维多利亚时代的英国实现了高度的工业革命。政府在泡沫时期批准的铁路计划的里程数在英国的铁路系统里占了90%。沃尔马写道："那些年建造的绝大多数铁路，在今天仍然是英国铁路网的支柱。"[79]

　　这场泡沫使得大英帝国拥有了经济鼎盛时期。人们从未放弃乘坐火车，企业从未停止通过火车运送货物，即使在投资热潮过后，铁路也从未消失，这一点与互联网泡沫的教训是相似的。当然，有些互联网公司消失了。当然，作为互联网在美国人生活中的一种体现，经历了短暂的高光时刻之后，美国在线也消失了。但是互联网本身并没有消失，这就是铁路的例子和互联网的例子如此贴切的原因。

　　在互联网时代的前5年里，注入科技公司的所有资金创造了必要的基础设施和经济基础，促进了互联网走向成熟，而且是以一种有形的、实体的方式做到的。在互联网泡沫时期，电信公司也出现了类似的、不太为人所知的泡沫。据估计，这场价值2万亿美元的泡沫以类似的失败告终，导致美国世界通信公司（WorldCom，简称世通）和环球电讯公司（Global Crossing）这样广为人知的大企业破产。[80] 但在泡沫破裂之前，即 1996—2001 年，电信公司在华尔街募集了 1.6 万亿美元的资金，发行了 6 000 亿美元的债券，在美国全国范围内进行了数字化基础设施的建设（投资银行从中收取了 200 多亿美元的费用，远远高于它们从互联网公司的 IPO 中收取的费用）。[81] 总长度为 8 020 万英里的光缆占美国截至当时为止全部基础数字化线路的 76%。[82] 这最终意味着什么？这意味着，在未来几年为互联网的成熟提供保障的基础设施已经到位。由于光纤过剩（电信公司和互联网公司一样进行了灾难性的过度扩张，从而导致了破产），在互联网泡沫破裂后的几年里，可供互联网使用的带宽严重过剩，这使得下一波公司能够以非常低廉的价格提供复杂的新型互联网服务。到 2004 年，虽然互联网的使用率每隔几年就翻一番，但带宽成本还是下降了超过 90%。[83] 直到 2005 年，美国高达 85% 的宽带容量仍未被使用。[84] 这意味着，一旦有新的"杀手级应用程序"被开发出来，比如社交媒体和流媒体视频类应用程序，有大量廉价的带宽资源可以将它们推广给大众。我们可以说，"轨道"已经铺设好了。

人们并没有突然停止上网。很多人认为互联网时代注定会失败，因为有太多的互联网公司在追逐当时还为数不多的用户。当互联网泡沫在 2000 年破裂时，全世界只有大约 4 亿人上网。10 年后，这个数字超过了 20 亿（在我写作本书时，互联网用户数量最乐观的估计是 34 亿）。[85] 2000 年，互联网上大约有 1 700 万个网站；2010 年，大约有 2 亿个（现在，这个数字超过了 10 亿）。[86] 2000 年，像雅虎这样的公司可以拥有 1 280 亿美元的市值，因为该网站每月有 1.2 亿名独立访客。[87]10 年后，雅虎单月的全球访问用户量超过了 6 亿。[88]亚马逊在泡沫破裂后可能已经濒临破产，但该公司自成立以来，收入每年都在增长，即使在泡沫破裂后最糟糕的几年里也是如此。2000 年，亚马逊的收入是 28 亿美元。10 年后，这一数字是 342 亿美元。[89]

美国人在泡沫时代养成的习惯绝不是一种短暂的时尚，而是深深扎根于人们日常生活的节奏之中。互联网公司、互联网的辅助训练轮和先驱都教会了我们如何在网上生活。我们可能都会从拨号上网跳转到宽带上网，但很少有人会放弃使用网络。我们没有回头路可走。

即使有一些互联网公司正在崩溃和燃烧，但在那个现场已经出现了一些新的创新者，他们将以一种全新的、完全个性化的，而且（最终）利润极其丰厚的方式推动互联网向前发展。

第十一章
网页排名魔法与音乐超新星

谷歌、Napster 和互联网的重生

佩奇和布林第一次见面时，他们都不太喜欢对方。

1995 年夏天，拉里·佩奇正在考虑转到斯坦福大学攻读计算机科学研究生课程。谢尔盖·布林在两年前就开始攻读这个课程了，他会为准备入校的学生担任导游。某一天，他带领佩奇和一群即将进入斯坦福大学的学生参观旧金山湾区。

"我觉得他很讨厌，"佩奇后来谈到他的导游时说，"他对有些事情非常固执己见，我想我也如此。"

"我们都觉得对方很讨厌。"布林表示赞同。他们可能互相踩了一下对方的脚，但同时，此次邂逅也令双方产生了某种火花。"我们花了很多时间交谈，并谈到了一些有意义的内容。我们开启了一件有趣的事情。"布林回忆说。[1]

从表面上看，佩奇和布林似乎没有什么共同之处。佩奇是美国中西部人，在 1973 年 3 月 26 日出生于密歇根州东兰辛市。布林于 1973 年 8 月 21 日出生在铁幕时代的苏联莫斯科市，6 岁时被带到了美国。佩奇性格内向、安静、喜欢沉思；而布林则外向、爱交际、比较吵闹。佩奇是一个深刻的思考者，一个有远见的人。布林则是一个善于解决问题的人，一位工程师背后的工程师。

不过，这两个人之间的共同点其实比任何人知道的都多。他们均来自学术家庭，佩奇的父亲是密歇根州立大学的计算机科学先驱教授，他的母亲也是该校的一名计算机编程讲师；布林的父亲是马里兰大学的一名数学教授，母亲是美国航空航天局戈达德太空飞行中心（NASA's Goddard Space Flight Center）的一名研究员。佩奇和布林长大后都尊重科学探索、学术研究、数学，尤其是计算机。他们都拥有好奇的头脑，并相信无论是在智力上还是在实践上，知识的力量能够克服任何障碍。他们在很小的时候都被灌输了这种无所畏惧的精神。

谷歌的早期员工玛丽莎·梅耶尔（Marissa Mayer, 后来成了雅虎的首席执行官）坚持说："除非你知道佩奇和布林都是蒙特梭利学校培养出来的孩子，否则你无法理解谷歌。有些特点在他们的性格中已经根深蒂固。他们会提出自己的问题，做自己的事情。他们去做某件事情是因为它有意义，而不是因为某个权威人物让他们去做。在蒙特梭利学校，你去画画是因为你有一些想法需要表达，或者那天下午你就是想画画，而不是因为老师让你画画。这是佩奇和布林处理问题的方式。他们总是问，为什么会这样？这是他们大脑最初的编程方式。"[2]

对佩奇和布林来说，他们无所畏惧的精神重叠在了一起，以至于他们看似相互冲突的性格实际上是互为补充的。1995—1996 学年，在佩奇来到斯坦福大学之后，他与布林的关系很密切。朋友们开始称呼这对搭档为"拉谢配"，他们会就一些话题展开无休止的辩论，从哲学到计算机再到电影，两位势均力敌的博学者之间的智力竞赛令人心潮澎湃。布林的业余爱好是开发一款软件程序，可以根据其他看过类似电影的人的品位和观看习惯提供电影推荐（与网飞公司后来完善的功能类似）。佩奇的梦想是创造一套可供乘客使用的联网自动汽车系统。

尽管年龄相同，但布林在学习上的进度比佩奇领先两年，因为他19岁就拿到了计算机科学本科学位，并在第一次尝试中就完成了斯坦福大学要求的博士项目的所有考试。[3] 他是如此优秀，而且获得了国家科学基金会（National Science Foundation）的奖学金，基本上可以做任何自己想做的事情，但在确定论文的题目时，布林却停滞不前了。当然，新来的佩奇也需要决定他的论文题目，所以命运将这两人推得更近了。1996年1月，"拉谢配"最终开始在斯坦福大学校园内刚刚完工的比尔·盖茨计算机科学大楼的360室一同工作了。这座建筑当然是以微软创始人的名字命名的，他为这栋建筑捐赠了600万美元。比尔·盖茨一生都在不停地预言，他认为，在将来的某一天、某个地方，某个学生将会创立一家公司来挑战微软在科技行业中的统治地位。事实证明，他的预言是对的，而且这家公司诞生于一栋以他自己的名字命名的建筑。

※

关于网络的一个基本事实打动了佩奇，这个事实说出来其实非常显而易见：网络是建立在链接之上的。一个网页连接到另一个网页，一个想法连接到另一个想法。到目前为止，还没有人花精力去全面地分析这个链接生态系统的结构。例如，你可以知道网页A连接了网页B，因为你能看到这一点——你可以追踪这个链接。但是反过来呢？有哪些页面连接了网页 A？你无法知道。你没有办法反向追踪一个链接流，而是只能向前追踪。佩奇想知道，如果分析了所有的反向链接，绘制出整个网络的链接结构，那么这些数据会给我们什么样的启示？

佩奇认为，这可能不仅仅是一个有趣的理论问题。当他与布林一起仔细思考这个想法时，作为学者的孩子，他们共同的成长经历开始发挥作用。"拉谢配"知道引用学术文献的力量，他们的父母都发表过学术论文，他们自己也打算发表学术论文以获得学位。他们知道，任何有价值的学术论文在论证自己的论点时，都会引用其他的学术论文和研究成果。在学术界，这些文献引用会产生累计"票数"，这种"票数"可以展示一些特定想法的价值——这本质上是人们根据被引用的次数对这些文献进行排名。被引用最次数多的论文被认为是最具权威性的。"事实证明，获得诺贝尔奖的人会被 10 000 篇不同的论文引用。"佩奇后来说。[4]

除了数字化内容的引用，网络链接到底是什么？如果分析了链接，分析了引用，你也许就能够推测出某个特定网页的相对价值，甚至可以通过分析反向链接来确定哪个网页更权威，就像通过计算文献引用次数来了解哪篇学术论文更权威一样。拉里·佩奇想通过链接回溯的方式来勾勒出网络上各种连接的价值。为了绘制出网络链接，佩奇找到了他的学业导师特里·维诺格拉德（Terry Winograd），向他寻求资金和设备上的支持。他将这个项目命名为 BackRub（反向链接）。当他被问及打算绘制多大范围的网络时，他回答说："整个网络。"[5]

1996 年 3 月，拉里·佩奇启动了 BackRub 项目，他将被称为"蜘蛛"的搜索机器人发到网络上，让它们去寻找所有的链接。他从一个页面开始——斯坦福大学计算机科学系的主页——然后展开追踪一个接一个的链接，将它们全部编目，再基于这些链接被引用的情况对网页进行排名。这种排名在数学运算上的复杂性——以累积的链接数和各页面在连接到其他页面时所传递的权威性为基础，通过复杂的计算来确定哪个页面更有价值——吸引了谢尔盖·布林加入该项目。佩奇和布林将他们的引用排名系统命名为 PageRank（页面排名），这个名字要么是为了赞美佩奇本人，要么是为了直白地描述该系统要做的事情。

布林说："PageRank 背后的想法是，你可以通过连接到某个网页的其他所有网页来评估这个网页的重要性。我们实际上开发了很多数学算法来解决这个问题。一个重要的网页通常会连接到另一个重要的网页。我们将整个网络转换成一个大公式，其中有数以亿计的变量（即所有网页的页面排名）和数以十亿计的项（即所有的链接）。"

佩奇说："这都是循环的。在某种程度上，你有多好取决于谁与你连接，而你连接了谁又决定了你有多好。这是一个大圆圈。"[6]

"拉谢配"突然发现了一个项目，这个项目将衍生出一篇非常有趣的论文。当他们看到自己的成果时，他们立刻意识到自己的直觉是完全正确的：文献引用这一类比是有效的。如果你想找到关于某个话题的最权威的网页，比如帆板运动，那么 PageRank 可以帮助你。该系统可以通过积累的链接数和其他权威网站传达出来的权威性做出判断。得益于布林的数学算法（如果你有所了解，那么这主要是线性代数和加权链接矩阵的特征向量），明显重要的网站的引用比其他普通网站的引用更有价值。来自某个陌生人的个人网页链接可能是有价值的，但来自专业冲浪运动员的网页链接会被认为更有价值，而来自雅虎主页的网页链接甚至会更有价值。

考虑到这一点，人们能够基于这个小小的数学算法项目开发的真正有趣的应用就变得显而易见了。佩奇后来说："对我和小组的其他人来说，这个结论非常清晰。如果你有一种对网页进行排名的方法，不仅参考页面本身的内容，而且参考外部世界对这个页面的看法，那么这将是一种非常有价值的搜索方法。"

※

事实证明，在 PageRank 出现之前，搜索引擎运行不佳的原因并不是它们失效了，而是它们错过了佩奇和布林偶然发现的关键创新点：相关性。在 1997 年，你即便使用当时最好的搜索引擎 AltaVista 搜索"汽车公司"，其结果也可能令你很失望，因为福特公司、通用汽车公司或丰田公司的网站可能不会出现在页面上。这并不是因为 AltaVista 找不到那些网站。它当然能找到！只是这些网站可能会出现在 AltaVista 找到的数以万计的结果列表中。AltaVista 没有办法把那些最相关的结果以最优先的方式展示出来，所以它们可能在搜索结果的第 3 页，或者第 300 页。

PageRank 解决了这个问题，它已经知道哪些网站是最权威的汽车网站，所以当你把它的算法能力与所有搜索引擎已经在使用的传统信息检索技巧结合起来时，突然之间，一切都直接有效了。事实上，由于佩奇和布林整合了反向链接、页面排名和传统的搜索方法，例如分析页面文本、网页标题或元标签，特别是解析链接的所谓锚文本（某人用"花店"这个词创建了一个链接，然后指向一个特定的网站，从而告诉你一些信息），PageRank 的功能非常强大。佩奇和布林发现，他们的算法确实是一个循环：他们输入的数据越多，分析的网页越多，得到的结果就越好。通过进一步调整算法，他们的搜索工具可以非常可靠地在网络上找人、找最模糊的事实或数据，甚至回答问题。PageRank 不是去发现新的事物，它只是以更好的方式发现事物。之前的搜索引擎已经可以正确回应所有的查询，但是要从大海里捞针，并把这根针放在搜索结果的最前面，PageRank 做得更好。

布林的学业导师拉吉夫·莫特瓦尼（Rajeev Motwani）说："他们（佩奇和布林）并没有坐下来跟我说，'我们要创建下一个伟大的搜索引擎'，他们是在试图解决一些有趣的问题，却偶然产生了一些巧妙的想法。"[7]

※

佩奇和布林没有着手去创建下一个伟大的搜索引擎，这是一件好事，因为当时没有人真正需要这样一个搜索引擎。20 世纪 90 年代末，当佩奇和布林开始将 BackRub/PageRank 改造成一个搜索引擎时，搜索的世界里已经有了一些主要的玩家：雅虎、Excite、Lycos、AltaVista、AskJeeves、MSN 等。在雅虎的市值达到了 1 000 亿美元时，有谁会需要另一个搜索引擎进入这个已经非常拥挤的空间，不管它有多么优异？幸运的是，佩奇和布林当时并不关注商业方面的问题。他们是学者，更关注的是论证论文的论点并发表研究报告，而不是基于自己的想法创办一家公司。

因此，他们撰写了论文《大规模超文本网络搜索引擎的剖析》，并于 1998 年 5 月在澳大利亚的一次会议上做了展示。虽然佩奇和布林最初忠于他们选择的学术道路，但这并不意味着他们忽视了自己的工作内在的经济可能性。他们可能得到什么？在硅谷的中心位置学习计算机科学的学生无法忽视他们周围发生的事情。"留在研究生院的日子是一段艰难的时光。"塔玛拉·蒙兹纳（Tamara Munzner）回忆说。她是盖茨大楼360室的一名学生，与佩奇和布林共用办公室。"每次你去参加聚会，都会收到多个工作邀请，而且都是真实的。我每个学期都不得不重新做一次不离开的决定。"[8]

一种显而易见的方法是将PageRank授权给一位当前的玩家，事实上，佩奇和布林就打算这么做。他们跟所有人见了面，从雅虎的创始人杨致远和戴维·费罗，到另一家搜索先驱Infoseek公司的史蒂夫·基尔希（Steve Kirsch）。没有人感兴趣。他们最接近交易达成的一次是佩奇写了一份内容全面的提案给Excite的领导层，建议他们用他的算法取代Excite现有的算法。他计算出，这样做会为其搜索引擎带来额外的4 700万美元的收入。佩奇在他的提案中写道："在我的帮助下，这项技术将给Excite带来巨大的优势，并推动它成为市场的领导者。"[9]作为交换，他要求的只是一笔看起来很合理的160万美元的现金和Excite的股票——一个不错的小发薪日——然后他和布林就可以回去完成自己的学位学习了。Excite将价格砍为75万美元，佩奇和布林拒绝了。

市场上现有的搜索玩家未能获得PageRank技术，这变成了一段臭名昭著的商业传说，成为有史以来商界错失的最大机会之一。拉里·佩奇曾在多个场合表示，搜索公司就是目光短浅。"它们正在成为门户网站，如果有人愿意给我们钱，那么我们可能会授权的……但是人们对搜索不感兴趣。"佩奇说。[10]但Excite首席执行官乔治·贝尔（George Bell）的回忆略有不同："我们都记得佩奇所坚持的事情，佩奇说，'如果我们来为 Excite 工作，那么你需要抛弃 Excite 所有的技术，用我们的搜索来取而代之'。在我的记忆中，这就是导致交易失败的关键。"[11] 这是佩奇和布林第一次在竞争环境中展示自己关于知识的无畏精神。这对双人组相信（也知道）他们拥有一种更好的做事方式。所以，他们认为向一家成熟的搜索公司指出它现有的产品很糟糕，这没什么大不了的。这种鲁莽的行为让 Excite 感觉受到了侮辱。毕竟，Excite 是一家由才华横溢的斯坦福计算机科学家创建的公司。"当时，我们有数百名工程师。"贝尔指出。为什么仅仅因为来了两位声称自己更聪明的工程师，公司就应该解雇所有其他的工程师呢？贝尔声称，他找不到理由去激怒公司现有的人才，特别是其中一些人还是公司的创始人。贝尔说："最终，我无法接受佩奇所坚持的文化风险。"

虽然佩奇和布林几乎傲慢到了极点，但他们当然有足够的数据作为支撑。为了微调他们的算法，这对双人组需要大量的真实世界的反馈。从 1997 年开始，他们首先在斯坦福大学的内部网络上提供搜索引擎，然后向公众开放。通过口碑传播，这项服务变得越来越受欢迎，到 1998 年底，该搜索引擎每天提供超过 10 000 次的查询服务。[12] 佩奇和布林监控着服务器日志，并根据其中的数据对他们的系统进行及时调整。他们将这项服务命名为"谷歌"（Google），这是一个基于"Googol"的文字游戏，Googol 的意思是一个"1"后面跟着 100 个"0"。这个名字暗示着他们正在捕获整个网络，捕获现存的所有东西。布林后来说："这个名字反映了我们所做的事情的规模。"[13] 域名 Googol.com 已经被别人申请了，所以域名 Google.com 成了这项公众服务的网址。

这项服务的普及加上蜘蛛和索引所消耗的大量计算资源，意味着谷歌项目正在迅速超出一个简单研究项目的范畴。即使谷歌只是安装在斯坦福大学宿舍的一台机器上的服务，它还是占用了大学的大量带宽资源。斯坦福大学对诞生于校园内的创意采取的难以置信的宽容态度是一如既往的，但其慷慨程度也有一个实际而明显的上限。

　　很明显，如果佩奇和布林想要将谷歌的实践继续下去，那么他们需要更多的资源。更多的计算机、更多的带宽、更多的人来研究算法——这都意味着他们需要的资金超过了一个研究项目的预算，即使是一笔慷慨的预算也无法满足需求。所以这对双人组向另一位斯坦福大学的学业导师戴维·切瑞顿（David Cheriton）求助。切瑞顿将他们介绍给了安迪·贝希托尔斯海姆（Andy Bechtolsheim）。他是一位成功的企业家，创建了太阳微系统公司，也是斯坦福大学的博士生。1998 年下半年的某一天早晨，佩奇和布林在切瑞顿的家里见到了他。贝希托尔斯海姆当场签了一张 10 万美元的支票，接收方是谷歌公司。但这张支票在佩奇的宿舍书桌上放了几个星期，直到谷歌公司于 1998 年 9 月 7 日正式成立。戴维·切瑞顿和其他一些人也加入了，包括网景公司前高管拉姆·施里拉姆（Ram Shriram）和亚马逊的杰夫·贝佐斯，佩奇和布林又筹集了 100 万美元。

　　尽管可能有一些不情愿，但佩奇和布林现在成了真正的创业者。然而，他们并不是互联网时代的很多其他人心目中的那种创业者。他们没有把谷歌的资金花在奢华的发布会或营销活动上，而是在内心一直把自己当作研究生，把他们筹集到的所有资金都投入了他们的项目，以进行持续高效的研究。他们没有购买微软的软件来构建自己的系统，而是使用了免费的 Linux 操作系统。他们没有花费 80 万美元购买 IBM 或甲骨文的设备，而是花了 25 万美元拼凑了一个 88 台计算机的阵列来满足他们的数字运算需求。在斯坦福大学，他们曾乞求、借用，甚至几乎算是窃取了维持谷歌运行所需的计算机资源。现在，他们只需要简单地从著名的硅谷电子商店 Fry's 中购买现成的电脑，并按照自己设计的系统将它们连接在一起。这样做部分是为了省钱，这种习惯在几年后互联网泡沫破裂时帮了他们大忙，但更大一部分原因是佩奇和布林脑海中根深蒂固的蒙特梭利哲学：他们从未遇到过无法通过知识解决的问题。

谷歌没有照搬已经成型的硅谷剧本，因为在某种程度上，他们从未认同过这种剧本。他们没有试图"快速做大"。相反，佩奇和布林几乎一心一意地专注于不断迭代和改进他们的"大创意"，确保它是世界上最全面、最可靠、速度最快的搜索引擎。在最初的几年里，谷歌没有分散精力去做任何其他耽误改进核心产品的事情。在之后的几年里，这种"认为自己可以把所有事情做得更好"的信心，被证明是谷歌的秘密武器。谷歌的搜索引擎不仅持续优于市场上的任何竞争对手，而且缓慢但有效地拉大了它与竞争对手之间的差距。他们的节俭作风在效率上得到了回报。一些观察家估计："谷歌每花一美元获得的计算能力是其竞争对手的 3 倍。"[14]

节俭和效率不仅仅是美德，它们在哲学上和美学上也体现出了谷歌的差异。谷歌的主页非常简洁，只有一个谷歌的标识、一个输入搜索查询内容的文本框、一个执行该查询的搜索按钮和一个显示着"我感到很幸运"的按钮，用户只要点击这个按钮，系统就会自动打开返回的第一个结果。如果你进入搜索结果页面，那么你看到只是一个链接列表，就是这样。没有广告，没有横幅，没有天气资讯，没有股票报价，这一页的其余部分只是大量的空白。在门户网站时代，其他搜索网站都像是分散注意力的汪洋大海，让你无法进入你正在寻找的页面，而谷歌凭借单一的用途和简洁性脱颖而出。其搜索结果页面的内容几乎全是文本，这样，佩奇和布林可以确保他们的搜索页面比竞争对手加载得更快，而且昂贵的处理能力不会浪费在图形的加载上。

随着谷歌的稳步增长，这些做法带来了丰厚的回报。到 1999 年，搜索引擎的使用量每月增加 50%。[15] 年初时，谷歌每天产生 10 万次搜索，到年底时，谷歌的搜索量增长到了平均每天 700 万次。[16] 与雅虎这样的网站的流量相比，谷歌主页的总流量还是微不足道的，但就谷歌而言，它的用户仅仅来源于口碑传播，它没有在营销或促销上花过一分钱。媒体的好评持续让人们对它的服务感兴趣。《纽约客》（New Yorker）称谷歌是"数字化时尚一族的默认搜索引擎"[17]。《时代》的数码版块评论："谷歌与其竞争对手的差异就像激光与钝刀的差异。"[18] 对普通用户来说，他们会互相描述谷歌有多么优秀、多么好用。通常情况下，用户会成为谷歌终身的用户。

1999 年 11 月，《财富》杂志的一篇关于谷歌的早期文章总结了一位新用户的体验。记者戴维·柯克帕特里克（David Kirkpatrick）将该网站描述为"不可思议的魔法"，并分享了这则逸事。在 1999 年美国棒球联盟季后赛期间，柯克帕特里克将"纽约洋基队 1999 年季后赛"分别输入了谷歌和 AltaVista 中。"谷歌搜索结果列表的第一项就直接跳转到了那晚比赛的数据，"柯克帕特里克表示，"而 AltaVista 搜索结果的前两项链接跳转到了 1998 年世界系列赛的信息。"点击了 AltaVista 提供的第三个链接，然后再访问一个额外的链接后，他才找到他最初要寻找的信息。柯克帕特里克的结论为："谷歌真的好用。"[19]

在同一篇文章中，谢尔盖·布林自豪地说道："我们正在建立一种搜索人类知识的方法。"如果谷歌打算管理世界上所有的信息，那么它将需要工业级规模的资源支持。当谷歌需要筹集更多资金时，他们仍然会维持自己特立独行的风格。

尽管市场上已经有了大量的搜索公司，但谷歌还是吸引了风险资本家的注意，他们已经做好了投资这些学术界难民的准备。但是，佩奇和布林一如既往地自信，给别人的印象是他们不需要任何人的帮助或资金。在与潜在投资人见面时，这两人甚至拒绝透露其服务运营方面的一些基本细节。他们这种不配合的态度甚至一度导致一位知名的风险投资人愤怒地冲出他们的办公室。"佩奇和布林缺乏有话好好说的语言体系。"萨拉尔·卡曼加尔（Salar Kamangar）回忆说，他是谷歌的一名早期员工，在谷歌的融资过程中见证了公司含糊其词的常规做法。"他们会直言不讳地对投资人说，'我们不能告诉你'。很多风险投资人会非常沮丧。"[20]事实上，佩奇和布林不想从任何老派的风险投资机构那里融资，他们只想要最好的：凯鹏华盈和红杉资本。他们两人提议，这两家硅谷最优秀的风险投资机构分别获得谷歌同等的股份。在创业公司的一轮融资中，通常有一个"领投"的投资方，而凯鹏华盈和红杉资本都有足够的影响力，它们之前从未屈尊与另一家机构分享这种受人关注的焦点。

但佩奇和布林希望这两家机构在这轮投资中平分秋色，因为这样，他们仍然能够作为创始人持有公司的多数股权，从而保持对自己命运的掌控。他们甚至大胆地发出了最后通牒：双方均给谷歌投资1 250万美元，总共2 500万美元，要么接受，要么放弃。1999年6

月 7 日，这两家风险投资机构接受了这笔交易，凯鹏华盈的约翰·杜尔和红杉资本的迈克·莫里茨加入了谷歌的董事会。这些掏钱的人从佩奇和布林身上得到的唯一让步是，他们承诺在不久的将来聘请一位有经验的人担任公司的首席执行官。

这一轮金额巨大的融资不仅让谷歌在科技世界的地图上牢牢占据了一个位置，而且极大地确保了该公司能够长期生存。在互联网泡沫破裂之前获得这样一大笔钱，再加上佩奇和布林的节俭风格，这意味着谷歌能安全度过即将到来的核冬天。如果谷歌再等一年才启动融资，那么它可能就无法幸存下来了。在硅谷的其他公司即将破产的时候，谷歌却拥有充裕的现金，这使得它能够在互联网公司裁员潮开始时挑选它需要的人才。

就像谷歌在其他公司挥霍无度时保持节俭一样，它在招聘方面也违背了流行的互联网公司惯例。谷歌推迟了市场营销队伍的组建，直到很久以后才启动。在 1999 年和 2000 年，谷歌储备了什么样的员工？超级天才。佩奇和布林招聘了软件工程师、硬件工程师、网络工程师、数学家，甚至神经外科医生。就像他们对待公司的其他方面一样，佩奇和布林在人员方面也只想要最好的，他们想要博士和科学家。谷歌在招聘方面臭名昭著，涉及其面试和筛选潜在员工的严格方式以及其严谨的选择标准。多年来，每一位新员工都由佩奇和布林亲自审查，他们希望候选人能达到自己的智力标准。"我们招聘的都是与我们类似的人。"佩奇说。[21]

谷歌能够吸引人才，是因为它在硅谷非常受欢迎。这是一家互联网公司，通过其创始人聪明的独立思考解决了一个公认的问题，这给谷歌带来了一个声誉光环。谷歌最终的使命被正式确定为"管理全世界的信息，使之可以被普遍获取并发挥作用"，佩奇和布林对谷歌使命越发大胆的公开阐述进一步增强了谷歌光环的效应。尽管有很多互联网公司声称想要通过在线销售狗粮的方式来改变世界，但谷歌才是一家在最宽泛的意义上真正具有革命性的公司。谢尔盖·布林说："总的来说，我认为谷歌是用全世界的知识来增强你的大脑的一种方式。"[22] 这种看法有助于谷歌将自己定位为一家反互联网泡沫的初创公司。浮华、炒作及无节制的作风都过时了，节俭、努力工作和认真投入的做法开始流行。当谷歌提出其著名的座右铭（"不要作恶"）时，科技界的每个人都读懂了它的言外之意，认为它在宣称自己是反微软的。

谷歌确实从它的互联网同行们那里学到了一些习惯，但是根据典型的佩奇和布林的方式做了一定的调整。在谷歌搬到它第一个真正专业的办公场所——山景城的一个办公园区，后来被称为"谷歌办公大楼"——的时候，一套为谷歌员工提供福利的系统已经就位，但这一切都是为了提高生产力而构建的。自助餐厅的食物总是免费的，配有一个内部的美食厨师；公司内部有班车按照硅谷周边的线路接送员工上下班；会有按摩师在办公区游荡；有免费健身课程、健身房以及其他各种福利。但是，这些额外福利都是为了保持员工的积极性和生产力。免费自助餐厅使谷歌员工不必在中午离开办公室，就可以轻松回去工作；卫生间的隔间里有智力游戏和编码技巧，能够帮助员工保持技术的敏锐性；班车上有无线网络，所以员工在往返谷歌办公大楼的路上也可以很有效率。健康、头脑清醒的员工在编程时可以做得更好，或者有更好的想法。

所有这些使得技术人才在互联网泡沫破裂时加入谷歌这家科技

公司成了一种正确的选择。你如果被谷歌录用，不仅会引起同龄人的嫉妒（因为他们觉得你在科技领域做着最有趣的工作），还意味着你是最优秀、最聪明的人之一。在20世纪90年代末，任何人都可能加入一家互联网公司。但并不是每个人——即使是最聪明的人——都能得到谷歌的青睐。当互联网泡沫破裂时，它似乎是唯一一家仍在持续招聘的公司，20世纪90年代的梦想在谷歌办公大楼里依然存在。

※

谷歌一直沉迷于它的日志，即用户通过数以亿计的搜索提供的大量数据。谷歌的工程师利用这些数据来改进算法，但由于公司致力于"管理全世界的信息"，所以他们对搜索行为如何实时揭示世界正在关注的事情非常着迷。最终，"谷歌趋势"（Google Trends）和"谷歌时代精神"（Google Zeitgeist）这样的产品使得我们所有人能够窥视这个星球的集体潜意识，暴露出人们长期痴迷于"性"或"色情"这类东西，也暴露出人们频繁搜索"帕丽斯·希尔顿"或"贾斯汀·比伯"这样的名人。2000年的热门搜索词是"MP3"。这是因为，一个刚刚进入大学一年级的少年构思出了一个程序，可以像谷歌的算法一样彻底地打开互联网。

肖恩·范宁（Shawn Fanning）是真正的最早的网络一代，他在1980年11月22日出生于马萨诸塞州布罗克顿郊区的一个工人阶级社区。与他这个年龄的大多数人相比，范宁更早地成了一位线上聊天的重度用户，尤其沉迷于在线聊天系统 Internet Reley Chat，简称 IRC。肖恩·范宁正是通过 IRC 融入了青少年黑客的群体。

1997 年或 1998 年的某个时候，范宁被邀请加入名为 woowoo 的个人 IRC 频道，这是一个同名黑客组织的主要线上聚会场所。woowoo 的成员后来陆续参与了从 WhatsApp 到 Arbor Networks 等数十家科技公司的创立，但在当时，他们只是一群交流黑客技术的年轻人。[23] 范宁的登录用户名是"napster"，他在该频道中交换程序和编程建议，试图用自己搜集的漏洞和程序在其他黑客那里留下深刻印象。

1998 年秋天，范宁进入波士顿的东北大学读书，他发现自己的新室友和同学们都痴迷于寻找和交换被称为 MP3 的音乐文件。但是，寻找这些文件是一个复杂的过程，需要搜索 FTP 网站、新闻组以及其他在线存储地址。用户之间也没有一种真正轻松的方法来交换这些文件。因此，1998 年底，肖恩·范宁在 woowoo 上向他的黑客同伴宣布，他正在开发一个程序，可以轻松找到并交换 MP3 文件。

※

从网络最早出现的时候起，人们就梦想着把它变成音乐的媒介。早在 1993 年，加利福尼亚大学圣克鲁兹分校的两名学生就推出了一个名为"互联网地下音乐档案"（Internet Underground Music Archive）的网站，艺术家和音乐家可以上传和分发数字化的录音，供他人下载和收听。事实证明这个网站很受欢迎，但对大多数用户来说，它很难使用，因为音乐文件对当时拨号上网的带宽来说太大了，下载一首歌可能需要半天的时间。20 世纪 90 年代中期，在人们推出了一种新格式的音乐文件之后，这种状况发生了变化。

ISO-MPEG 音频层 3，或称 MP3，是由德国弗劳恩霍夫应用研究发展协会（Fraunhofer Society for the Advancement of Applied Research）

开发的，它使用音频和文件压缩来创建小得多的音乐文件，但在音质方面没有牺牲太多。

事实证明，人类的听觉系统并不像麦克风那样能够采集特定环境中的所有频率。我们"听到"的并不是真实的、准确的表达，而是那些在几千年的进化过程中被大脑确定为"最重要"的声音。通过剔除声音文件中不必要的（因为人类根本听不到）噪声，音乐文件可以被做得更小。大多数音乐很容易被压缩，听众完全听不出区别。"这就是一个本科生级别的项目。"被称为"MP3 之父"的弗劳恩霍夫研究员卡尔海因茨·勃兰登堡（Karlheinz Brandenburg）说。[24] 但是，人类的声音要复杂得多。事实证明，掌握人类歌唱的细微差别的关键是一段模糊的无伴奏合唱录音，这是一段 20 世纪 80 年代苏珊·薇格（Suzanne Vega）演唱的《汤姆的晚餐》（Tom's Diner）。勃兰登堡反复收听"我早上 / 坐在 / 餐馆的 / 拐角处……"，最后成功地调整了 MP3 的压缩算法。在他实现压缩之前，他也许听了 10 000 次。勃兰登堡说："我要让这个算法达到一种水平，能够非常完美或近乎完美地呈现各种内容，那就是我的工作。"[25]

最终得到的文件体积足够小，这使得 MP3 技术在低带宽时代能够发挥作用，但它进一步受益于同时发生的另一次技术飞跃：计算机存储的爆炸性发展。网络诞生于一个计算机硬盘仍然以 MB（兆字节），为衡量单位的时代。第一个以 GB（千兆字节）为单位的硬盘直到 20 世纪 90 年代中期才开始商业化[26]，到 1999 年，CNN 大肆宣传 5GB 甚至 10GB 硬盘的到来[27]。如今，即使对智能手机来说，这样的存储容量看起来也小得可怜，但在 20 世纪 90 年代末，这是一个巨大的存储容量，不仅足以存储无数首歌曲，还足以存储值得做成

MP3 的所有专辑。

媒体有了，存储有了，同样偶然的是，播放媒体的技术也出现了。1997 年，一个名叫贾斯汀·弗兰克尔（Justin Frankel）的 19 岁大学辍学生发布了一款名叫 Winamp 的软件程序，让用户在电脑上轻松管理和播放 MP3。有超过 2 500 万名热情的 MP3 爱好者下载了 Winamp，Winamp 的母公司 Nullsoft 是弗兰克尔与互联网地下音乐档案网站的罗布·洛德（Rob Lordy）一起创立的，美国在线于 1999 年以大约 1 亿美元的价格收购了这家公司。[28]

在某种程度上，肖恩·范宁是在试图解决这个难题的最后一部分：MP3 搜索引擎。由于大多数 MP3 都存放在个人用户的电脑里，所以用户需要找到一种方法来搜索其他人的硬盘，而不是公共网页。这样，如果你想找到一首特定的歌曲，那么你可以简单地找出谁的电脑里有这首歌，然后直接从他那里获取。你也可以将自己硬盘上的歌曲分享出去，从而让这种循环持续下去。范宁的 MP3 搜索程序将以最纯粹的形式建立网络，这是一种字面上的点对点交换。

范宁后来说："这种人与人分享媒体的方式似乎可以用来分享任何东西。这种分享媒体的整体模式似乎比购买专辑要好，它基本上可以使用户接触到整个世界录制的音乐……无论从哪个方面来看，这似乎都是一种更好的系统。"[29]

※

在短短的几周之内，范宁编写了一个粗略版本的程序，并以他的网名 Napster 命名。按照惯例，他向 woowoo 的其他黑客寻求建议。在其他开始参与该项目的 woowoo 用户中，有一位年龄略大、更见多识广的程序员，名叫乔丹·里特（Jordan Ritter，他的网名是 nocarrier），还有一位不太懂技术但更为雄心勃勃的 woowoo 用户，名叫肖恩·帕克（Sean Parker，他的网名是 nob）。里特最终接管了 Napster 系统复杂的后端，开发了复杂的服务器连接、搜索算法和网络细节，让用户能够搜索到彼此的计算机，并直接下载 MP3。那么帕克的贡献是什么呢？肖恩·帕克想把 Napster 变成一家公司。

尽管 Napster 后来树立了民粹主义的形象，但它从一开始就被视为一家公司。媒体报道了 Napster 现象，将其定义为某种不知从哪里冒出来的草根运动（这主要是因为 Napster 公司后来将这个形象灌输给了媒体）。但事实上，早在 Napster 拥有数百万名用户之前——甚至在它拥有数万名用户之前——将它变成一家 10 亿美元级别的公司的想法就已经出现了。这种预期部分是由 Napster 所处的时代决定的——它在 1998—1999 年被开发出来，此时正是互联网狂热的高潮时期——同时也是因为 Napster 的创意精彩绝伦，这对每个参与者来说都是显而易见的，这是一种全新的媒体传播方式。想象一下人们能够搜索并立即找到任何现存歌曲的快乐感，再想象一下人们能够下载并立即播放这些歌曲的即时满足感。哦，顺便说一句，所有这些歌曲是 100% 免费的，因为你并不是从唱片店里购买的，而是从其他匿名的互联网用户那里获得的。

在脱离 woowoo 频道的友好氛围后不久，Napster 开始从投资人那里筹集资金。这要归功于少年老成的帕克，他承担了为这个项目融资的责任。通过一连串的人脉关系，在 1999 年美国劳工节那天，Napster 终于从美国加州的一位天使投资人那里获得了 25 万美元的投资。1999 年秋天，肖恩·范宁、肖恩·帕克、乔丹·里特和 woowoo

的另一位常客阿里·艾达尔（Ali Aydar，他的网名是 mars）来到了加州，把 Napster 变成了一家真正的初创公司。

在 2000 年互联网泡沫破裂时，Napster 就像一颗超新星，在科技、媒体和文化领域爆炸了。每个人都在 Napster 的技术中看到其大满贯级别的创意得到了惊人的验证。到 2000 年春天，在推出不到一年的时间里，Napster 就拥有了超过 1 000 万名用户。[30] 到 2000 年底，Napster 声称其用户数超过了强大的美国在线：大约 4 000 万。Napster 并没有花费十几年时间、几十亿美元才实现这个成绩，它只拥有几个刚刚过了青春期的年轻黑客和价值约 40 万美元的硬件。[31]

Napster 的成功归功于所有拥有 GB 级硬盘和宽带宿舍互联网连接的大学生。到 2000 年大学的春季学期，大约有 73% 的大学生会定期使用 Napster。[32] 在一些校园里，Napster 消耗了近 85% 的可用带宽。[33] 当各种学校开始实施 Napster 禁令时，学生们差点儿闹事。在很长一段时间里，Napster 作为有史以来发展最快的服务被列入了《吉尼斯世界纪录》。[34] 在其早期开发阶段，Napster 的用户数量每天增长 35%。[35]

然而，尽管 Napster 是一颗超新星，但它也是互联网时代时运不济的一家初创公司。即使将近 20 年过去了，我们还是很难想象 Napster 怎么会获得成功，更不用说这家公司还因自身原因受到了伤害。

管理者施行了一系列的管理制度，试图将 Napster 打造成一家真正的公司，但正如乔丹·里特在谈到 Napster 能够引入的领导能力时所说的那样："你可能会认为，世界上增长最快的互联网初创公司会吸引最优秀的人才。但事实并非如此，它吸引了最差的人。"[36] Napster 也没能吸引最好的投资人。与几乎在同一时间启动融资的谷歌不同，

Napster 从未与凯鹏华盈这样的蓝筹风险投资机构达成交易（尽管凯鹏华盈在放弃交易之前仔细审视了一番）。

事实证明，Napster 最大的问题在于它实际做的事情：帮助用户免费交换受版权保护的歌曲。它使人们可以使用盗版音乐。这很难说不是非法的，至少在某种程度上是非法的，这也是吓退蓝筹投资人和知名管理团队的原因。Napster 可以激烈地争辩说，它只是一个中间方，提供了一项帮助用户连接的技术，在某些方面与美国在线这样的互联网服务提供商或雅虎这样的网络服务商没有什么不同。人们可以——而且确实——一直在美国在线上交换受版权保护的资料，没有人认为美国在线是非法的。直到今天，像乔丹·里特这样的内部人士仍然认为 Napster 有一个合理的法律漏洞。[37] 在计算机互联网时代，将用户用技术做的事情归咎于技术本身有什么意义呢？自从光盘问世以来，音乐只不过是一堆"0"和"1"的组合，是一些计算机代码。如果你购买了一张实体音乐专辑，那么你在任何时候都可以把它送给你的朋友，或者用它做一盘混音带。现在，你可以用数字化的方式做同样的事情，你可以把你所有的音乐收藏存储在硬盘上，而不是书架上，怎么突然之间，按照自己的想法处理自己的音乐就不被允许了呢？

尽管如此，从法律角度来看，Napster 的网络上发生的事情是全新的，没有先例可循。大家都知道它被告上法庭只是时间问题。果然，1999 年 12 月 6 日，美国唱片行业协会（Recording Industry Association of America）在旧金山的美国地方法院对 Napster 提起了诉讼。此时的 Napster 还不到 6 个月大。

随之而来的诉讼和媒体宣传帮助 Napster 创造了轰动效应。这几乎是史翠珊效应（Streisand Effect）的一个教科书般的例子：这种（正如维基百科所描述的）试图隐藏、删除或审查一条信息的做法会产生意想不到的后果，导致这条信息被更为广泛地公开。在遭到诉讼之前，Napster 可能有 5 万名用户；在被告上法庭一个月后，这个数字达到了 15 万。[38] 到 2000 年夏天，这个数字达到了 2 000 多万。[39] Napster 现象这种看似有机的冲动突然激励了数百万名普通人避开版权法和社会惯例，开始自由地交换音乐——主要是围绕 Napster 的法律斗争的宣传给他们带来了启发。

Napster 竭尽全力大肆宣传，同时把自己塑造成被一些贪婪的大企业殴打的小家伙、遭受过时的旧媒体威胁的尖端技术公司，以及只想以自己想要的方式消费音乐的普通用户的拥护者。当美国唱片行业协会向大学施压，要求学校阻止 Napster 进入校园网络时，Napster 悄悄地鼓励校园进行抗议。正如后来在诉讼过程中出现的证据，Napster 甚至付钱给一些音乐家，鼓励他们公开支持这项服务，称赞 Napster 是贪婪的唱片行业的陪衬。当态度强硬的反 Napster 乐队 Metallica 出现在 Napster 的办公室里，并出具了一份 30 多万名 Napster 用户的名单，声称他们在网上盗版该乐队的歌曲时，Napster 当天组织了一个"自发"的反抗议活动，以确保该事件成为头版头条。"去你的，拉尔斯，这也是我们的音乐！"当该乐队的拉尔斯·乌尔里希（Lars Ulrich）提交这份用户名列表时，抗议者对他大喊大叫。[40]

Napster 在宣传时还采用了一个老套的策略，说自己是一家由一群只想改变世界的孩子创立的年轻公司。肖恩·范宁和肖恩·帕克经常出现在音乐电视和其他电视节目中。Napster 登上了《滚石》和《时代》杂志的封面。在 2000 年的音乐电视音乐录影带大奖的颁奖典礼上，肖恩·范宁介绍了布兰妮·斯皮尔斯（Britney Spears），并公开与著名艺术家比利·科根（Billy Corgan）和科特妮·洛芙（Courtney Love）等人亲密接触。范宁甚至和 Metallica 乐队的乌尔里希一起在国会做证。

然而，最终的情况是，Napster 的用户在盗用受版权保护的歌曲，这是 Napster 无法否认的简单事实。Napster 聘请了刚刚战胜微软的律师戴维·博伊斯，他辩称 Napster 对其用户的行为没有任何控制权，其服务器没有接触任何受版权保护的内容，更不用说存储了，与电话公司先允许用户接入 Napster 相比，Napster 对用户因其技术犯下的罪行不必承担更多的责任。但这些都不重要了，因为法庭裁定 Napster 知道一切——它知道用户在做什么，而他们所做的事情让这个世界产生了巨大的变化。

在该案件的审理过程中，Napster 最终被其内部文件搞垮了。在肖恩·范宁和肖恩·帕克（他名义上是 Napster 早期的战略规划者）之间的一次重要的电子邮件交流中，帕克指出 Napster 需要保护用户的匿名性："用户将会明白，通过提供与自己的品位相关的信息，他们可以改善自己的使用体验，而他们提供的信息不会与可能涉及他们安危的姓名、地址或其他敏感数据关联起来（尤其是因为他们正在交换盗版音乐）。"[41] 我在这里要强调的是最后一句话，在审判过程中，美国唱片行业协会强调的也是这一点。在对 Napster 的初审判决中，法官玛丽莲·霍尔·帕特尔（Marilyn Hall Patel）裁定，证据"压倒性地证明了被告实际上知晓，或至少主观上了解"用户正在使用 Napster 盗用受版权保护的音乐。[42] 在上诉过程中，Napster 看到了一点儿希望，但最终裁决称，该公司要么建立一套系统来屏蔽其网络上受版权保护的内容，要么必须关闭整个网络。范宁和 Napster 的工程师们勇敢地尝试用算法来实现这一点，他们成功地屏蔽了 98%~99%的违规内容。但是法官对此并不满意，除非屏蔽的比例达到 100%，而 Napster 从来没有完全做到这一点。在用尽了法律框架中的所有做法后，Napster 于 2002 年 5 月 14 日申请了破产，解雇了所有的 70 名员工，包括肖恩·范宁——他一直陪伴着自己的成果，直到痛苦结局的到来（乔丹·里特于 2000 年 10 月离开了，而肖恩·帕克在他那封该死的电子邮件曝光之后就被悄悄地赶走了）。[43]

Napster 最终失败也许是因为它对技术的信仰过于天真。Napster 知道用户使用它的技术主要是为了获取盗版音乐吗？"是的，我们知道。"Napster 的工程师阿里·艾达尔几年之后说，"但是我们也知道，这个叫作'互联网'的东西是存在的，它是全新的。随着互联网的发展，有些事情开始出现，有些事情必然发生改变，世界运行的方式必然发生改变。"[44]公司当时的构想是，如果大多数购买音乐的公众能够转向这种消费音乐的新方式——下载音乐，将歌曲存储在硬盘上，然后轻松获得世界上所有的歌曲——那么它就可以与唱片公司达成协议，大意就是："嘿，你所有的客户现在都在我们的平台上。我们可以用一种互惠互利的方式帮助你触达他们。"在帕克起草的内部战略文件中，这一点得到了明确阐述："我们利用现有的方法吸引用户，扩大用户基数，然后利用这种用户基础，加上先进的技术，对唱片公司施加影响并与之达成交易。"[45]

唱片公司肯定会看到，数字发行是更有效率的。人们会发现，通过创建一个中心平台，Napster 可以帮助用户发现新的艺术家，并推广现有的艺术家。回想起来，即使是在音乐行业内部，也有不少人想象着，如果音乐公司与 Napster 合作并认可这种不可避免的技术，那么世界会变得非常不同。从林肯公园乐队（Linkin Park）、曼迪·摩尔（Mandy Moore）到艾斯·库伯（Ice Cube），这些早期音乐艺术家中的一位代表杰夫·夸廷茨（Jeff Kwatinetz）说："大约有 3 000 多万个音乐迷使用网络。当时，每月支付 15 美元就能享受所有你想听到的音乐，这个想法很吸引人。研究表明，大多数用户都会付钱。"[46] Napster 原本可以成为所有音乐的门户网站，一个音乐版的雅虎，一个音乐版的谷歌，甚至一个音乐版的脸书。

鉴于音乐行业一直被公认为是世界上最残酷好斗的行业之一，也许 Napster 最大的失误是试图对唱片公司施加影响并达成交易。当然，我们可以用"敲诈"这个不太礼貌的词来替代"施加影响"。音乐行业在其出现后的大部分时间里，都与暴民有关联。Naspter 挑选了错误的对手。音乐行业对交易从来都不感兴趣，只对将 Napster 起诉至死感兴趣。

在赢得起诉 Napster 的胜利之后，美国唱片行业协会再接再厉，试图起诉其他一些已经不复存在的数字技术，甚至最终起诉音乐消费者——事实上，是成千上万名消费者。当然，所有这些行为并没有阻止文件共享技术的进步。在 Napster 之后，首先出现的是 Gnutella，创始人是开发了 Winamp 的贾斯汀·弗兰克尔。Gnutella 催生了下一代文件共享网络的整个生态系统，如 LimeWire、BearShare、Morpheus 等。2003 年，一位 25 岁的程序员布拉姆·科恩（Bram Cohen）发布了 BitTorrent 协议，将文件共享引入了电影、电视节目和视频游戏等新领域。

如果 Napster 曾经天真地以为自己能与唱片公司达成协议，那么唱片公司肯定也曾天真地以为，摧毁 Napster 将会以某种方式消除数字技术的威胁。但是，正如人们不断讨论并广泛了解的那样，音乐产业已经陷入了一种经典的创新者困境，它维系着一种利润丰厚的商业模式，即使面对新技术带来的生存威胁，也不愿意放弃。每个人都知道，在 20 世纪八九十年代，在光盘的背后，音乐产业肮脏的钱已经多到发臭了。在说服所有人以数字形式回购唱片收藏后，音乐产业的唱片销量从 1983 年的 80 万上涨到了 1990 年的 2.88 亿，以及 2000 年的近 10 亿。[47] 与大多数数字技术不同（这些技术的价格几乎总是随着时间的推移而下降），普通光盘的价格似乎每年都可以上涨一点点，到 21 世纪初，每张光盘的价格接近 20 美元。

但即使是这种分析——唱片公司拥有光盘这棵摇钱树——也没有完全解释 Napster 发起的革命背后的真相。网络已经从根本上改变了消费者的行为，Napster 是第一个信号。今天，在我们生活的世界里，消费者期待而且要求无限选择和即时满足。亚马逊首先引入了无限选择的概念，现在，Napster 正在训练整整一代要求即时满足的人。肖恩·范宁从一开始就是对的：数字化确实是一种传播音乐的更好的方式。电脑（至少是由电脑演化成的小设备）将会成为非常好的音乐消费机器。

广告可能是网络颠覆的第一个行业，但广告行业适应了这种变化，随着我们的注意力和关注点转移到网上，它很快就跟上了。相比之下，尽管音乐消费者的习惯和偏好发生了改变，但唱片公司拒绝让步。音乐产业的问题从来都不是盗版（至少不全是），而是拒绝适应消费者所期望的革新。正是这种既得利益者的顽固心态，在互联网时代从根本上真正限制了唱片公司、电视公司、电影公司等。

无限的选择、即时的满足、任意的设备。当涉及媒体的数字化颠覆时，免费或盗版内容几乎从来都不是核心问题。关键在于在人们希望的时间，按他们想要的方式给予他们想要的东西。Napster 似乎凭着直觉理解了这一点，尽管它在践行这个想法时做得比较拙劣。在早期的采访中，肖恩·范宁和肖恩·帕克被带到媒体面前，解释Napster 想要做什么，肖恩·帕克说了一些人们现在回想起来完全准确的话："音乐将无处不在。我们相信，你能在手机上获得它，在立体声音响中获得它，在未来的任何设备中获得它。还有，我认为人们愿意为便利支付费用。"[48] 互联网、网站和谷歌已经让信息无处不在了，而 Napster 是第一家证明媒体在未来也会无处不在的公司。

※

所有人都倾向于将 Napster 受到的审判视为现代科技与传统媒体的历史转折点。大约在同一时间，还有一项审判对我们最终在数字时代消费媒体的方式产生了更大的影响。1998 年 9 月，一家名为钻石多媒体（Diamond Multimedia）的小公司发布了最早的便携式MP3 播放器之一——Rio PMP300。PMP300 只有 32MB 的存储空间，所以如果要维持不错的音质，那么它就只能存储大约 30 分钟的音乐——这相当于大约半张专辑；如果你不介意把所有内容压缩到你只能勉强忍受的音质水平，那么你也可以存储一整张专辑和几首额外的歌曲。[49] 大约在起诉 Napster 的一年之前，美国唱片行业协会起诉了钻石多媒体公司。在听说 Napster 之前，唱片行业就不想让 MP3 这项技术流行起来。当 Napster 最终被击败时，美国唱片行业协会却输掉了钻石多媒体案。Rio PMP300 后来成了第一款在商业上获得成功的便携式 MP3 播放器。

　　正如斯蒂芬·威特（Stephen Witt）在其著作《如何免费获得音乐：一个痴迷与发明的故事》中所指出的，从历史的角度来看，音乐行业赢得了一场错误的诉讼。[50]

第十二章
媒体乌托邦

iPod、iTunes 和网飞

在 20 世纪末、21 世纪初，苹果公司距离成为今天这样的科技巨头还有很长一段距离。事实上，在苹果公司最初的联合创始人史蒂夫·乔布斯回到公司时，它已经濒临破产了。因为苹果公司当时的主要产品是个人电脑，而这个市场过于小众，所以苹果公司在互联网时代的第一阶段并没有扮演什么重要的角色。20 世纪 90 年代末，苹果公司在美国计算机市场中的份额下降到了 3% 以下。[1] 互联网世界是一个由 Windows 统治的世界，所以互联网玩家根本就没有给予苹果公司太多的关注。

如今，乔布斯重返苹果公司之后发生的事情已成为传奇。他无情地砍掉了无关项目，精简了公司的产品线；他聘请了一位名叫蒂姆·库克的年轻高管，负责将苹果的供应链和制造流程打造得令科技界羡慕；他还认可了当时默默无闻的工业设计师乔纳森·伊夫（Jonathan Ive），使其设计出了有创意且做工精美的电脑——与戴尔和康柏等公司生产的暗米色盒子相比，苹果的电脑迅速脱颖而出。改变苹果公司命运的产品是苹果电脑 iMac，这是伊夫设计的一款半透明彩色电脑，于 1998 年面市，并成为苹果公司之后 10 年内最受欢迎的产品。iMac 中的"i"意在暗示这是一种创新的（innovative）、个性化的（individualized）设备——这呼应了个人电脑的"个人"特性。同时，"i"也意味着互联网（Internet）。[2] 在 Windows 几乎完全占据主导地位的时代，乔布斯和苹果公司突然产生了灵感，要将苹果电脑重新包装成专为互联网时代设计的机器。

乔布斯希望苹果电脑能成为即将到来的媒体乌托邦的"数字中枢"，它将包括一些当时新颖的小玩意儿，如 DVD（数字光盘）播放机、数码相机、数码摄像机、个人数字助理等。苹果电脑将是中央机器，管理并控制其他所有的小设备。为此，苹果公司开始发布一整套苹果生产的（且苹果专用的）软件应用程序，以使其数字中枢的作用成为现实，它开发了 iDVD、iPhoto、iWeb 和 GarageBand。

得益于 Napster 的出现，数字音乐风靡一时。数字中枢战略的下一个合乎逻辑的步骤是为数字音乐和 MP3 文件创造一个杀手级应用。两位苹果前工程师开发了一款针对 MP3 的更受欢迎的应用，是与 Winamp 类似的一款名为 SoundJam 的数字点唱机。2000 年 3 月，苹果收购了 SoundJam，并将其转化成了一款名为 iTunes 的应用程序，该应用程序于 2001 年 1 月 9 日在"苹果产品大会"（Macworld Trede Conference）上发布了，并成了苹果电脑这个数字中枢的旗舰产品。[3] 结合苹果公司在电脑中推出的新的光盘刻录机，它鼓励用户进行"转录、混音、刻录"。换句话说，你可以将自己收藏的光盘内容进行数字化，创建播放列表，并对歌曲进行混音，就像你在 Winamp 等程序中所做的那样，然后将你选择的音乐刻录成光盘。

凭着直觉，史蒂夫·乔布斯认为音乐是数字中枢战略车轮上的关键辐条。但是，车轮的外边缘是中枢应该管理的各种设备。史蒂夫·乔布斯环顾了各种音乐数字设备，当他看到钻石多媒体等公司生产的 MP3 播放器时，用他自己的话说，他觉得这些设备"真的很糟糕"。[4]

第一款面向广大消费者的 MP3 播放器是由韩国的一家名为赛罕信息系统（Saehan Information Systems）的公司于 1997 年发布的 MPMan。[5] 最早的播放器由赛罕公司和钻石多媒体公司等规模较小的公司开发，因为 MP3 的法律地位值得怀疑。在美国唱片行业协会输掉与钻石多媒体公司的官司之后，一系列公司纷纷推出自己的设备。市场因此变得支离破碎，这也是导致早期 MP3 播放器质量很差的主要原因。规模较小的公司在硬件或软件设计方面缺乏足够的经验。将音乐存放到设备上并对音乐文件进行管理，这些都是很困难的事情，而且这些设备可以存放的歌曲数量也不是很多。

苹果公司有利的一点在于，它在用户界面设计方面是全世界顶尖的。

但是，苹果公司并不是一家真正属于电子产品行业的公司，它属于计算机行业。

想想看，如果 MP3 播放器变成微型的、用途单一的便携式电脑，那会是什么样子？

2000 年底，一位名叫乔恩·鲁宾斯坦（Jon Rubinstein）的苹果公司高管去日本例行访问，拜访电子设备供应商东芝。在与东芝工程师的会面中，对方告诉他，东芝已经开发出了一种全新的、非常小的 1.8 英寸的硬盘，可以存储多达 5GB 的数据。东芝不确定这种硬盘可以用来做什么。很显然，它可以用于笔记本电脑，或者用于数码相机。鲁宾斯坦非常清楚它可以用在哪里。东芝的硬盘只有一美元硬币那么大，但能够存储大约 1 000 个 MP3 文件。如果苹果公司将这款硬盘与它优雅的硬件和软件设计能力相结合，那么它就可以设计出一款 MP3 播放器，将其他玩家直接清扫出局。乔布斯授权鲁宾斯坦购买他能拿到手的所有 1.8 英寸的硬盘。

这个设备最终被称为 iPod，是周期不足一年的一个紧急开发项目的成果。与鲁宾斯坦一起领导 iPod 开发团队的是托尼·法德尔（Tony Fadell），他是一位小工具专家，以前在飞利浦电子公司工作。在乔布斯广为人知的严格指导下，苹果公司确实为这个项目带来了独特的设计魔力。2001 年 4 月，iPod 团队亲自向乔布斯展示了他们的原型产品。法德尔加入苹果公司的时间不长，一些资深高管曾警告他说，乔布斯往往会拒绝一些早期的创意，不管这些创意是否有价值。因此，法德尔首先提出了一些其他的创意概念，将他最喜欢的产品原型保留到了演讲结束之前展示：一个香烟盒大小的矩形装置——小到可以装进裤子口袋。苹果公司的另一位高管菲尔·席勒（Phil Schiller）展示了 iPod 用户界面的主要创新。从大量的备选音乐中挑选自己想要听的音乐，可能会很乏味。"你不能不停地按一个按钮几百次。"席勒说。[6] iPod 设置了一个转盘，用户可以转动转盘，快速查看音乐列表。

"就是它了！"乔布斯喊道。[7]

在随后的会议中，乔纳森·伊夫为该设备的标志性美学做出了贡献。"在我们最早构思这个产品的时候，我们就把它设想为一种不锈钢的白色，"伊夫后来说，"就是这样一种极致的简单。这并不是一种常见的颜色，通常被视为一种素净色—— 一种明确的、极致的素净色。"[8] 耳机甚至也是白色的。准确地说，耳机不完全是白色，因为史蒂夫·乔布斯讨厌纯白色。因此，耳机从技术上来说是一种叫作"月亮灰"的灰色。这种颜色非常淡，看起来就像是白色。[9]

乔布斯后来还记得，iPod 的发展是一系列机缘巧合的结果。"我们突然面面相觑，说'这会很酷的'，"乔布斯告诉他的传记作者沃尔特·艾萨克森，"我们知道这会有多酷，因为我们每个人都很渴望得到一个这样的产品。"[10] 这款设备立刻成了苹果公司的一个起点——它开始向消费电子领域进军——也是数字中枢战略最纯粹的体现。结合 iTunes 应用程序，用户可以完全掌控他们收藏的数字音乐。

史蒂夫·乔布斯于 2001 年 10 月 23 日发布了 iPod。他以演出主持人的风格气质，强调了该设备的巨大容量（你可以随身携带自己的整个音乐库），以及它的极度便携性（我的口袋里正好有一个）。[11] 399 美元的价格有点儿偏高，并且该产品只面向苹果电脑的用户销售。尽管如此，苹果公司在 iPod 面市的第一季度就实现了 15 万的销量。[12] 用户现在可以使用苹果精心设计的 iTunes 软件来管理他们的音乐，并在苹果漂亮的 iPod 上享受他们的音乐。但这个流程仍缺失了一个环节：你如何获得 MP3 文件来填满你的 iPod 和 iTunes 音乐库？好吧，你可以翻录你现在收藏的光盘，或者从共享网站中下载音乐，因为唱片公司目前还不接受 MP3 格式。

Napster 及随之而来的技术洪流并没有立刻影响音乐产业。2000 年上半年，美国唱片行业协会正忙于封杀 Napster，而音乐的销售额实际上增长了 8%。[13] 但是第二年，文件共享造成的影响显现了。2001 年，全球销毁的光盘数量与零售店销售的光盘数量旗鼓相当。当消费者可以转录、混音和销毁自己的光盘时，他们不再需要购买预先录制的光盘。到 2003 年，据估计，每月有 20 亿首歌曲被交换，仅美国就有超过 5 700 万人在分享音乐文件。[14]

2002 年，音乐行业的收入为 129 亿美元，比 1999 年 146 亿美元的峰值下降了 13.7%。[15] 音乐行业的参与者越来越绝望，不断寻找任何可以止血的解决方案。他们曾试图推出自己的在线音乐下载网站（当然，他们使用了严格的数字版权管理软件来防止非法拷贝与扩散），但是这些举措几乎没有引起公众的兴趣，并且在行业的内讧和竞争策略的重压下崩溃了。

史蒂夫·乔布斯也介入了这场危机。借助 iTunes 和 iPod，苹果公司打造了一种端到端的软件和硬件体验，它不仅越来越受用户欢迎，而且进行了精心的管理。只要一个商业元素，它就可以实现一个完全数字化的音乐生态系统。很明显，这是用户想要的。如果唱片公司因为害怕盗版和文件共享而不敢拥抱数字化的未来，那么苹果公司愿意来解决这个问题。在乔布斯的指示下，苹果公司的工程师创建了一个名为公平游戏（FairPlay）的数字版权管理系统（DRM），该系统严格限制了可以播放音乐文件的设备。乔布斯这样做并不是因为喜欢版权保护计划（他实际上并不喜欢，他觉得数字版权管理毫无必要地将用户体验复杂化了），而是因为他知道，这是让音乐公司的高管们坐到谈判桌前的一种方式。

2002 年初，乔布斯向五大唱片公司的高管们提议创建一家 iTunes 商店。如果唱片公司授权他将它们的音乐作品以数字化下载的方式出售，那么苹果公司将确保用户能够在苹果端到端的生态系统中，以一种可控的方式——更重要的是，以一种合法的方式——享受它们的音乐。但唱片公司的高管仍然犹豫不决。乔布斯坚持认为，他们应该从 Napster 事件中学到重要的一课：消费者想要无限的选择和选择的自由。人们用来填满他们硬盘的（现在是 iPod）是他们最喜欢的歌曲，而不一定是他们最喜欢的专辑。乔布斯想在 iTunes 商店里销售单独的歌曲，而这是唱片公司不能忍受的，因为它们仍然坚持以实体专辑的形态进行销售。

乔布斯坚信，要对抗免费的诱惑，易用性和客户选择是关键。确切地说，要让人们能够非常简单地得到他们想要的东西，同时让盗版看起来就像是一个麻烦。当然，如果人们愿意，他们可以在 iTunes 商店购买专辑，但是考虑到数字发行所节省的成本，专辑的定价要更为合理。iTunes 商店的部分功能是以每首 0.99 美元的价格销售单独的歌曲。这样，购买音乐就像是一种冲动，几乎是一种事后才会有感觉的消费。对唱片公司来说，乔布斯提供的收入分配方案——唱片公司将获得每笔销售金额的 2/3，苹果公司获得 1/3——实际上比它们根据当时的方案从实体零售商那里得到的更多。然而，正是这种坚持打破专辑捆绑包的态度，几乎扼杀了 iTunes 商店的推出。"我从来没有花这么多的时间，试图说服人们去做对他们自己有利的事情。"乔布斯后来在谈到与该行业的玩家进行的谈判时说。[16]

乔布斯能够顺利让唱片公司——全部 5 家——在 iTunes 商店里销售它们的音乐，有 3 个重要的原因。

第一，史蒂夫·乔布斯本身就是一个摇滚明星、一个偶像。作为皮克斯电影工作室的老板，他是一位真正的好莱坞大亨，对一个引领时尚的行业来说，他的名人身份具有影响力。第二，音乐行业绝望了。文件共享时代已经开始近三年了，但该行业中的人一直无法想出一个合法的方法，供人们下载他们想要的数字音乐。他们看起来就像是一群白痴。更糟糕的是，他们看起来像是阻挠者，不愿意将顾客想要的东西交付给他们。第三，他们愿意与苹果公司一起尝试，因为在那个时候，苹果公司是一个微不足道的玩家：当时，iTunes 和 iPod 只对苹果用户开放。乔布斯后来说："我们充分利用了自己市场份额小的优势，告诉他们，即便商店被证明是具有颠覆性的，它也不会摧毁整个行业。"[17]

苹果公司于 2003 年 4 月 28 日推出了 iTunes 商店，很快，乔布斯"易用性和用户自由选择能够与盗版抗衡"的观点就被证明是有先见之明的。iTunes 商店仅用 6 天时间就卖出了 100 万首歌曲。[18] 一年后，苹果公司宣布它已经售出了 1 亿首歌曲。再之后不到一年，它售出了 10 亿首。[19]

当然，史蒂夫·乔布斯有着传奇般的固执性格，他一直将 iPod 视为销售更多苹果电脑的一种工具。他仍然坚持将苹果电脑作为数字中枢的想法，所以他不愿意让安装了 Windows 系统的机器（而这是大多数用户使用的电脑）运行 iTunes。"这真是一场历时几个月的大辩论，"乔布斯回忆说，"我与其他所有人对抗。"[20] 乔布斯宣称，苹果公司只能在"我的尸体上"推出一个 Windows 版的 iTunes。在苹果高管们向他展示了商业研究，证明苹果电脑的销售不会受到影响之后，乔布斯才投降，他说："去死吧！我讨厌听你们这些浑蛋说话。你们想做什么就去做什么吧。"[21]

苹果与唱片公司重新签订了合同，2003 年 10 月，苹果公司宣布推出 Windows 版的 iTunes。向 Windows 系统开放 iPod 和 iTunes 是苹果公司的一个转折点，它自此成了全世界最大、最赚钱的公司。大约在苹果公司推出 Windows 版 iTunes 时，iPod 的销量为 100 万。在

2003 年的圣诞节假期，iPod 的销量增加了近 75 万。一年之后，在 2004 年的圣诞节假期，iPod 的销量达到了 450 万。[22] 截至 2006 年中，苹果公司总共售出了 5 800 万个 iPod，而且 iPod 与 iTunes 业务共计为苹果公司贡献了 61% 的总收入。[23] 苹果公司再也不"仅仅"是一家电脑公司了。

但是，iPod 只是第一款证明电脑不再只是电脑的设备。在互联网时代，你可以将电脑融入任何消费电子产品中，它突然之间就变成了更多的东西。在 iPod 问世 20 年之前，索尼随身听（Walkman）证明了音乐既可以携带又可以实现个性化，该随身听售出了 3.4 亿个。[24] 而 iPod 以前所未有的方式，将个人电脑带到了更广阔的世界。搭配一副很快就流行起来的白色耳机，iPod 成了一种时尚，成了一张代表"时髦"和"现代"的名片。

iPod 让苹果公司重新回到了科技行业的显赫位置。其他一些公司，尤其是微软，凭借其 Zune MP3 播放器及配套的音乐商店，试图篡夺苹果公司在数字音乐领域的主导地位。然而，iTunes 软件平台使苹果公司几乎垄断了 MP3 播放器和数字音乐下载市场。具有讽刺意味的是，这个软件平台是微软无法渗透的。到 2007 年，苹果公司的 iTunes 控制了 70% 的合法数字音乐的销售。[25] iPod 在 MP3 播放器市场中占据了相似的份额。

在互联网时代成为一家消费类电子产品公司意味着什么？苹果公司给全世界上了一课。iPod Mini 短暂而辉煌的"一生"就是最好的一个例证。Mini 是一款更小、更便宜的 iPod（也是第一款除了白色以外还有其他时尚色彩的 iPod），是真正引发 iPod 销量飙升的机型。迄今为止，这是 iPod 当时最畅销的型号。其他大多数公司都会尽可能长时间地从这样的摇钱树产品中榨取更多利益，但苹果公司没有这样做。在 Mini 发布后不到两年，苹果公司就用 iPod Nano 取代了它，这款产品将微型硬盘换成了卓越的闪存存储技术，让 iPod 变得更轻薄、更便携。苹果公司展示出了一种强烈的更新换代的意愿，以保持其在市场中的领先地位，并在别人赶超自己之前实现自我超越。

※

正如肖恩·范宁一直所说的，Napster 已经证明电脑和互联网是为音乐而生的。苹果是第一家将全部业务押注在互联网创新模式可能带来的机遇上的公司，但它并没有去拯救音乐行业。

在 iTunes 商店的全盛时期，音乐行业的收入持续下滑，经通胀调整后的全球销售额从 1999 年的 210 亿美元，下滑到 2015 年的不足 70 亿美元。[26] 直到 2011 年前后，数字音乐的销量才超过实体音乐；直到 2017 年，22% 的音乐销售仍然是实体形式的。[27] 即使到了行业垂死挣扎的时刻，这种商业模式也能顽强地生存下去，直到生命的尽头（你问问报刊行业的人就知道了，他们仍然主要通过卡车运送的方式在枯死的树上挣钱）。

唱片公司一直以来都是对的：单独销售歌曲的收益不如销售整张专辑的收益。以每首 0.99 美元的价格卖出两首或三首好歌，永远赶不上以 17.99 美元的价格卖出一首好歌和 11 首烂歌。音乐记者兼《滚石》杂志编辑史蒂夫·克诺佩尔（Steve Knopper）指出，巴哈人乐队（Baha Men）是一个典型的一曲成名型音乐团体。在 2000 年，他们的歌曲《谁把狗放出去了》（*Who Let the Dogs Out*）曾轰动一时，粉丝们购买了 400 万张同名的巴哈人专辑，很可能只为了得到那一首歌。仅仅三年之后，一首热门歌曲是韦恩喷泉乐队的《史黛西的妈妈》（Stacy's Mom）。[28] 印有"史黛西的妈妈"字样的同名专辑只卖出了 40 万张，但这首歌在 iTunes 商店这样的平台上以数字单曲的形式售出了 52 万次。你认为唱片公司会更喜欢什么样的模式呢？主打一首单曲，以 17 美元左右的价格售出 400 万张专辑，还是以同样的价格仅仅售出 40 万张专辑，再以 0.99 美元的价格售出 50 万次主打数字单曲？

利用音乐行业面临的盗版危机，史蒂夫·乔布斯成功摧毁了专辑背后的商业模式。他这样做的目的是出于私利，但并不能改变一个事实，即他的行为实际上符合消费者的利益。互联网时代给商界带来的教训——从亚马逊到 Napster 再到 iTunes 商店——是消费者的习惯和期望已经从根本上发生了改变。普通大众从直觉上认为，互联网和数字技术能够创造一个拥有无限选择且能实现即时满足的世界。如果你的商业模式阻碍了这一点，那么消费者就会绕着你走。音乐行业并没有从 Napster 的案例中吸取这个教训，而媒体公司也不得不一次又一次地重新面对这个问题，甚至直到今天也是如此。

※

给消费者提供他们想要的东西也是网飞公司成功的关键。关于网飞公司的诞生，有一个官方版本的故事。其首席执行官里德·哈斯廷斯（Reed Hastings）因未能及时归还电影《阿波罗 13 号》的影碟，支付了 40 美元的滞纳金。愤怒之下，他创办了一家不会如此不公平地对待自己顾客的影碟租赁公司。就像易贝的佩兹糖果盒故事一样，无论如何，因滞纳金而产生创业灵感只是一个为了宣传虚构的创始故事。实际上，网飞的创意来自马克·伦道夫（Marc Randolph），他曾是哈斯廷斯之前一家公司——Pure Atria——的员工。当 Pure Atria 被出售时，哈斯廷斯和伦道夫彼此关系密切，哈斯廷斯同意投资支持伦道夫的创意，这是一个直接模仿亚马逊的计划：不做地球上最大的书店，而是做地球上最大的音像租赁店。

网飞于 1998 年 4 月 14 日上线，它最初受益于传统媒体的一个转变：从录像带向光盘的转变。在刚启动时，网飞只能吹嘘自己拥有一个包含 500 多部影片的资料馆。[29] 这几乎是当时市场上所有的影碟了。1999 年，只有 5% 的家庭拥有 DVD 播放机。但是这个比例在 2000 年增加了一倍多，到 2002 年达到了 37%；2004 年，这个比例进一步攀升到了 65%。[30] 几乎每一台配送发货的 DVD 播放机的包装盒里都提供了免费租赁网飞影碟的优惠券，网飞让你可以用你闪亮的新电影机器去做一些事情。DVD 成为历史上消费者接纳速度最快的消费电子技术，同时，网飞可以提供的 DVD 影片数量激增。

有一段时间，网飞基本上是用户唯一的选择，这也让网飞从中受益。当时的租赁巨头——百视达、好莱坞视频（Hollywood Video）和电影画廊（Movie Gallery）——不愿意接受新的形式。早期的激光影碟技术曾令它们受到过伤害：事实证明，激光影碟技术只在非常小众的群体中受到了欢迎。2000 年夏天，网飞甚至提出以大约 5 000 万美元的价格将自己出售给百视达，并明确表示网飞可以成为百视达的 DVD 频道，从而使其免于承担将库存录像带转化为 DVD 的成本，百视达拒绝了。[31] 它仍然不相信 DVD 会流行起来。

网飞最初推出的是一项混合型服务。你可以按每张 4 美元的价格租赁 DVD，外加 2 美元的运费，网飞会用一个小小的红色信封把光盘寄给你。[32] 你也可以直接购买 DVD，当时有一个名叫 Reel 的互联网公司就提供这样的服务。问题是，这两种方式都不是非常赚钱。正如其他电子商务公司已经了解的那样，对于这类便宜的商品，过高的运输成本侵蚀了利润空间。1999 年，里德·哈斯廷斯由网飞最大的投资人和顾问变为全职的首席执行官，他停掉了 DVD 零售业务，并开始尝试不同的租赁业务模式，以求实现盈利。1999 年 9 月，网飞确定了新的模式，该模式最初被称为"大帐篷"计划。付费用户每月支付 15.95 美元，就可以获得每月租赁 4 部（后来变成 3 部）电影的特权。你在看完一部电影后，只需要把 DVD 寄回去，网飞就会再给你寄下一部。这项服务没有其他费用——尤其是没有可怕的滞纳金。哈斯廷斯称这项新服务为"光盘点播服务"。[33] 仅仅三个月的时间，网飞的租赁量就增长了 300%。

虽然网飞是在无意中发现这个策略的，但它非常巧妙地将"不收取滞纳金"的口号作为一种手段，把自己定位成了消费者的民粹主义捍卫者。哈斯廷斯告诉媒体："电影租赁者厌倦了到期日和滞纳金。由于没有到期日，我们的客户可以囤积租赁的影片，并搁几张在电视上，以便什么时候一冲动就看看。"[34] 显然，你的客户因为享受你的服务而被罚款，这并不是一种受欢迎的商业模式，但是对百视达这样的租赁连锁店来说，滞纳金在其总收入中的占比达到了 13.4%。

取消滞纳金的做法成了令人关注的头条新闻，但这并不是网飞公司实现腾飞的原因。[35] 真正重要的是，网飞吸取了互联网时代零售业的重要教训：无限的选择和（近乎）即时的满足。一家典型的实体录影带租赁店有 3 000 部电影，而网飞有数万部。[36] 有了网飞，你几乎总能得到你想看的电影。相比之下，在一家典型的百视达租赁店，有限的库存意味着 1/5 的顾客会空手而归。新发行的电影经常被其他顾客租走，所以一位典型的百视达顾客必须连续 5 个周末去租赁店，才能把他想看的电影带回家。[37] 百视达内部甚至有一个专门的术语来形容这种经历——"可控的不满"。

更重要的是，网飞将网站店面与邮政快递结合起来的做法，更能够满足现代客户的需求。早些时候，网飞引入了"排队"的概念。你可以浏览网站，列出你想看的电影清单，就像亚马逊的购物车一样。每次你将一张 DVD 归还给网飞后，它就会自动把你"队列"中的下一部影片寄出去。一位顾客队列中的平均电影数量约为 50 部，通过让顾客体验到个性化服务，网飞大大增加了他们对这项服务的喜爱。"这是我们最大的转换成本。"哈斯廷斯后来说，这是用户维持忠诚的主要原因。[38] 网飞成了一个培养用户个人电影品位的平台。

网飞还专注于互联网带来的其他优势。它模仿亚马逊的"推荐引擎"和 DVD 零售竞争对手 Reel 开创性的"电影匹配"技术，开发了自己的电影推荐系统 CineMatch。根据之前从用户兴趣队列中寄出去的影片，系统会提示用户查看他们可能喜欢的电影。网飞在这项技术上投入巨资，聘请数学家和计算机科学家来调整算法，在其中考虑品位相似的用户，并基于他们的习惯做推荐。事实证明，网飞的推荐引擎非常擅长预测你可能想看什么。最终，在用户挑选加入队列的电影中，有近 70% 是由算法推荐的。[39] 这使得网飞的运营非常方便，因为它可以拥有比实体店更大的库存并实现更好的成本控制。在一家百视达租赁店里，大约 3/4 的影片是新发行的；而在用户租赁的网飞的DVD 中，有 70% 是发行时间已经超过了 13 周的电影。[40]

※

与亚马逊刚开始挑战仓储式零售商店时发生的情况一样，大多数人认为一旦百视达将注意力转向在线音像租赁，网飞将会崩溃。2002年，百视达发言人将在线租赁服务视为"小众市场"。[41]但很快，整个租赁行业开始感受到在线竞争的压力。到2002年，网飞已经吸引了75万名用户，虽然只占音像租赁市场的2%，但它导致了租赁连锁店的销售额下滑，尤其是在它很受欢迎的地区。[42]也许两年时间太久了，作为网飞"线上和邮政递送"模式的直接竞争对手，百视达在线（Blockbuster Online）于2004年才被推出。就像巴诺出版公司一样，百视达也试图利用其实体店的优势，用户可以通过邮寄或者在当地的租赁店归还电影。另外，百视达还在2005年推出了一项"不收取滞纳金"的计划，该计划使得网飞无法继续宣传这个特色，但同时也给百视达自身造成了约6亿美元的收入损失。[43]

与亚马逊及书商之间的情况不同，当网飞开始蚕食音像租赁市场时，零售租赁行业的衰落很快就到来了。在其鼎盛时期，百视达拥有超过10 000家租赁店和5 000万名会员。[44]曾经，拥有百视达卡的人比拥有美国运通卡的人还多。[45]但是到了2010年，百视达只有2 500万名客户和4 000家剩余的租赁店。[46]同年，网飞宣布已经拥有1 300万名会员，并且在美国每天邮寄200万张光盘。[47]百视达于2010年9月23日申请了破产保护。

店铺关闭、裁员和破产，这些通常是我们用来衡量电子商务造成的破坏性影响的指标。在这个行业的鼎盛时期，有近25 000家独立的音像租赁店。[48]曾经有一段时间，有60 000名员工穿着百视达的蓝色衬衫。[49] 音像店曾经是美国最常见的零售店之一，几乎每个街区都有一家。如今，剩下的几家音像租赁店几乎成了博物馆的藏品。网飞公司之所以获胜，并不是因为它取消了滞纳金，而是因为它理解消费者的期望是如何变化的，并能够采取行动来满足这些新的期望、提供无限的选择、实现即时的满足。

在征服了 DVD 租赁市场之后，网飞仍然朝这个方向前进，这是值得称赞的。早在 2002 年，里德·哈斯廷斯就告诉《连线》杂志："我 20 年后的梦想是拥有一家全球化的娱乐发行公司，为电影制片人和电影工作室提供一个独特的渠道……5 到 10 年后，除了 DVD，我们还会有一些可供下载的东西。在具备这些条件后，我们将会提供全方位的服务。"[50] 他当时谈到了视频点播，谈到了网飞成为一家工作室并制作自己的内容，谈到了流媒体。所有这些内容都将通过互联网传送。

"我们把公司命名为网飞是有原因的，"里德·哈斯廷斯不止一次地说，"我们没有给它起一个'邮寄 DVD'（DVDs-by-Mail）之类的名字。"[51]

第十三章
百花齐放

贝宝、Adwords、谷歌的首次公开募股和博客

网飞公司于 2002 年 5 月 23 日成功实现 IPO，这是一种早期迹象，表明互联网作为一种财富创造机器的时代还没有结束。尽管网飞是泡沫破裂后首批上市的互联网公司之一，但它并不是第一家公司。第一家公司是贝宝 ①。

　　贝宝的前身是康菲尼迪公司，它诞生于 1999 年 7 月，起源于彼得·蒂尔（Peter Thiel）和麦克斯·拉夫琴（Max Levchin）的一个试图扰乱全球金融体系的自负提议。从网络出现的第一天起，人们就想利用互联网创造某种形式的电子货币。蒂尔回忆道："早在 1995 年，就有 100 家公司使用前沿的技术来转移资金，这将改变世界。"[1] 在互联网泡沫时期，像 Flooz 和 Beenz 这样资金充足的数字货币构想都没能熬过核冬天。贝宝的核心观点是，现金支付操作可以直接被传送给你的虚拟身份：你的电子邮件地址。到 20 世纪 90 年代末，每个人都有一个电子邮件地址。贝宝只需将你的电子邮件地址转换成虚拟银

---

① 本书中的贝宝是指美国贝宝。——编者注

行账户的识别代码。需要给我 10 美元吗？你只要使用贝宝，将其发送到我的电子邮件地址就可以了。

虚拟银行账户与电子邮件地址捆绑，这件事真正吸引的是那些已经在网上进行了大量虚拟交易的线上用户：易贝的买家和卖家。在易贝上，90% 的交易是通过现金支票或银行汇票进行的。[2] 创建一个信用卡企业账户需要花费数百甚至数千美元，而且这是针对实际业务设计的。但如果你只是想在易贝上卖掉你听过的旧唱片呢？易贝爱好者并没有一种能够通过信用卡轻松支付的机制。

他们可以登录贝宝。易贝上的卖家只需简单要求买家将拍卖成功的款项"支付到"他们的电子邮件地址即可。贝宝会从一方的账户中提取资金，然后转到另一方的账户中。在易贝的社区里，贝宝很快就产生了强大的网络效应：越来越多的卖家要求通过贝宝收款，越来越多的买家因此而注册了贝宝账户，反之亦然。正如 Hotmail 在发送的每封邮件中都给自己做广告一样，在通过其服务进行结算的每一次拍卖中，贝宝都会吸引用户。在推出之后仅两个月，贝宝就迅速获得了 10 000 名注册用户。在此之后仅过了一个月，注册用户达到了100 000 名。[3]

贝宝很早就与另一家位于美国加州帕洛阿尔托市的公司 X.com存在竞争，这两家公司的办公室相邻。X.com 是由埃隆·马斯克这位连续创业者创立的，他的愿景与蒂尔和拉夫琴的一样宏伟：创建一套完全虚拟的下一代银行和金融服务系统。有一段时间，这两家公司在争夺用户方面竞争激烈，但在 2000 年 3 月，X.com 和康菲尼迪合并了，合并后的公司最终采用了贝宝这个名字。

贝宝最初完全免费，但该服务最终会向卖家收取每笔交易的

2.9% 或 30 美分的费用——这仍然低于信用卡公司向小商户收取的费用，而且没有任何管理费或复杂手续。贝宝很快就发现，仅仅作为一个商业中间方，它就可以获得非常丰厚的收益。到 2001 年第四季度，贝宝就盈利了，这得益于它为易贝约 1/4 的拍卖业务提供的便利支付。仅仅运营了 26 个月，贝宝就有了 1 280 万个账户。而易贝花了 4 年多时间，才拥有了 1 000 万个账户。[4]

2002 年 2 月 15 日星期五，贝宝上市了，它的首日股价上涨了 55%。曾经在互联网泡沫时期充当啦啦队并发挥了重要作用的金融媒体，现在却对互联网 IPO 的回归表现出了彻头彻尾的敌意。《纽约时报》引用一位股票分析师的话说："这是一个时代的错误——直接开始于 1999 年。我们似乎已经忘记了，最初是什么导致我们陷入如今这种境地。"[5] 仅仅 5 个月之后，怀疑论者就被证明是错误的，易贝以 15 亿美元的价格收购了贝宝，这是互联网泡沫破裂之后出现的金额最大的收购交易之一。

贝宝的成功表明互联网仍然是创新的沃土，但对贝宝而言，更长远的收获或许是它被证明是一代企业家的进修学校，这些企业家将继续引领科技产业的复兴。埃隆·马斯克继续创立了特斯拉；彼得·蒂尔成为脸书的第一位主要投资人；早期贝宝的员工杰里米·斯托佩尔曼（Jeremy Stoppelman）创立了 Yelp；麦克斯·拉夫琴创立了 slide；贝宝的毕业生们参与创建、支持了很多的优秀公司（仅举几例，比如领英、优兔、Yammer、Palantir、Square 等），以至于科技界人士经常将他们称为当今硅谷的"贝宝黑帮"。

网飞和贝宝的成功开始驱除互联网泡沫的幽灵，但直到最后一波互联网初创公司中无可争议的明星站稳了脚跟，人们才愿意再次信任互联网。

谷歌是核冬天后遭受影响最大的一家公司，它与消失的互联网公司有一个重要的共同特征：赚的钱不太多。谷歌在缺乏完备商业计划的情况下，已经存在好几年了。佩奇和布林推销给风险投资家的愿景涉及一个"三足鼎立"的发展策略。首先，谷歌会将搜索技术授权给几家主要的门户网站；其次，谷歌将把搜索技术作为一种产品出售给企业客户；最后，关于在自己网站的搜索页面上出售广告，他们有一些含糊的承诺。

这家年轻的公司最终说服了一些门户网站在其搜索页面上使用谷歌的搜索结果，在第一个目标方面取得了重大进展。第一笔交易是与网景公司的网络中心（Netcenter）门户网站达成的，但真正的重大成功是说服雅虎在其搜索结果中使用谷歌（之前，一家名为 Inktomi 的公司曾是雅虎的搜索合作伙伴）。谷歌与雅虎的合作是在 2000 年 6 月开始的，当时对谷歌来说，这是一笔巨大的交易。按照协议约定，"谷歌提供支持"的标志将出现在雅虎的搜索页面上，以便将谷歌品牌介绍给数以百万计的主流网络用户。谷歌每天提供的搜索量从与雅虎交易之前的 1 800 万增加到了交易之后的 6 000 万。[6] 2001 年初，谷歌的搜索超过了每天 1 亿次的里程碑，而它每秒钟要回应 1 000 次查询。[7] 谷歌本质上是在窃取雅虎的搜索用户，但雅虎似乎并不介意，因为当时它并不认为搜索是一种核心产品。雅虎仍在推行其门户战略。

但是，雅虎也确实购买了这家新合作伙伴 1 000 万美元的股权，从而将两家公司更为紧密地联系在了一起，而且这种联系方式在后来变得很重要。

雅虎不知道的是，这种合作关系实际上对谷歌的整体产品非常重要。请记住，谷歌算法的改进与其执行搜索的次数以及谷歌计算机能够获取的数据量直接相关。来自雅虎的大量查询，不仅将谷歌的搜索市场份额提升到了一个新的水平，而且很多谷歌工程师后来称赞雅虎流量将谷歌的搜索引擎逐渐调整到了成熟的状态。谷歌在它最大的合作伙伴的支持下，从本质上提升了自己。

但对谷歌来说，问题是与雅虎的交易收益不高。雅虎勉强支付的费用不足以覆盖谷歌为服务这些流量而增加的信息处理和带宽的成本。与雅虎的交易让谷歌知道，技术授权本身的市场空间还不够大，不足以支撑一家公司，或者说至少支撑不了一家非常大的公司。

事实证明，谷歌最初战略中的"第二条腿"也好不到哪里去。谷歌生产了一款硬件装置，名为"谷歌搜索设备"（Google Search Appliance），是一个安装在机架上的盒子。谷歌打算将其卖给企业客户，安装在企业数据中心里。这款设备旨在为企业和其他组织提供大量数据，并提供管理、索引和搜索这些数据的能力，就像谷歌在网络上做的工作一样。尽管谷歌在 2017 年之前一直都在生产"谷歌搜索设备"，但它从未实现突破。

在 2000 年底的时候，谷歌陷入了一点儿危机：公司每月的支出超过了 50 万美元，凯鹏华盈和红杉资本的 2 500 万美元就快要消耗完了；谷歌还推出了国际版网站，并继续招聘，公司的员工超过了 100 人。[8] 谷歌董事会成员兼投资人迈克·莫里茨后来承认："有一段时间，形势看起来相当黯淡。公司在烧钱，企业客户拒绝跟我们合作，一些大的授权合作很难谈判。"[9]由于谷歌还没有从自己网站上每天7 000万次的搜索中挣到一分钱，到2001年1月，谷歌失控的增长实际上变成了一个问题。尽管这项服务非常受欢迎，以至于公司的名字甚至变成了一个常见的动词，但谷歌的早期投资人拉姆·施里拉姆说："大家（董事会成员）真正关心的是收入从哪里来。"更糟糕的是，在给予谷歌支持的风险投资人看来，该公司的创始人违背了他们引进一位"成年"首席执行官的承诺。如果佩奇和布林没有招募到一位合适的能人，把谷歌变成一家真正的公司，拥有产生现金流的实际预期，有传言称，凯鹏华盈或红杉资本（或者两家机构）可能会撤回投资。

当然，作为谷歌商业模式理论上的"第三条腿"，广告仍然是一个选择，但是在2001年春天，在每个网页顶部投放横幅广告的现有模式已经崩溃。网络广告总体上处于深度冰冻状态，整个在线广告市场从2000年的82亿美元跌至2002年的60亿美元。所有幸存的门户网站都因为这种状态而遭受了损失。[10]在其股价下跌期间，谷歌昔日的合作伙伴雅虎被迫在一个季度内两次将其给华尔街的营收指引下调25%，原因是互联网公司的破产导致广告商的在线广告费用减少了50%。[11]

谷歌从未真正尝试过广告，因为公司创始人最初坚决反对这一想法。佩奇和布林在1998年介绍BackRub/PageRank的学术论文中，抨击了搜索公司依靠广告获得收入的想法，因为这使得它们"从根本上偏向广告商，并偏离了消费者的需求"[12]。换句话说，广告会导致糟糕的搜索结果。

但就在这个危急时刻，一场在线广告的革命正在发生，并最终成了谷歌的救星。

※

创业者比尔·格罗斯（Bill Gross）在 1998 年 2 月的 TED 大会上推出了 GoTo 网站，它被认为是一种全新的搜索引擎。GoTo 给出的结果几乎完全是由赞助商提供的结果，而不是通过蜘蛛爬取网络及基于算法返回网页的方式产生的搜索结果。GoTo 将展示的文本广告设计得很像搜索结果，并向竞拍到广告位的广告商收取费用。这是一种类似易贝的拍卖模式，对于任何给定的关键词，任何公司都可以按照自己的愿意支付费用，让自己在对应的搜索结果中排在最前面。比如说，如果你想在用户搜索"花"的时候第一个出现，那么你可以出价每次点击 10 美分。如果有人出价 7 美分，那么他会被排在第二位。出价 5 美分的人可能会获得第三名的位置，依此类推。如果你发疯了，一次点击出价 1 000 美元，那么理论上你可以在任何你想要的搜索词中排名第一。

只返回广告的"搜索"引擎，这个创意令大多数人异常厌恶。事实上，格罗斯在他的 TED 演讲中差点儿被嘘下台。但是广告商喜欢这个创意，并成群结队地报名参与，因为它们很快就意识到，比尔·格罗斯偶然发现了全世界历史上最伟大的广告模式之一。付费搜索是广告商可以参与的一个独特而强大的联系点。搜索的用户是在寻找某些东西。如果你没有兴趣在不久的将来在美国佐治亚州玛丽埃塔市预订一间酒店房间，那么你就不会搜索"佐治亚州玛丽埃塔市的酒店"。围绕着搜索做广告使得营销人员可以在消费者产生消费意向时找到他们，这个时候，他们要么正在琢磨购买东西的事情，要么正在寻找要购买的东西。

在这个过程中，有一个重要的因素是"按点击付费"的能力，而不是根据（理论上）浏览广告的人次来付费，互联网时代所有其他的网络广告商就是这样做的。这就是第二个关键创新：在"GoTo 模式"下，广告商只需"为效果付费"。如果没有人点击你的广告，那么你就不用付费。在横幅广告的点击率降至极低百分比的时候，这是一个激进但极具吸引力的选择。

格罗斯原本打算让 GoTo 成为一个购物的场所，因为这个名字带有行动的意思。然而，尽管广告商急切地来报名推销它们的商品，消费者却并不认账。格罗斯毫不气馁，他有一个绝妙的创意去获取所需的流量。GoTo 联系了几乎所有当时的门户网站和搜索引擎，并向它们提供本质上免费的内容：GoTo 将"聚合"它们的付费搜索结果，对于美国在线搜索（AOL Search）这类网站上的几乎任何关键词，前 3~4 个搜索结果将是 GoTo 提供的文本链接，尽管这些链接看起来与其他搜索结果相似，但它们实际上是广告。当搜索者点击这些付费链接时，GoTo 将与门户网站分享对应的广告收入，从而立即将搜索流量变现。

GoTo 成功地与所有主要门户网站签署了合作协议，在整个 20 世纪 90 年代都是门户网站主要亏损源的搜索业务几乎立刻就变成了摇钱树。2002 年，GoTo 更名为 Overture，以便更好地反映其真正的商业模式——为广告商引入客户。该公司实现了 6.68 亿美元的年收入，年利润超过了 7 800 万美元，这些收益全部来源于跟雅虎、美国在线和 MSN 等门户网站建立的联合付费点击。Overture 弥补了门户网站商业模式中的一个基本缺陷，从而拯救了门户网站。门户网站需要"黏性"。搜索网站可以把用户对接到网络上，但没有一个早期的搜索网站能因此挣钱，所以它们试图囤积关注，把用户留在网站上，以便让他们对横幅广告产生印象。但是现在，点击这个动作本身终于有了价值。正如作家约翰·巴特尔（John Battelle）所说，通过一次一次的点击（一次点击 5 美分），Overture 可以获得几十亿美元的收益。

GoTo 或 Overture 的出现赶上了互联网的一个大好时机。面对互联网泡沫的破裂和广告市场的崩溃，付费搜索找到了突破口，以弥补因网络广告商的破产而造成的收入损失。以雅虎为例，截至 2002 年夏天，这家境况不佳的门户网站通过付费链接从 Overture 那里获得的收入占其总收入的 10% 以上，它已经大幅缩减的利润也几乎全部来源于此。[13] 毫不夸张地说，Overture 和付费搜索拯救了门户网站和整个搜索行业。谷歌很幸运，现在出现了一种非常挣钱的创新广告模式，它可以模仿，而且更重要的是，这种创新的广告模式已经证明了搜索的巨大价值，这是谷歌皇冠上的宝石。但是，佩奇和布林从未遇到过他们认为无法改进的创意，而且谷歌对简单的抄袭不感兴趣。如果谷歌要做广告，那么它的广告就必须比传统广告更好，而且必须有用。

※

谷歌的第一次广告实验发生在 2000 年 1 月，当时它开始在某些关键词上显示不引人注目的（符合其极简主义美学）文本链接。但是这些广告的定价方式仍然与华丽的横幅广告一样，基于传统的 CPM 模型。佩奇和布林想要更科学、更自动化的东西，他们喜欢 Overture 的处理方式，任何人都可以用一种简单的在线方式通过 Overture 购买一个广告。2000 年 10 月，他们推出了一款名为 AdWords 的产品，通过这款产品，任何广告商（无论其经营规模的大小）只需使用信用卡，就可以在几分钟之内很简单地在线购买搜索广告。

正如 GoTo 或 Overture 曾经发现的那样，广告商们争先恐后地想要曝光在谷歌迅速增长的搜索流量中。第一批 AdWords 广告商的涌入在 2001 年给公司带来了 8 500 万美元的收入，解决了谷歌当时的资金问题。但由于其广告费用仍然基于 CPM 模型，广告商仍然是在为用户的印象付费，而不是根据实际点击付费，谷歌在基于效果的广告方面的落后地位显现了出来。Overture 在 2001 年的收入是 2.88 亿美元，而且这个数字的增长速度比谷歌的收入增长速度还快。[14] 2002 年 2 月，谷歌发布了新一版的 AdWords，复制了 Overture 的按点击付费和拍卖定价模式。然而，按照典型的谷歌方式，它在模仿 Overture 的产品中实现了一个关键创新，从而让世界发生了巨大的变化。

新版的 AdWords 可以让广告商竞标，但谷歌的系统并不是严格遵循报价优先原则。谷歌迷恋数学和算法的力量，为广告引入了一个新的重要的排名指标，即"质量分数"（Quality Score）。在本质上，谷歌的系统除了考虑广告商愿意为每次点击支付的费用之外，还会考虑广告实际被点击的频率。每次运行搜索时，AdWords 的结果会与搜索结果一起生成，最终广告的排名实际上决定了广告的相关性。这样就防止了财大气粗但并不相关的广告商控制每个关键词。你不能仅仅因为愿意支付最多的费用就排名靠前。为了提高排名，你的广告必须有更高的点击量。成功的广告商支付的每次点击金额较少，但排名较高。如果你的广告质量很好、更容易被点击，那么 AdWords 会判定它与搜索词更相关，因此即使你没有提供最高的出价，它也会给你更高的排名。谷歌这样做的原因在于（几乎与直觉相反），它认为以这种方式排列广告时，会赚更多的钱。随着时间的推移，来自 5 美分一次点击的广告的收入会超过 1 美元一次点击的广告的收入，因为前者会被点击 25 次，而后者只被点击 1 次。

从搜索者的角度来看，广告越相关，就越不让人讨厌。从某种程度上来说，谷歌的 AdWords 看起来几乎与某些关键词的有机搜索结果一样有用，因为"质量分数"使 Adwords 与搜索者的原始搜索词密切相关。根据谷歌早期顾问约西·瓦尔迪（Yossi Vardi）的建议，大部分 AdWords 出现在搜索结果页面右侧 1/3 的位置。这增加了搜索结果页面上可投放的广告数量，同时似乎减弱了广告的侵略性。原始的有机搜索结果仍然占据了页面的 2/3，不包含任何广告。谷歌进行了一些有限的控制实验，给一组测试者显示没有广告的搜索结果，给另一组显示带广告的搜索结果，结果发现看到广告的用户实际上搜索得更多。[15] 这就形成了一个典型的三方共赢局面：谷歌开始在每次搜索中比 Overture 赚更多的钱；广告商觉得它们接触了更多的潜在客户，同时每次点击的费用更低了；用户觉得他们得到了补充的搜索结果，这些以广告形式展示的结果通常非常有用。

一夜之间，谷歌的命运发生了转变。在一位名叫谢丽尔·桑德伯格（Sheryl Sandberg）的新雇员的领导下（后来，她因在脸书的领导角色而更加出名），AdWords 获得了谷歌一直在努力实现的巨大成功。AdWords 极大地帮助谷歌获得了 Overture 所欠缺的东西：它自己的大流量的搜索目的地址。谷歌不必为了获得广告流量与其他门户网站合作，因为它自己的网站已经可以每天提供数亿次搜索服务。它不是必须与门户网站合作，但它还是在 2002 年 5 月与美国在线开展了合作。谷歌不仅会向美国在线提供有机搜索结果，还会提供付费搜索结果，这块业务是从 Overture 那里抢夺过来的，美国在线的付费链接之前由 Overture 提供。2002 年成了谷歌的第一个盈利年，它的销售额为 4.4 亿美元，利润为 1 亿美元。[16] 到 2003 年，它的利润超过了 1.85 亿美元，AdWords 能够服务超过 10 万名广告客户，而谷歌的员工总人数却没有相应增长，因为 AdWords 的销售系统是自动化的。[17]

回想起来，广告业务发挥了谷歌最大的优势。作为一家充斥着痴迷于数据的技术人员的公司，谷歌把广告视为智能算法可以解决的另一个问题。事实上，将合适的广告与有机搜索结果放在一起，为数十亿名搜索者进行实时拍卖，并根据广告的效果对广告重新排序，这是一个比搜索更复杂的算法技巧。后来，谷歌的整个基础设施都用来处理和管理大量数据；其独特的定位使得它可以准确无误地处理这类事情。就像网络搜索一样，当谷歌开启新的广告算法时，它发现这种算法会随着时间的推移变得更好。在这种情况下，谷歌最终可以极其准确地预测哪些广告有效、哪些广告无效。

谷歌的诞生可以说是以两项奇迹般的发明为基础的，其中一项是它自己创造的，另一项是从 Overture 那里抄来的。明确解决网络搜索问题显然是一个奇迹，对我们的社会产生了巨大的影响。现在，互联网涉及的范围如此之大，以至于如果没有合适的搜索，整个系统都会因为自身的复杂性而坍塌。通过改进 Overture 在付费链接方面的开创性成果，谷歌取得了同样惊人的成就：它首次让互联网实现大规模的盈利。付费搜索被证明是人类迄今为止创造的最伟大的广告引擎。此外，基于算法的广告支持了谷歌随后发布的几乎所有产品：图像搜索（Image Search）、谷歌新闻（Google News）、谷歌邮箱（Gmail）、谷歌地图（Google Maps）、谷歌图书（Google Books）等。在短短几年之内，搜索广告超过了之前的横幅广告或"展示"广告。10 年之内，谷歌创造了 500 多亿美元的收入，[18] 广告商花费在网络广告上的资金有近 50% 被谷歌装入囊中。如今，大多数广告都是自动运营的，与谷歌开创的方式类似。即使是现在，最大的在线广告市场仍然与搜索紧密相连。我们发现，互联网上的金矿是搜索，其实雅虎及其他公司最初凭直觉就知道了这个事实，但后来它们都忘记了。

※

直到 2003 年，谷歌仍痴迷于一件事：保守所有这些秘密。与以往一样，谷歌害怕向微软透露搜索的内在价值。当然，微软在反垄断审判中境况不佳，已经迈入它所谓的"失败的 10 年"，但它仍然是唯一一家拥有资源、人才和规模来对付谷歌的科技公司，就像谷歌对付 Overture 那样。

谷歌的新任"成年"首席执行官埃里克·施密特（Eric Schmidt）设法让比尔·盖茨和微软蒙在鼓里。施密特早在 20 世纪 80 年代就已经是微软的长期对手了，当时他是太阳微系统公司的一位早期经理，然后在 20 世纪 90 年代担任了诺维尔公司（Novell）的首席执行官。施密特在处理与微软关系的方面拥有多年的经验，这无疑在他最终被挑选担任谷歌首席执行官的过程中发挥了作用，但施密特成为候选人的首要原因可能是他愿意抑制自我。成为谷歌的首席执行官，意味着必须与谷歌的两位创始人分享荣誉并在某种程度上共同进行决策。事实上，施密特将与佩奇和布林建立工作关系，这种关系演变成了一种三人领导小组，三个人都拥有重要的发言权。尽管如此，如果形势危急，创始人的话语权可能会超过首席执行官。佩奇和布林梦寐以求的候选人是史蒂夫·乔布斯，但是很难想象这位苹果公司的创始人会愿意给两位 27 岁的年轻人打工，而施密特最终同意了。

竞争对手在周围虎视眈眈，有能力的管理至关重要。由于参与了对谷歌的投资，雅虎对谷歌总部幕后的真实情况了如指掌。2002 年夏天，就在新版 AdWords 发布几个月之后，雅虎出价 30 亿美元收购谷歌。由施密特刚刚执掌的谷歌拒绝了这一提议。太晚了。雅虎意识到搜索是商业模式的主脉，于是它取消了与谷歌在有机搜索方面的合作，并以 2.57 亿美元的价格收购了 Inktomi，一家业界普遍认为拥有第二优异的搜索技术的公司，又在 2003 年以 14 亿美元的价格收购了 Overture。雅虎的想法是，在其保护伞下将这两家公司的属性结合起来，复制谷歌的"算法与广告"模式，并在效率和效果上模仿 AdWords 的质量评分和竞价系统。这个名为"巴拿马计划"（Project Panama）的下一代系统直到 2007 年 2 月才被广泛发布，那个时候，谷歌不仅在搜索市场上占有巨大的份额，而且在几乎整个搜索广告市场上都遥遥领先。

此时，全世界都意识到了雅虎凭直觉发现了什么：谷歌正在"印刷钞票"。2004 年 4 月 29 日，谷歌提交了 IPO 申请。这将是自互联网泡沫破裂以来最引人注目的科技公司 IPO。谷歌发布了财务报表概况，以便潜在投资者评估该公司的前景，科技界和金融界都对此感到震惊。风险投资家米切尔·克尔茨曼（Mitchell Kertzman）告诉《华尔街日报》，谷歌的数据非常"惊人"。[19] 谷歌的公关负责人戴维·克莱恩（David Krane）还记得，投资者的普遍反应是："天哪！"[20] 谷歌在 2003 年创造了超过 5 亿美元的现金流，其营业利润率高达惊人的60%。这些都是微软级别的数据。[21] 搜索广告的市场规模在2003年达到了25亿美元（是一年前的9.27亿美元的近三倍），而谷歌获得了其中的大约10亿美元。[22] 这一成功在很大程度上归功于一个事实：35%的网络搜索是通过谷歌完成的，它的市场份额首次超过了雅虎的30%。[23]

佩奇和布林实际上并不希望谷歌上市，只是互联网泡沫破裂后出台的金融规则使他们不得不这么做。两位创始人给潜在投资者写了一封信，他们称之为"谷歌股东手册"（《纽约时报》称之为"部分财务文件和部分民粹主义宣言手册"[24]）。在信中，谷歌的创始人以一句简单的话开场："谷歌不是一家传统的公司，我们也不打算成为一家传统的公司。"[25] 佩奇和布林接着表示，他们打算继续运营谷歌，为自己的崇高理想奋斗，"开发出更多的服务，改善尽可能多的人的生活——做重要的事情"，而不是屈从于华尔街每个季度心血来潮的预期。在接下来的几个月里，随着IPO的临近，谷歌被指责对华尔街及其一些传统"嗤之以鼻"。[26] 佩奇和布林要求IPO的承销商只收取2.8%的服务费，这大约是投资银行家通常收费标准的一半。[27] 在"路演"期间，两位创始人在全国各地演讲，名义上是为了向投资者推销公司，但佩奇和布林断然拒绝回答与谷歌运营及未来计划相关的具体问题，因此他们遭到了抨击。[28] 谷歌向公众发行的股票数量甚至也有点儿像恶作剧，谷歌想出售价值2 718 281 828美元的股票。数学极客（像谷歌创始人一样）知道，这个数字代表了数学数字e的小数点后9位，这当然是一个无理数。[29]

2004年8月19日，谷歌以每股85美元的价格上市，第一天股价上涨了18%，收盘于每股100.34美元。佩奇和布林各自持有的

3 800 万股公司股票的最终价值约为 38 亿美元。[30] 谷歌的市值为 270 亿美元[31]，略低于雅虎 387 亿美元的市值。但是，这种差距并没有持续太久。当谷歌作为上市公司的第一份季度报告披露其销售额比前一年翻了一番时，它的股价已经超过了每股 200 美元。[32]

谷歌的 IPO 对互联网、硅谷和整个股票市场的重要性是不言而喻的，我们怎么强调它都不为过。正如《纽约时报》在该公司上市后的第二天所说，"互联网辉煌的日子看起来就像从未结束"[33]。谷歌的成功表明，互联网作为一种社会、文化和（最重要的）金融现象，并没有消亡。这场革命正在重组。谷歌也证明，互联网时代的一些原创想法不仅仍然有效，而且一些新的创意也可能会出现，然后建立在互联网时代已经褪色的承诺之上。谷歌内部也有一些令人兴奋的新项目的传闻，比如某种"谷歌手机"可以让搜索者随时随地获得想要查询的答案。[34] 最重要的是，谷歌的成功提供了让这些创新想法实现盈利的模板。就像近 10 年前网景公司的 IPO 一样，新一代的人注意到：硅谷又出现了新的激情。

※

谷歌以非正统的方式向广告巨头转型，带来了更多意想不到的结果。数以百万计的中小企业急切地注册成为广告商客户。以前，它们可能付费登过黄页广告，或者在当地报纸的分类广告版面上占据过一席之地；现在，它们能够设计并实施一种广告策略，像网络本身一样触达全世界。传统广告渠道受到的侵蚀始于易贝这样的网站，并在 21 世纪的前几年开始加速。

这种数字经济不仅在营销方面开花结果，谷歌还研发出了一种将内容变现的方法，那就是谷歌在 AdWords 之后不久推出的 AdSense。谷歌的工程师们想出了很多方法，将文本广告不仅整合到了主要的搜索网站和门户网站中，而且整合到了整个网络中。"在非搜索页面上投放广告，这个想法在内部已经流传很久了。"谷歌的高管苏珊·沃西基（Susan Wojcicki）后来说。谷歌的索引基本上已经包含了整个网络，所以如果它能找到一种方法将相关广告与其他人网页上的内容匹配起来（就像它将相关广告与搜索查询匹配起来一样），那么，用沃西基的话说，谷歌就能"改变互联网经济。你负责做内容，把广告的销售交给谷歌"[35]。

2003 年 2 月，当谷歌宣布要收购一家名为派拉实验室（Pyra Labs）的小公司时，很多人都对此感到困惑。1999 年 8 月，派拉实验室发布了一款软件程序来帮助人们"写博客"——这种现象在 20 世纪 90 年代末变得越来越流行。但是后来，互联网泡沫破裂了，风险资本枯竭了。事实上，在一年之内，派拉实验室博客平台（Blogger，以及后来的 Blogspot）的博客网站数量从 2 300 个增加到了 10 万个（在之后的一年增加到了 70 万个），公司仍然存活着。[36] 派拉的联合创始人伊万·威廉姆斯（Evan Williams，他后来成了推特的联合创始人）解雇了除他自己之外的所有员工，然后继续在自己的家里，用自己的电脑和钱运营这个网站。

谷歌突然介入并拯救了 Blogger，这似乎有些奇怪。派拉实验室是一家失败（或者说正在走向失败）的公司。写博客是一种新的现象，对很多人来说，这很像一种时尚。专家推测，谷歌只是希望 Blogger 来帮助它改进算法。当谷歌在不久之后宣布推出 AdSense 时，一切突然变得很有意义了：谷歌现在所做的事情是将网络内容变现，而通过 Blogger 和 Blogspot 接入网络的数百万个博客网站所产生的长尾内容将是 AdSense 快速扩展的最有效的方式。事实证明，博客代表了一种新型网络，它建立在网络作为互动媒体的原始承诺的基础上，但以一种新颖的、更个性化的方式出现了。在网络上，一个全新的内容世界被创造出来了，而创造者就是网络用户自己。

※

博客的起源是模糊的。也许这种形式最早来自宾夕法尼亚大学的一名程序员兰吉特·巴特纳格尔（Ranjit Bhatnagar），他从 1993 年 11 月开始按照时间倒序的方式写帖子，在"兰吉特的 HTTP 游乐场"中记录自己每天午餐吃什么。创造"网络日志"（Weblog）这个术语的功劳通常被人们归于一个名为"机器人智慧网络日志"（Robot Wisdom WebLog）的网站，该网站于 1997 年 12 月 17 日由乔恩·巴尔格（Jorn Barger）推出。简化的术语"博客"通常被认为是彼得·默霍尔兹（Peter Merholz）的创意，他在 Peterme 上经营着一个个人网站。[37] 但是，大家并不完全清楚，从什么时候开始，简单地发布一个网页或者"主页"变成了发布一个"博客"。自从网络诞生以来，将网页作为表达观点的独立平台是该技术最明显且最吸引人的用途之一。这一切都与网络最初的乌托邦理想有关：任何有见解或洞察力的人，都可以向全世界传播他们的真理，而不用受到传统守门人的监督，不用他们告诉你什么可以说，什么不能说。但是，写博客比简单地拥有一个主页更私人化、更有目的性。拥有博客的全部目的就是与世界分享一些东西，从你觉得酷的东西，到你生活中最私密的细节，再到你的世界和平宣言。正如默霍尔兹自己在博客中说的："这些网站（包括我的）往往是一种信息呕吐物。"[38]

贾斯汀·霍尔（Justin Hall）是最早的"原型博主"之一。1994年1月22日，霍尔只有19岁，他用自己在斯沃斯莫尔学院的学生网络账户建立了自己的个人网页，最终将其命名为"贾斯汀的地下链接"（Justin's Links from the Underground）。与大多数早期在网络上贡献内容的人相比，霍尔的网站的主题都与他自己有关：各种链接、关于他的爱情生活的日记、八卦、他生殖器的照片等。1994年，他恳求去热线网站实习，并出席了这个开创性网站的发布会。那时，他偶然与 Suck 的工作人员有所接触，他们鼓励他每天都在自己的网站上发帖，就像当时 Suck 网站所做的一样。霍尔接受了这一挑战，整整10年，几乎每天都有链接、照片、思考总结、日记、与读者的通信、个人胜利或精神崩溃等相关的内容免费出现在霍尔的主页上。像兰吉特·巴特纳格尔一样，霍尔觉得没有什么东西是因为太私人化或太平常而不能分享的——即便是午餐。"这太有趣了，"霍尔写着，"把所有的东西都放在那个网站中。"[39]

戴夫·维纳（Dave Winer）是一名资深软件开发人员，网络能提供未经过滤的诚实性和话语权，这两点令他着迷。他经营着一个受欢迎的技术电子邮件讨论群组，包括比尔·盖茨在内的业内人士也会阅读其中的内容。1994年10月，他把自己的一些想法搬到了戴夫网（DaveNet，最终变成了 Scripting）上。与贾斯汀·霍尔一样，戴夫·维纳也喜欢网络提供的民主化平台。"想象一下，我们能够了解别人的生活到底是什么样的。如果每个人都写下他们的问题，那会怎么样？我们所有人都可以互相学习。"[40]维纳成了一名真正的布道者，他利用自己的个人平台发表内容，而且会分享、辩论、争论、回应、挑衅和提问。戴夫网是他发表自己观点的平台，他鼓励其他人推出自己的平台。因为他是一名有天赋的程序员，所以他能做的不仅是鼓励他人，他还给了别人相应的工具，开发了软件程序，比如新闻套件（NewsPage Suite）、广播用户区（Radio UserLand）和马尼拉（Manila）。这些程序帮助人们建立了属于自己的类似平台的网站，并帮助他们规范了我们现在了解的"写博客"的一些惯例，比如按时间倒序更新内容、网络链接和博客链接，以及为读者提供发表评论的功能。最重要的是，他帮助推进和推广了 RSS（简易信息聚合），能够帮助博主在发表新内容时发出提醒消息。

得益于这些新型内容发布工具（最终还有 MoveableType、Live Journal 和 WordPress 等更多工具），博客媒体实现了真正的腾飞。尽管创建网站从一开始就相对简单，但在网上发布内容仍然需要一定程度的技术知识。由于博客软件的爆炸式发展，到了 20 世纪 90 年代末，你只需要点击一个按钮，就可以很快将内容发布到网上。

马特·德拉吉（Matt Drudge）是好莱坞哥伦比亚广播公司礼品店的一名 28 岁的销售员。1994 年，他发布了一份专注于好莱坞八卦的电子邮件时事通讯，其中一些八卦是他在哥伦比亚广播公司的店里偶尔听说的，还有一些他后来承认是从哥伦比亚广播公司收发室的废纸篓里偷来的。这份时事通讯后来演变成了一个博客网站，因为德拉吉凭直觉认为，网络为他提供了一个与全世界任何新闻机构一样强大的平台。他后来告诉《新闻周刊》："我没有编辑，我想说什么就说什么。"[41] 在成为世界知名人物之后，德拉吉在国家新闻俱乐部的演讲中宣称："有了调制解调器，任何人都可以了解全世界、报道全世界——没有中间人，也没有垄断者。"[42]

1998 年 1 月，德拉吉声名鹊起。当时，他在"德拉吉报道"（Drudge Report）网站上发布了第一个关于比尔·克林顿和白宫实习生的流言，而《新闻周刊》之前认定这个故事过于可疑而放弃了发表。这个属于他一个人的数字化言论平台差点儿让美国总统下台。在 6 个月之内，德拉吉报道声称每月有 600 万名访问者，这个数字超过了《时代》杂志的读者人数。[43] 到 2007 年，在仅仅一位名叫安德鲁·布莱巴特（Andrew Breitbart，后来成为"布莱巴特新闻"的创始人）的员工的管理下，该网站每年从《纽约时报》那里赚取数百万美元的广告收益。[44]

马特·德拉吉的崛起——成为顶级的新闻制作人和内容发布者——引起了其他一些精通互联网的精明人士的注意。尼克·丹顿（Nick Denton）是伦敦《金融时报》的记者，当时，初露头角的博客引起了他的兴趣。他几乎每天都在自己的 NickDenton 网站上发帖。"你可以表达自己，"他在谈到写博客的直接吸引力时说，"我可以表达观点。"[45] 利用博客的新鲜感，参考他的祖国英国的舰队街式风格的小报以及讽刺性出版物如《私家侦探》（*Private Eye*）和《间谍》（*Spy*），丹顿推出了一系列博客网站，并以第一个博客网站的名字将公司命名为高客网（Gawker）。

高客网成立于 2002 年，是一个名副其实的小报网站，报道纽约媒体行业的小事件。"丹顿拥有敏锐的洞察力。他认为，如果你想让人们阅读一些东西，那么最简单的方法就是写一些与他们有关的东西。"洛克哈特·斯蒂尔（Lockhart Steele）回忆说，他是另一位早期博主，丹顿最终聘请他加入高客网的固定作者团队。[46] 但是，真正吸引人们注意力的是高客网的声音、态度和其尖锐的评论。高客网习惯对其他博客网站发布的新闻内容进行评论，该网站会链接其他已发表的文章并对其发表评论。高客网还会批评其他博客网站本身，而且那经常是一种恶毒的尖刻评论。丹顿发表内容的态度在很大程度上受到了另一家"臭味相投"的网站 Suck 的影响。事实上，当丹顿推出博客网站 Wonkette 用于讽刺美国华盛顿特区的当权派时，他聘请了一位名叫安娜·玛丽·考克斯（Ana Marie Cox）的 Suck 前员工来负责运营。以下是高客网的一篇文章。

独家新闻：康泰纳仕特自助餐厅

高客网此前曾报道，自助餐厅的汉堡员在不耐烦地敲打自己与《时尚》杂志的传奇主编安娜·温图尔（Anna Wintour）之间的玻璃隔板之后，被炒了鱿鱼。任何想在小士毅·纽豪斯（Si Newhouse, Jr.）手下工作的自助餐厅奴隶，都不得重复这种无礼的行为。内部人士透露情况并非如此："他只是想学习如何做意大利面，所以他们把他弄走了。"

高客网，2003 年 3 月 24 日，下午 1：22 [47]

很快，丹顿就打造了他的博客内容组合，涵盖个人生产力、硅谷、电子游戏、体育等一系列主题。丹顿将开支控制得很低，每月支付几千美元（最多）给博主，但他期望每位博主每天都能发表十几篇或更多的博客文章。通过不断提供新的、更新的、最新的内容，人们

会一次又一次地返回高客网的博客订阅源，以了解世界上正在发生什么。丹顿说："即时性比准确性重要，幽默也比准确性重要。"[48] 传统的记者会因为低劣的编辑标准嘲笑丹顿的那些博客网站，但他们无法质疑的是，这些博客网站推动的日常对话方式是传统内容提供方无法企及的。通过保持很低的开支，并利用 AdSense 这样的创新广告技术，丹顿推出了一个接一个的博客网站，打造了一个媒体帝国。截至2007 年，高客网已经拥有约 100 名员工，年利润有 1 000 万～1 200万美元。[49]

第十四章
互联网 2.0

维基百科，优兔和大众智慧

在某种程度上，博客只是一种表现形态，反映了内容发布正在不可避免地朝着数字化领域转移。21 世纪初，音乐网站 Pitchfork 蓬勃发展，它做的只是 *Spin* 和《滚石》这类杂志多年来一直以纸质形式在做的事情：评论音乐和分析新的艺术家。但是 Pitchfork 也提供了一些内容，从中可以看到博客如何改变了媒体的品位和权威性。通过 Pitchfork，一群默默无闻的音乐类写手仅仅通过他们独特观点的力量，就可以获得可信度，从而挑战既定的秩序。这种现象发生在了互联网上众多令人感兴趣的细分领域中，其中最好的内容上升到了顶端，最突出的声音成了新的"权威"。从食品到时尚，从汽车博客到"妈咪"博客，甚至包括涉及金融、经济和法律等曲高和寡的学术领域，博客使得新的声音可以浮出水面，任何人都可以宣称自己是"专家"，而无需任何官方的认可、培训，甚至过往的经验。

在这方面，最能说明问题的例子或许来自政治领域。基于显而易见的原因，2001 年 9 月 11 日是一个转折点。那场悲剧是人们第一次从亲身经历者的角度在网上记录的一个历史事件。成千上万名博主记录了他们的情感和印象，甚至是他们的直接经历。尼克·丹顿在 2001年 9 月 20 日的《卫报》文章中写道："通过一些与逃跑或丧生相关的人性故事，我才真正感受到了这场灾难。一些最真实的目击者叙述和事后的个人日记已经发表在了博客上。"[1] 这是贾斯汀·霍尔多年来一直倡导的：普通人是历史的记录者。"如果每个人都在网上讲述他们的故事，那么我们将会有一本无穷无尽的人类故事书，讲述的视角会是各种各样的⋯⋯世界上任何地方的任何一个人，只要拥有一台数码相机、一台笔记本电脑和一部移动电话，就可以成为一位现场多媒体故事讲述者。"[2]

从美国政治光谱的右侧来看，人们对"9·11"事件的反应是直接而强硬的。一批倾向保守的博客网站，比如 Instapundit、Little Green Footballs、Power Line 等，开始倡导一场主动的全球反恐战争。这些网站在之后几年被统称为"战争博客"，因为它们成了阿富汗和伊拉克战争的热情的拉拉队队员。相反，反对伊拉克战争的左翼博客网站也大量涌现，比如 MyDD、DailyKos、Eschaton、Hullabaloo 等。这些左翼博客网站称自己为"网根族"（netroots），并且可以理所当然地宣称自己在 2003 年为反战总统候选人霍华德·迪恩（Howard Dean）贡献了力量。

在"博客圈"中，新的力量似乎从无到有，通过热门博客文章后面的精彩评论获得声誉，进而成为有影响力的博主，然后经常在"主流的"新闻出版物，甚至是实际的政治立场讨论中占据一席之地。在美国，人们生活在一个后政治博客的时代里，大家可以在网上发起一些活动，并接管主流的话语权。关于这一新的现实情况，最知名的例子就是右翼的茶党（Tea Party）运动，尤其是在特朗普担任总统期间，博主们（通过布莱巴特新闻网站）登上了政治权力的最高舞台。

关于博客的兴起，最有趣的部分也许是网络用户的习惯和行为改变。用科技记者莎拉·莱西（Sarah Lacey）的话来说，如果说在互联网 1.0 时代，互联网能够让你"从离线世界中获取预先包装好的内容，并将它放到一个网站上"[3]，那么新的互联网能够让你（以及所有其他人）自己上传内容、发掘内容、管理内容，并确保你的内容与媒体领域的其他任何内容一样有趣、有价值。主流用户花了大约 10 年的时间来适应互联网，但是现在，他们已经了解了当前的形势，不再仅仅满足于"冲浪"。现在，甚至普通的互联网用户都准备参与到网络中了。正如马克·安德森早在 Mosaic 浏览器时代就预料的那样，"乌合之众"准备以一种主要的方式参加聚会，不仅作为消费者，而且作为生产者。引用这个时代之后不久的一本畅销书的标题，泡沫之后的互联网时代，是《人人时代》（*Here Comes Everybody*）。

这个趋势的闸门被打开，Napster 功不可没。那些交换 MP3 文件的数千万名用户全都主动、自发地进行自我管理，并使用自己的资料库为他人创建内容。通过 Napster，主流互联网用户第一次看到了互联网在内容生产方面的价值。融入 Napster 的是所有这些活动的"社交"要素。如果你通过 Napster 在另一位用户那里找到了你喜欢的一首歌曲，那么你也可以浏览那位用户资料库里的其他文件。如果你与 Napster 上的某位朋友都对某支特定的乐队感兴趣，那么如果他拥有另一支乐队的很多首 MP3 歌曲，那么你可能也会喜欢那个乐队。这就像网飞的推荐引擎，但这是一种偶发的动作，并且是用户的自主行为。他们在寻找志同道合的人，这是一种基于共同兴趣创建社区的行为。

除了 Napster 和博客之外，网络的"社交"属性开始以各种方式显露出来。一个叫作 Slashdot 的链接博客网站在 2000 年流行起来，该网站整合了每天在网络上涌现的博客帖子和新闻条目。在每个链接帖子的评论区内，你可以看到成千上万名 Slashdot 社区会员对帖子的内容进行争论和探讨。Slashdot 社区自主维系混乱中的秩序。有一些随机挑选出来的用户被赋予了审核的权限，可以在"有洞察力"到"恶意挑衅"的范围内，对内容投赞成票或反对票，从而使社区可以对言论进行自主监管。

数码相机在 21 世纪初才刚刚开始流行。当然，你可以用喷墨打印机将照片打印出来，然后邮寄给你的奶奶；或者，你也可以通过 Flickr（2004 年 2 月推出）这样的网站，在线发布整本相册，然后把 Flickr 页面的链接发给你奶奶。此外，如果你愿意，你可以将你的照片分享给完全陌生的人。陌生人怎样找到你的照片？Flickr 允许你用关键词"标记"你的照片，这样其他用户就可以搜索到它们了。如果有人想浏览一些大峡谷的照片，那么他可以在 Flickr 上输入这个关键词，然后查看成千上万个陌生人暑假的去处。

从网景浏览器时代开始，用户就使用书签和"收藏夹"功能来标记他们最喜欢的网页。但是，如果你想看看其他人收藏了什么，你该怎么做呢？Del.icio.us（2003 年 9 月推出）可以帮你做到这一点，这个网站允许用户通过彼此分享书签的方式，在网上发现很酷的新事物，就像 Napster 允许用户交换歌曲一样。

后泡沫时代的新互联网是关于用户和内容的。网上可以出现"分享"这样的自发冲动以及"标记"和分类法这样的自我管理。网上的内容可以由普通公众创作，并为他们自己服务，这些内容可能比预先包装或专业制作的内容更加吸引人或令人兴奋。新互联网越来越多地与大众创造和管理一种无政府状态的集体"智慧"有关。

长期以来，协同合作和集体组织的理念一直是黑客和软件开发人士的普遍做法。正如 woowoo 上的每一位黑客都热情地帮助肖恩·范宁完善 Napster 一样，程序员们经常聚集在一起，组成社群开发"开源"项目，比如 Linux 操作系统。开源项目的开发远没有造成"厨房的厨师太多"这种混乱的局面，而是证明了完全陌生的人可以独立走到一起——不需要太多的集中协调——并且以有序、卓越的方式协作开发出一些东西。

一位名叫沃德·坎宁安（Ward Cunningham）的资深软件开发人员第一次将这种实操方式引入了他的网站"波特兰模式知识库"（Portland Pattern Repository），这是一个供其他程序员贡献和分享编程创意的网站。1995 年 3 月 25 日，坎宁安在一个名为"维基网"（WikiWikiWeb）的网站上创建了一个子页面。"维基"（Wiki，这个词来自夏威夷语，意思是"快速的"）由一系列可以被任何用户编辑的页面组成。因此，某位特定的用户可能会在维基上发布一段代码，而另一位用户可能在他之后添加、更改这些代码，甚至将这些代码完全替换掉。但是，所有的编辑过程都会被存储下来，如果有任何用户愿意，页面还可以恢复到之前不同阶段的版本。这样的一个系统能够运行起来似乎是违反直觉的，但坎宁安发现，在有了足够多感兴趣的用户输入了足够多的信息之后，他的维基系统运行得相当好。坎宁安因为提出了"坎宁安定律"（Cunningham's Law）而闻名，该定律认为"在互联网上，获得正确答案的最好方法不是问问题，而是发布错误的答案"[4]。坎宁安发现，如果一位用户给他的网站贡献了一些代码，而其他用户发现了其中的错误或仅仅是存在异议，他们就会来纠正这个错误或进行讨论，这种情况几乎是不可避免的。

维基发掘了集体行动的强大力量。几年后，一位默默无闻的创业者利用这种力量拯救了自己处于挣扎之中的项目。吉米·威尔士（Jimmy Wales）是一位连续互联网创业者，他创建了一些更复杂的网络目录——与雅虎的网站类似，但更为聚焦——并且获得了一定程度的成功。威尔士还对百科全书怀有毕生的热情，并且痴迷于一个想法：在互联网上可以创造出最大的百科全书。

威尔士后来写道："想象一个新的世界，在这个世界里，每个人都可以自由地获取人类所有的知识。"[5] 2000 年初，他推出了一个名为"新百科全书"（Nupedia）的项目，邀请了很多领域的专家来撰写文章，他希望这些内容最终能成为一本无限的百科全书。该项目要求参与者对某一特定主题拥有丰富的知识，他们必须将文章提交到一个严格的同行评审系统中，由负责审查的编辑进行评审。同样，这些编辑也必须获得认证。"新百科全书"的政策声明中提到："我们希望这些编辑是各自所在领域的真正的专家，并且（除了少数例外）拥有博士学位。"

然而，"新百科全书"严格的质量控制模式被证明是低效的。直到 2000 年 9 月，第一篇文章才通过编辑的审查。截至 2000 年底，在"新百科全书"网站上发表的文章仅有 20 多篇。失望之下，2001 年 1 月 10 日，威尔士在"新百科全书"的服务器上了安装了坎宁安原始维基软件的升级版。他打算利用这个"维基百科"（Wikipedia）作为一个独立的补给服务，从而加速"新百科全书"的文章提交进程。文章将在维基百科上通过协作的方式被撰写和编辑，然后转入现有的同行评议编辑流程中。维基百科几乎立刻在文章的数量和质量上超越了"新百科全书"。1 月 15 日，维基百科上发表的第一篇文章是关于字母"U"的介绍，作者们在文章中讲述了英语字母表中第 21 个字母的来源和用法。[6] 这篇文章内容全面、写得很好，而且令威尔士和他的编辑团队感到惊讶的是，这篇文章准确无误。为数不多的几千名维基百科测试用户，通过协作式输入和编辑，已经将这篇文章润色到了近乎权威的地步。

在一个月之内，维基百科发表了大约 600 篇文章，它在几周时间内推出的文章数量超过了"新百科全书"一年推出的文章数量。这个实践得到了 Slashdot 网站的推广。很快，维基百科就被 Slashdot 热情的用户淹没了，他们是一个社群的成员，已经习惯了协作式编辑模式。一年之内，维基百科的文章增加到了 20 000 篇。到 2003 年，英语版维基百科的文章超过了 10 万篇，各种语言版本的服务被陆续推出。在那时，"新百科全书"及其严格的编辑及同行评议系统早已被抛弃。

每个对维基百科的成功有所了解的人都感到困惑的是，它竟然真的是可行的！"难道一些白痴就不会公然对事物进行虚假或有偏见的描述，以推动他们的意识形态计划吗？"在维基百科的内部信息论坛上，原"新百科全书"项目的一位负责人问道。维基百科的一名支持者回答："是的，但其他白痴可以删除这些可修改的内容，或者把它们编辑成更好的内容。"[7] 事实证明，"无限猴子理论"——给足够多的猴子一些打字机，它们最终能写出莎士比亚诗歌——并不完全是幻想。足够多的自私的陌生人可以在广泛的话题上实现相当程度的准确性。2006 年，仅维基百科英文版就有 45 000 名活跃的编辑。[8]

维基百科拥有独特的优势，而互联网能让这些优势成为可能。接下来的几年里，在有新闻或历史事件发生时，维基百科的贡献者们会发布这些事件的最新进展情况，然后修改条目内容，以反映不断变化的环境或更新的信息。维基百科在近乎实时的情况下，通常能保证准确性和权威性，它拥有无限的互联网空间和资源可以利用，因此它可以提供人们所谓的"长尾"内容。任何一本有价值的百科全书都可能有一篇关于第二次世界大战的文章，但是维基百科可以为康普顿火车站生成一个418字的条目，这是英国的迪德科特、纽伯里和南安普顿铁路线上的一座废弃的火车站；或者，维基百科可以为电视情景喜剧《干杯》（*Cheers*）的第8季第14集制作一个详细的剧情和发展简介，在这一集里，克里夫·克莱文（Cliff Clavin）参加了一个电视游戏节目《危险边缘》（*Jeopardy*）。历史上没有任何其他的百科全书拥有如此广泛的主题。

维基百科是一个现代奇迹，并且很快成了全世界最热门的网站之一。威尔士原本的愿望是让这个项目成为一个商业项目，通过广告收入来维持运营。但是，当内容贡献者和编辑对于在维基百科上张贴广告的建议表示反感之后，威尔士将该网站变成了一家非营利性企业。迄今为止，维基百科得到了公众在内容方面的支持，因此它是对专有的"答案引擎"谷歌的一种开源制衡。

※

渐渐地，人们开始注意到，互联网上有了一种新的能量，它有几个特征：具有长尾效应；整合了大众的智慧；用户会根据自己的设计创建自己的内容。这种新的互联网能量在2004年10月的一次有着类似名称的会议之后，被命名为"互联网2.0"。如果互联网1.0是关于浏览别人创造的东西的，那么互联网 2.0 就是关于自己创造东西的；如果互联网 1.0 是关于将世界上所有的计算机连接在一起的，那么互联网 2.0 就是关于通过那些交错的计算机，将世界上所有的人连接在一起的；如果互联网 1.0 的号角是网景公司的 IPO，那么互联网 2.0 时代到来的标志就是谷歌的 IPO。"互联网 2.0 意味着，人们将按照它原本应该被使用的方式来使用互联网。"保罗·格雷厄姆表示。他是互联网 1.0 时代的一位资深创业者，同时作为一名投资人，他很快成了互联网 2.0 的一位主要推动者。"我们现在看到的'趋势'，只是互联网的内在本质，发源于互联网泡沫时期的一些破碎的模式。"[9]

在科技行业内部，博客的宣传推广让大家感觉到，互联网革命又重新开始了。2005 年 6 月 10 日，迈克尔·阿灵顿（Michael Arrington）开始在个人博客网站 TechCrunch 上发博文，这位 35 岁的硅谷前律师在互联网 1.0 时代就很活跃。阿灵顿的博文大部分是一些思考，与他观察到的从互联网 2.0 场景中不断涌现出来的新服务、新网站及新公司相关。但他很快就拓宽了范围，开始报道互联网 2.0 时代的真实新闻：哪些新公司成立了，由谁创立；哪些初创公司正在融资，找谁融资；哪些热门的新网站被收购了，被谁收购。TechCrunch 不仅成了互联网 2.0 运动的啦啦队队长，而且在某种意义上，它也证明了该运动的存在。同时，阿灵顿凭借自己的权利成了一名重要的玩家，因为对任何他愿意报道的新服务或新公司而言，他的网站都是一个重要的公关资源。正如《连线》杂志所说："TechCrunch 上一篇 400 字的正面报道，通常会导致被报道对象访问流量的突然增加以及潜在投资人信任度的大幅提高。"据《连线》报道，在 TechCrunch 用溢美之词报道了一家名为 Scribd 的初创公司之后，"该公司的首席执行官兼联合创始人特里普·阿德勒（Trip Adler）说，他在 48 小时内接到了 10 位风险投资人的电话"[10]。

事实上，初创公司又恢复了活力，这在很大程度上要归功于 TechCrunch 和关于互联网 2.0 的宣传。互联网的使用率从未下降过，事实上，在发达国家，其覆盖率已经达到了临界值。仅在 2003 年，家中拥有宽带的美国人的比例就从 15% 上升到了 25%。[11] 一种名为 Wi-Fi（无线网络通信技术）的新技术得到了应用，使得上网的概念变得无处不在且商品化了。网络广告甚至也回来了，新的业务仍然延续着相同的旧商业模式（但工具不同、规模更大）。2002—2006 年，美国广告商的网络广告支出从 60 亿美元增加到了 169 亿美元。[12]

风险投资机构也开始重新投入，为新的活动提供资金支持。2003 年，美国初创公司获得的风险投资为 197 亿美元，与 2000 年互联网 1.0 时代 1 000 多亿美元的峰值相差甚远。[13] 在后续几年，美国的风险投资经历了适度稳健的增长，在 2007 年达到了 294 亿美元。[14] 许多新公司获得了投资，但人们对互联网初创公司重新燃起的兴趣并不是 20 世纪 90 年代末的那种狂热。投资人和创业者都对互联网泡沫的余波心存芥蒂。"快速做大"不再是战略口号，数百万美元的广告宣传和华而不实的发布会已经消失。相反，互联网 2.0 公司的目标是不断完善自己的产品和服务，通过功能创新和口碑推荐，精心培养自己的用户群，同时像激光一样聚焦于可靠性和规模化等问题。

风险投资并没有大规模反弹，因为不必如此。在互联网 2.0 时代，你可以在几个月之内推出一项可供数百万人使用的服务，而且你只需花费一点点钱——至少与互联网 1.0 时代相比是这样的。受到互联网泡沫后遗症的影响，企业可以低价招聘到非常优秀的程序员；全球光纤扩建留下的过剩的基础设施，意味着带宽、存储和数据的成本变得更低了；在互联网泡沫时期被开发的各种工具，意味着你无须从头开始创建公司——几乎不需要任何成本，你可以用免费的开源工具搭建一个最简化可实行产品（MVP）的框架，这样，一家公司的雏形就建立起来了。据估计，在核冬天的短短几年里，创办一家互联网公司的成本下降了90%。[15]

掘客网（Digg）也许是互联网2.0时代的一家具有典型代表性的公司，它完美地展示了创业领域的变化。2004年，27岁的凯文·罗斯（Kevin Rose）想到了一个新网站的创意，可以帮助像他这样的极客发掘当天的新闻，发掘博客网站甚至是《纽约时报》等主流网站上的热门话题。他的愿景是建立一个网站，将Slashdot的社区投票功能纳入其中，将挖掘、展示新闻的权利赋予所有人。在掘客网网站上，任何用户都可以提交一个新闻故事，其他用户可以"挖掘"它。如果关注它的用户足够多，那么这个故事就会登上头版。相反，如果用户不喜欢一个故事，那么他们可以投票"埋葬"它。罗斯注册了Digg.com域名（这是最大的一笔开支，实际上他必须向这个域名的持有人购买这个域名），向加拿大的一名程序员支付每小时12美元的报酬，让他来编写网站代码，并支付每月90美元的网站托管费用。该网站于2004年12月5日上线。[16]罗斯的总支出约为10 000美元。

通过这笔投资，罗斯很快就拥有了一个互联网上最热门的网站。不到一年时间，掘客网的流量就超过了Slashdot。[17]登上掘客网的首页可能会给一个网站带来巨大的流量，所以互联网上的内容发布网站开始在它们的网站上添加"挖它"（Digg This）的按钮。两年之内，掘客网的流量几乎与《纽约时报》网站一样多，每天都有100多万人登录这个网站，"挖掘"成千上万个新闻故事。[18] 名义上，掘客网从第一天起就是盈利的，这要归功于谷歌的 AdSense 广告，以及后来的更传统的营销网络的横幅广告。2007 年，掘客网与微软达成了一笔 1 亿美元的广告合作。那时，罗斯已经登上了《商业周刊》的封面，标题是《这个年轻人如何在 18 个月内赚到 6 000 万美元》。对罗斯账面财富的估算来自风险投资人对掘客网的估值。但事实上，掘客网的融资并非一种心甘情愿的行为。当罗斯与他的联合创始人杰伊·阿德尔森（Jay Adelson）在沙丘路（Sand Hill Road）融资时，他们在这个硅谷最有权势的风险投资人的大本营里见到了一些金主，并且对这些投资人过时的想法感到震惊。"他们仍然维持着 1998 年的信仰体系，关注的都是门户网站那一套东西。"阿德尔森惊叹说。[19] 风险投资人想给他们投资数千万美元，让他们打造出下一个雅虎或美国在线，但罗斯和阿德尔森只接受了 200 万美元的投资。他们并不是真的需要融资，此外，融资金额更少意味着他们能够为自己保留更多的股权。

与几年前不同，新的互联网 2.0 公司不需要那么多资金，而且它们不急于上市。互联网泡沫破裂之后，安然和世通等公司卷入的丑闻浪潮开启了金融监管的新时代。尤其是《萨班斯-奥克斯利法案》（Sarbanes-Oxley）意味着公司上市的好处更少了，这使得公司更愿意在尽可能长的时间内维持私有状态。如果没有风险投资人以"退出投资"为后果强烈要求上市，那么互联网 2.0 公司会更多地控制自己的命运，并以一种谨慎的心态来应对一场轰动性 IPO 可能给它们带来的压力。这些公司从互联网泡沫中已经吸取了教训：你可以放手一搏，但首先要尽力创建一家真正的公司。

这并不意味着投资人将失去"退出"机会。随着互联网泡沫幸存者们的财务状况开始恢复，一大群财大气粗的收购者出现了，它们从互联网 2.0 公司中挑选最有前途的新生力量。雅虎在 2005 年以大约 4 000 万美元和 2 000 万美元的价格，分别吞并了 Flickr 和 Del.icio.us。

北欧人尼克拉斯·詹斯特罗姆（Niklas Zennstrom）和亚努斯·弗里斯（Janus Friis）先是创建了第二代点对点网络平台 Kazaa，然后利用相同的点对点技术实现了通过互联网打电话。他们创建了 Skype，使全球数亿名用户能够免费通话和聊天，并于 2005 年 9 月以 26 亿美元的价格将该公司出售给了易贝。

然而，在互联网 2.0 时代早期，大家都关注的传奇收购案例是优兔。2004 年底，3 名贝宝公司的前员工，查德·赫利（Chad Hurley）、陈士骏（Steve Chen）和贾韦德·卡里姆（Jawed Karim）在思考一个问题：为什么在网上发布一段视频，不像在 Flickr 上发布一张照片或在博客网站上发布一篇博文那么容易？优兔就是他们为了解决这个问题而推出的网站，从一开始，最重要的想法就是极简便的一键式视频上传。

但是，到底应该鼓励用户上传什么内容呢？优兔应该鼓励人们创作接近电视制作水准的原创剧情视频吗？也许优兔可以为易贝提供拍卖视频，并像贝宝一样利用繁荣的拍卖经济来实现增长（记住，他们都是贝宝黑帮的持卡会员）。他们甚至还讨论过是否可以模仿 HotorNot，这是一个很受欢迎的互联网 2.0 网站，用户可以上传个人资料图片，其他用户会根据图片的吸引力投票决定其位置的上下变化。"最后，我们只是袖手旁观。"赫利说。他们只是让用户上传自己想上传的任何东西，不管这些内容有多傻、多无聊、多个人化或者什么。[20] 这就是互联网 2.0 的方式。

发布在优兔上的第一段视频证明了这种态度。《我在动物园》是贾韦德·卡里姆在美国圣地亚哥动物园的大象表演之前拍摄的一段 19 秒钟的视频。该视频上传于 2005 年 4 月 23 日，卡里姆在视频中做了如下的简洁叙述。

好吧，我们现在在大象面前。呃，这些家伙最酷的地方是它们有很长、很长、很长的象鼻子，这很酷。这就是我要说的全部。

这并不是"人类迈出的一小步"，但是我们要感谢优兔的创始人，他们理解了这正是适合优兔的视频。

优兔比较幸运的一点在于它诞生的时机。2005 年，宽带互联网的普及率继续上升，而且消费类摄像机变得越来越普遍，甚至在优兔上线时，有一些手机也可以拍摄视频。2005 年 8 月，优兔得到了 TechCrunch 和 Slashdot 的正面报道，该网站发布的视频数量开始增加。然后，优兔一直模仿博客网站那种"发布任意内容"的精神，这种做法帮助其获得了更多的流量。事实上，正是博客网站本身真正帮助优兔流行了起来，其中还包括 MySpace 这样的社交网络。

除了简便的一键上传之外，优兔真正的亮点是该网站的第二个重要特点：极简便的分享功能。在你把视频上传到优兔之后，你可以很简便地分享这段视频的链接，就像使用 Flickr 一样。你只需简单剪切和粘贴几行代码，就可以将视频嵌入任何你想要它出现的地方：你的网站、博客，或者你的 MySpace 页面上。这样，你就不必把看视频的人引导到优兔网站上了。虽然网络视频仍然是一个相对罕见的东西，但突然之间，网络上到处都有了视频。每次有人在一个网站上嵌入一段视频，其底部都会显示一个小小的优兔图标，鼓励用户访问优兔网站并尝试发布自己的视频。

优兔在 MySpace 中非常受欢迎，但真正让它腾飞的是 MySpace 与博客的结合。"分享你自己，分享一切！"——当时的网络精神与无处不在的网络传播平台相结合，产生了我们现在所说的病毒式传播效果。音乐电视模仿秀《慵懒星期天》(*Lazy Sunday*)节选视频在网上获得的巨大成功就证明了这一点。2005 年，《周六夜现场》(*Saturday Night Live*)节目中播出了一段大约两分钟的音乐短剧，记录了曼哈顿的几位年轻白人滑稽搞笑的行为，他们在周日早上光顾了木兰花面包店，然后看了一场最新上映的电影《纳尼亚传奇》——所有这些都被编排成了硬核的说唱风格。这段视频既滑稽又吸引人，可能是该节目首次播出时随意拍摄的一个片段。但也许是命运的眷顾，在该节目最初播出后不久，有人在优兔上发布了这个视频片段，很快就获得了 500 万次观看。[21] 美国全国广播公司的律师在几天之内就要求优兔把它撤了下来，但是在此之前，这段视频的口碑传播使优兔的流量增加了 83%。

最初几个月，优兔的流量很普通，但随后用户爆炸式的增长速度超过了历史上任何一个网站（包括谷歌、MySpace 和脸书）。截至 2006 年初，该网站每天提供 300 万次视频浏览服务。6 个月之后，浏览量增加到了每天 1 亿。与大多数优秀的互联网 2.0 公司一样，优兔取得这一成功所依赖的资金量少得惊人。该公司经历了两轮融资，总金额仅有 1 150 万美元。事实上，优兔只需要一些服务器（以及后台一些有用的内容传输网络）就可以向全世界提供视频服务，这有力地证明了基础设施是互联网泡沫给新一代初创公司留下的遗产。

如今，我们已经习惯了流行的"文化现象"瞬间传遍全世界，并开始期待社交媒体能将加拿大十几岁的年轻人捧成超级巨星（当然，我想到的是贾斯汀·比伯，他因为母亲将他的视频上传到优兔而被人发掘）。优兔是这类事情的发源地，也是现代流行文化和社交媒体上的名人生态系统的发源地。随机事件或随机人群可以实现病毒式传播，得益于优兔，这个想法真正进入了大众视野。赫利在 2006 年 4 月告诉美联社："我们提供了一个舞台，每个人都能参与，每个人都能被看到。"[22] 没有比这更伟大的互联网 2.0 宣言了。

但是，《慵懒星期天》现象也表明了一个很多人关注的问题：有大量受版权保护的资料被非法上传到了网站上。当然，其中有用户自制的一些家庭影片，但同样常见的是前一天晚上播放的最新一集《生还者》（Survivor）视频，甚至是仍在影院上映的电影片段。简而言之，网站上存在着大量的盗版内容。就像对 Napster 的期待一样，用户开始期待他们可以在优兔上观看任何东西——从贾斯汀·汀布莱克（Justin Timberlake）的最新视频，到 20 世纪 60 年代晦涩的日本电影。

这就是问题所在：如果存在不可避免的责任难题，那么除了重走 Napster 的老路之外，优兔还能做什么？这就是为什么在 2006 年，大家都热衷于"谁会买下优兔"这个猜谜游戏。尽管优兔的人气激增，但它并没有盈利，在后泡沫时代，如果公司无法获得有意义的收入，那么它是不可能举行 IPO 的。所以，除非优兔能够在诉讼开始之前将自己卖给一个财大气粗的并购方，否则它就有被推入坟墓的风险。

正如在随后的诉讼中表现出来的那样，优兔网站的人非常清楚，该网站上有大量的盗版内容，但是他们吸取了 Napster 的教训。Napster 曾试图辩称，根据《数字千年版权法案》（Digital Millennium

Copyright Act），作为一个中立的平台，它享有法律豁免权。根据法律，如果服务提供商和平台在收到通知时能够快速有效地移除所有侵权内容，那么它们作为"安全港"可以受到保护。Napster 最终注定失败的原因也在于此：它从来就没有做到在其服务中 100% 删除盗版文件。在 Napster 倒闭 5 年之后，优兔能否找到一个人，创建一套更好的系统来移除非法上传的材料——也许它要找一位精通算法的人？

2006 年 10 月 9 日，谷歌宣布以价值 16.5 亿美元的股票收购优兔。对优兔的人来说，将公司卖给谷歌是合乎逻辑的：尽管优兔很节俭，但提供数亿条视频服务的成本最终变得令人望而却步。带宽现在可能确实更便宜了，但是谁能想象优兔那样大规模的数据管理的成本呢？谷歌与优兔是完美匹配的，因为它庞大的基础设施能够让优兔应对这样的数据规模。

但是对很多人来说，谷歌决定接手优兔这个负担，这简直是疯了。谷歌这样做，岂不是花了很多钱却要承担巨大的债务风险？实际上，谷歌在收购优兔时做了一个简单的思考：在宽带时代，视频可能会像文本和图片一样无处不在。本质上，优兔已经成了世界上最大的视频搜索引擎。事实上，它最终成了第二大最常用的搜索引擎。谷歌的使命是管理世界上所有的信息，它不能将视频搜索落在自己的职权范围之外。

谷歌能够设计出复杂的自动化系统，当版权持有人发出提醒时，它可以快速、有效地删除受版权保护的视频内容。版权持有人的诉讼最终还是来了，尤其是维亚康姆（Viacom）公司发起的金额高达 10 亿美元的诉讼。但是，因为谷歌可以证明它在内容监管方面的工作是有效的，所以 2010 年负责审理维亚康姆案的法官做出了有利于谷歌的裁决，称谷歌的撤销系统足够有效，符合《数字千年版权法案》的要求。

Napster 就没有遇到谷歌这样的救世主。谷歌可以提供基础设施，帮助优兔扩大规模；它拥有成熟的技术，能够让优兔站在合法的一边；它有充足的资金来应对法律纠纷；最重要的是，它为优兔提供了一种商业模式，使其实现了蓬勃的发展。还记得谷歌放在网页上的那些很小的文字广告吗？它们可以被用在优兔上，使视频内容也能变现，就像任何其他类型的内容变现一样。随着时间的推移，文字广告甚至可以演变成真实的视频广告，这也是基于算法和效果的广告，就像谷歌的广告一样。

这是优兔堪称完美无缺的时机的最后一种体现方式。电影公司和电视工作室曾紧张地看着 Napster 走向崩溃。它们知道自己所在的行业是下一个被互联网颠覆的目标。当这种颠覆以优兔的形式出现时，好莱坞这次至少愿意权衡一下各种选择机会。对 Napster 采取"焦土政策"并没有挽救音乐产业。因此，一旦谷歌愿意与版权持有人分享广告收入，行业中的很多人（尽管不包括维亚康姆）都愿意合作。至少谷歌为好莱坞提供了某种收入来源。数字视频内容的收入可能不如以前的模拟视频的收入丰厚，但这就是 Napster 留下的教训，对吗？你最好接受你能拿到的东西，并拥抱新的传播模式，而不是与它斗争。娱乐行业现在甚至愿意接受 5 年前 Napster 试图提出的一个重要观点：让用户在网上体验你的内容实际上是一种很好的推广方式！《慵懒星期天》现象就展示出了这一点。2008 年，优兔每月播放的视频达到了 43 亿条（仅在美国），而很多人——尤其是年轻人——在网上观看的视频数量超过了在传统电视上观看的视频数量。[23] 好莱坞第一次停止了与行业的颠覆者做斗争，而是跟随观众口味的变化，迈入了一个数字化的未来。

※

互联网 2.0 涉及的是人们在网上表达自己——实际上，他们自己就生活在网上。拼图的最后一块仅仅是让所有这些社交活动的线索变得更为清晰。

Napster 上的黑客通过在线聊天客户端——如 IRC——相互认识并达成合作，而美国在线有一款类似的技术应用。当时，美国在线仍然拥有 2 000 多万名用户，是互联网服务提供商领域的主导者，其公司内部的一款聊天程序可以让你与朋友或家人进行实时聊天。这款聊天程序有一个"好友列表"功能，当你在线的时候，它会提醒你还有哪些朋友也在线，这样你就可以跟他们快速沟通。这个系统还允许你留下一条离线信息，这样你的朋友就可以知道你大概什么时候会再次上线。

即时消息功能只对美国在线的内部成员开放。但是在 1997 年，公司做了一件完全反常的事情：它将这个聊天程序作为一个独立的网络客户端发布在了网上。这款聊天程序被称为即时通（AIM），它使得人们在关闭美国在线网站后，仍然可以与他们的朋友保持联系。事实证明，它特别受上班族欢迎，因为他们在工作中无法登录美国在线网站。同时，它也受到了青少年的欢迎，因为它可以让他们与所有朋友保持联系，无论他们是不是美国在线的用户。很快，即时通就获得了数亿名用户，比美国在线鼎盛时期的实际用户数量多了很多倍。尽管美国在线在与时代华纳进行灾难性合并后开始崩溃，但即时通仍然因为一个简单的原因一炮而红：它是一张字面意义上的社交图谱，一张你的网络人脉和关系的有形地图。在即时通上聊天变得比电子邮件更为流行；你的即时通网名最终让你能够给自己定制一个基本的形象，并将其变成一个有价值的在线身份标记。这些功能，加上离线留言和状态更新，反映了用户的日常状态。除此之外，表情符号和图标的使用也能够体现即时通用户的情绪，即时通成了一个功能完备、可以实时展现的"数字化自我"。美国在线甚至还有过一个夭折的 Aimster 项目，它有搜索朋友的硬盘和交换文件的功能（美国在线的管理层在看到曙光之前就将该项目扼杀了）。

这就是问题所在。美国在线不知道自己拥有的是什么。即时通是一个完全充实的社交网络。没错，用户可以免费使用它，但是通过传统的横幅广告，它也可以多多少少产生一些收入。如果美国在线中的任何一个人有能力预测未来，那么他会发现即时通是一个完美的平台，能够将美国在线的用户顺利转移到拨号上网终结后的世界。在我们使用手机短信之前，在我们通过脸书重新建立连接之前，我们中的很多人都在即时通上实现了连接。社交图谱实际上是互联网 2.0 的巨大机会，其他人要想抓住这个机会，只能期待美国在线犯错。即时通最终因为良性的忽视与这个机会失之交臂。发明即时通的美国在线工程师之一巴里·阿佩尔曼（Barry Appelman）说："如果美国在线能有一些后见之明，那么也许社交网络的故事会有一个完全不同的结局。" [24]

※

回想起来，社交网络似乎是一个非常明显的概念，但这只是因为我们透过镜子看到了一个现代世界，在这个世界里，我们的"网络生活"和"现实生活"之间的界限几乎被完全打破了。社交网络的根源可以追溯到早期的互联网时代。通过 Match 这种最早的约会网站和 iVillage 这类网站上的留言板，用户可以创建一个"在线形象"或一个真实世界的自我代表。"地理城市"和"天使之火"这类网站允许用户构建错综复杂的个人网页，以便在网络空间中打造自己的虚拟化身。

我们今天认识的第一个现代社交网站是 SixDegrees。1996 年，一位名叫安德鲁·魏因赖希（Andrew Weinreich）的前律师兼华尔街分析师产生了一个想法。这个想法受到了一个流行观点的启发。这个观点认为，地球上的任何一个人都可以通过大约 6 步的个人关系与其他任何人建立联系，这就是六度分隔理论（Six Degrees of Separation）。如果这是真的，那么网络就是映射这些联系的完美工具。

SixDegrees 于 1997 年初推出，在大约一个月后，它就以我们现在熟悉的病毒式传播迅速风靡起来：用户给他们的朋友发送邀请，让他们到网站上注册，以建立连接。在巅峰时期，该网站拥有 350 万名会员。1999 年，魏因赖希明智地将公司以 1.25 亿美元的价格卖给了另一家互联网初创公司。[25]

当时，很多人认为 SixDegrees 往好了说是一个新奇的关系网，往坏了说是一个令人毛骨悚然的约会网站。但是魏因赖希始终确信，网络社交的创意有着更为强大的力量。"我们将 SixDegrees 视为一种操作系统。人们在易贝上购买手表时也会考虑到这一点，你可以根据别人与你的相似性来挑选手表。"魏因赖希说，"将来，你应该能够根据评论电影的人来筛选电影评论。"[26] 这是一个正确的创意，但魏因赖希非常遗憾地承认："我们出现得太早了。时机就是一切。"[27] 在互联网时代，运营这个网站的成本很高，当然，那时的个人资料里也没有照片。"我们召开了董事会，讨论了如何让用户扫描照片、上传图片。"魏因赖希说。[28] 在互联网泡沫破裂之后，该网站被关闭了。

2002 年，网景公司的一位前员工乔纳森·艾布拉姆斯（Jonathan Abrams）创办了一个名为 Friendster 的网站。艾布拉姆斯想复原 SixDegrees 最初的概念，即体现真实的身份和真实的个人关系。几个月之内，仅仅依靠口碑营销，该网站就获得了 300 万名用户。[29] 媒体认为 Friendster 只是一个更复杂的约会网站：人们那时可以很容易地将图片等数字化个人资料上传到 Friendster 里，而这有助于塑造这个网站的形象。一旦与别人建立了联系，你就可以浏览他们的朋友资料，看看其中谁有吸引力（并且单身），然后你的朋友会为你美言几句。然而，这正是互联网 2.0 在硅谷复兴的概念，所以不管是否被视为一个交友网站，Friendster 成功地从包括凯鹏华盈和基准资本在内的知名风险投资机构那里获得了 1 200 万美元的投资。2003 年，谷歌提出以 3 000 万美元的价格收购 Friendster，并以谷歌 IPO 前的股票支付，但是在风险投资人的鼓励下，艾布拉姆斯拒绝了这一提议，转而为了更远大的目标孤注一掷。

Friendster 最终错过了这个远大的目标。事实证明，为数百万名用户提供博客甚至网页是一回事，而一个服务于数百万名用户的社交网络完全是另外一回事。在社交网络上，内容是不断变化的，为每个用户提供的服务往往是该用户独有的，而且通常只发生在特定的时刻。Friendster 必须动态地传播每一条内容更新、每一篇新帖子，以及每一张新图片。呈现这些爆炸式的内容洪流是一项全新规模的工程挑战，而 Friendster 根本无法应对这一挑战。

艾布拉姆斯后来说："它增长得太快了，我们绝对没有做好准备。在 2004 年和 2005 年，Friendster 几乎无法正常运行。这个网站真的很慢，有很多问题。不出所料，这导致大量用户离我们而去。"[30] 需要 30 秒或更长的时间等待加载页面，这令 Friendster 的用户很沮丧，他们可以转向一大批模仿 Friendster 的网站。与任何其他的好创意一样，社交网络的重生激励了几十个创业者来尝试这个概念。很多 Friendster 的模仿者试图创建针对某个特定人群的社交网络：大学生群体、高中生群体，甚至是宠物主人群体（比如 Dogster）。

其中一个模仿网站是 MySpace，它疯狂地吸引着那些对 Friendster 大失所望的用户。MySpace 隶属于 eUniverse，这是一家在互联网泡沫破裂后幸存的互联网公司，通过在线广告推销抗皱面霜（"比注射肉毒素更好"）赚了很多钱。该广告声称免费提供昂贵的具有自动填充功效的抗皱面霜，但该广告显示食品及药物管理局（FDA）表示"没有可靠的科学证据支持"。一位名叫汤姆·安德森的 eUniverse 员工迷上了 Friendster，并说服了他的老板克里斯·德沃夫创建一个模仿 Friendster 的网站。这可能是一种廉价而简单的方法，帮助 eUniverse 吸引更多的营销客户。2003 年 8 月 15 日，MySpace 上线，它几乎是完全照搬 Friendster 全部功能的一个复制版网站。用户拥有一个个人资料页面，他们可以在这里张贴照片，分享他们的兴趣和爱好，并浏览他们的朋友和家人的个人资料。不过 MySpace 增加了一些乱七八糟的功能，比如博客、星座信息、游戏等。

用户远离 Friendster 的原因之一（除了加载速度缓慢之外）是艾布拉姆斯坚持严格的真实身份认证。每当用户用网名创建一个

Friendster 账户，或者创建一个模仿账户或虚假的名人账户，Friendster 都会将这个账户删除。但 MySpace 没有这样的规定。如果你想注册莱昂纳多·迪卡普里奥或兔八哥的账户，MySpace 都会让你注册。此外，你可以关注任何你想关注的人，不管你是否真的认识他们。MySpace 第一个接触到了社交网络中的一个关键概念：与他人的联系可能是一种映射你个人关系的方式，但也可以显示你的个人品位。交友或关注另一个人可能是一种有力的投票，反映了你的兴趣和意愿。当这个功能与在个人资料中存储 MP3 文件的能力相结合时，MySpace 就成了一个强有力的推广场所，对音乐人来说尤其如此。现在，Napster 已经消失了，从"出轨男孩"乐队到"我的化学浪漫"乐队，再到"北极猴子"乐队，这些乐队在自己的 MySpace 页面上与成千上万名粉丝接触，宣传巡演日期甚至发布新歌，并因此声名鹊起。

　　MySpace 对用户的自我表达也采取了自由放任的态度。用户可以根据自己的喜好重新设计自己的页面，可以直接修改设计代码来展示华丽、多彩，甚至花哨的个人资料。这尤其对青少年充满诱惑，他们装饰自己的 MySpace 页面，就像装饰自己卧室的墙壁一样。当用户发布不雅的内容时，MySpace 也视而不见，以衣着暴露的女性为特色的形象照片比比皆是。关于这一点，年轻的越南裔美国模特提拉·特基拉深有体会，她是厌烦了 Friendster 的众多用户之一。"我收到了太多的好友请求，而且我的照片太火爆了。"特基拉谈到，Friendster 一再屏蔽她的个人形象照片。[31] 所以，她带着成千上万名用户来到 MySpace，在那里，她可以随心所欲地展示自己。很快，她的"好友"量增加到了几十万，她本人则获得了独特的"限制级"

（D-Level）名声。特基拉告诉《时代》杂志："互联网上有超过100万名性感裸女。那些女孩与我有一点区别——她们不跟你顶嘴。"[32]

基于所有这些因素，MySpace 迅速超越 Friendster，成了社交网络之王。在推出之后不到 6 个月的时间里，它吸引了 100 万名用户；在运营一年后，它的用户数达到了 330 万，每天有 23 000 名新用户注册。[33] 截至 2005 年 5 月，MySpace 每月吸引 1 560 万名访客。[34]

MySpace 的创始人汤姆·安德森和克里斯·德沃夫凭借自己的努力成了名人。安德森是与用户互动的人，所以他是每位新用户默认的第一个朋友；而德沃夫认为自己是 MySpace 的战略规划者。"我们想成为互联网上的音乐电视。"德沃夫告诉投资者。[35] 他对《纽约客》宣称："互联网一代已经长大了，更多的人愿意将他们的生活放在网上，在网上交流、写博客。这一代人是在 Napster 和 iPod 的伴随下长大的。"[36] MySpace 只服务于这些新用户的行为和期望。

但是，MySpace 的故事与互联网 2.0 浪潮中的其他公司的故事略有不同。首先，MySpace 的总部位于美国洛杉矶，这可能是该网站专注于展示个人魅力的一个关键原因。另外，比较独特的是，MySpace 并不是一家初创公司。相反，它隶属于一家母公司。安德森和德沃夫实际上并没有在 MySpace 发号施令。为了摆脱其不光彩的历史，那家名为 eUniverse 的母公司已经更名为 Intermix。随着人们对互联网 2.0 变得更加狂热，Intermix 认为是时候将 MySpace 出售套现了。2005 年 7 月，Intermix 宣布公司（以及 MySpace）以 5.8 亿美元的价格被收购了。收购方不是谷歌，甚至也不是雅虎，而是新闻集团（News Corp.）——一家由媒体大亨鲁伯特·默多克经营的企业。

该交易一经宣布，许多媒体人，甚至是科技行业内的一些从业者很快宣称，又一个泡沫已经在硅谷形成。但是有一段时间，MySpace令人难以置信的增长让这些担忧显得有些牵强。到 2005 年底，也就是被收购后仅仅 6 个月，MySpace 就宣称拥有了大约 4 000 万名注册用户，网页月访问量超过了易贝、美国在线，甚至谷歌。[37] 当 MySpace 在 2006 年与谷歌签署了一项价值 9 亿美元的广告合作协议时，社交网络看起来确实是下一个大事件。MySpace 是网络上出现的一只新的 800 磅重的大猩猩，鲁伯特·默多克成功窃取了新数字时代的成果。

但即使 MySpace 在用户、流量和收入方面都处于巅峰时期，人们仍然会将它与另一个 Friendster 的模仿者进行比较，那是一个只针对大学生群体的模仿者。在 2007 年 11 月举行的新闻集团财报电话会议上，鲁伯特·默多克本人将竞争对手脸书斥为"类似电话簿的网络工具"。相比之下，MySpace "已经不仅仅是一个社交网络。它将人们联系在了一起，它已经演变成了一个人们生活的地方，一个充满搜索、视频、音乐、电话和游戏的社会性平台"[38]。默多克并不知道，就在他说这些话的时候，社交网络之战已经结束，而 MySpace 将与 SixDegrees 和 Friendster 一起成为历史书上的失败者。

第十五章
社交网络

脸书

有一种普遍的现象，我们也许都可以从自己的生活中认识到。当你在 16 岁到 24 岁之间时，你会融入时代精神。在那段创造力活跃的时期，你会不断"收获"一些东西：最新的时尚、最酷的新音乐和电影、流行趋势，以及符合时代的笑话和创意。年轻人似乎比其他人更能预见未来。

在网景公司 IPO 时，马克·扎克伯格才 11 岁。作为一名高中生，他是在美国在线网站上长大的。1999 年，他在"天使之火"网站——"地理城市"的竞争对手，任何人都可以在上面免费创建一个网站——创建了自己的个人主页。"嗨，我叫斯利姆·赛迪。"在他的网站中，名为"关于我"的页面上有如下内容。

真的，我叫斯利姆·赛迪。开个玩笑，我叫马克·扎克伯格（对那些不认识我的人来说），我住在大城市纽约附近的一个小镇上。我现在 15 岁，刚刚读完高中一年级。

扎克伯格的网站上有一个名为"网络"（The Web）的子页面，上面有一个 Java 小程序，它绘制了一个图表，展示了扎克伯格认识的人之间的关系。他让他的朋友们在这个小程序上互相连接，这样他就可以绘制出他十几岁的社交圈。

1999 年的这个想法后来演变成了脸书创意的萌芽，这一说法似乎充满了诗意。但事实是，马克·扎克伯格才刚刚融入互联网时代精神。分享、关系、社交媒体，这些都是刚刚浮出水面的冲动。15 岁时，马克·扎克伯格还是一个沉迷于互联网和电脑的孩子，他直观地感受到了这些趋势。扎克伯格与他认识的几乎所有人一样，是一个重度的即时通用户。当 Friendster 刚刚推出时，他也成了这个网站的一名用户。他会写博客，会在 HotorNot 网站上投票。Napster 是他年轻的生命中最大的文化和技术事件。扎克伯格年轻时的软件开发者们各自以不同的方式展示了我们可以称为"社交"的元素。

在高中三年级的时候，扎克伯格和他的同学亚当·迪安杰罗一起开发了 Synapse 程序，这是一款针对贾斯汀·弗兰克尔的 Winamp 软件的插件，这个精巧的插件可以对人们收听的 MP3 进行采样，然后根据用户的喜好通过算法生成播放列表。[1]迪安杰罗之前开发过"巴迪动物园"（Buddy Zoo）程序，与扎克伯格的"网络"小程序很像，可以绘制出你的个人关系图谱，但迪安杰罗使用的是即时通中的个人关系。这两个男孩收到了微软和美国在线的收购要约，但他们还是决定去读大学。

扎克伯格就读于哈佛大学，主修心理学。即使进入了世界上最具声望的学校之一，他也没有放弃对软件开发的爱好。在他读大二的时候，扎克伯格创建了一个名为"课程匹配"（Course Match）的在线应用程序，帮助他的哈佛同学选修课程。这个程序可以让学生们了解谁已经选修了哪门课程，然后来决定自己选修什么。这样，你可以和你的朋友一起上课，或者与那个你想见的可爱女孩接触。同一年的晚些时候，扎克伯格在一门名为"奥古斯都时代的艺术"的课程上表现不佳，于是他创建了一个网站，鼓励他的同学们对课上探讨的艺术作品进行维基百科式的集体分析。这个聪明的策略让扎克伯格快速临阵磨枪并通过了考试。[2]

扎克伯格还给哈佛的学生创建了一个类似 HotorNot 的网站，名为 Facemash，用户可以根据同学们的长相进行投票。该网站有一段宣传对话。"我们进入哈佛大学是因为长相吗？""不是。""我们会因为长相而受到评价吗？""是的。"[3] Facemash 在校园里一炮而红，但很快就被关闭了，因为该网站使用的学生资料图片是扎克伯格从哈佛的内部网络上窃取的。此外，该项目公然厌恶女性和侵犯隐私的行为也遭到了学生团体的反对。扎克伯格因为这一愚蠢的行为被哈佛大学给予了"试读以观后效"的处理。

"我有开发这些小项目的爱好。"扎克伯格后来在谈到他早期的各种编程尝试时说。[4] 扎克伯格在这方面并不是独一无二的——他不是一个孤独的天才，因为拥有独特或前所未有的洞察力而开发一些社交应用。相反，他是网络集体潜意识的一分子，盲目地摸索着即将被称为互联网 2.0 的东西。在哈佛大学，扎克伯格甚至也不是唯一一个琢磨社交应用的人！围绕 Facemash 的争议让扎克伯格短暂地成了校园名人。之后，三名哈佛学生，迪夫亚·纳伦德拉和同卵双胞胎兄弟卡梅伦·温克莱沃斯及泰勒·温克莱沃斯联系了扎克伯格，他们正在创建一个名为"哈佛互联"（HarvardConnection）的基于大学的社交网络。

分享、社交网络、在线映射关系，此时，这些概念还处于构思状态，处于时代精神之中。

※

在 2003—2004 学年的寒假前，扎克伯格同意帮助他们为"哈佛互联"编程。在编程期间的某个时刻，他决定放弃这个项目，转而尝试自己编写一个完整的社交网络程序。哈佛大学有着几十年的印刷纸质"脸书"的传统，这是一种帮助大家互相查找并建立联系的学生肖像目录。学校里已经出现了一些声音，要求将这些肖像目录放到网上。2003 年 12 月，哈佛大学的学生报纸《深红报》（Crimson）发表了一篇文章，标题是《发布一张快乐的脸：整个大学的电子脸书应该能够帮助并娱乐所有人》。[5] 扎克伯格已经有了使用在线肖像目录的经验。在高中时，他的同学克里斯托弗·蒂勒里就创建了一个网站，基本上取代了学校以前使用的印刷目录。[6] 一所高中可以推出线上肖像目录，而哈佛大学却做不到，这看起来很愚蠢。

扎克伯格决定不再等待哈佛大学来实施行动。2004 年 1 月 11 日，他用 35 美元注册了 Thefacebook.com 域名。以 Friendster、课程匹配、Facemash 为实例，借鉴即时通、巴迪动物园和他自己的"网络"应用，扎克伯格编写了一个网站，将大学的脸书引入了互联网时代。他将网站托管给一家名为 Manage 的公司，每月的费用是 85 美元。2004 年 2 月 4 日，星期三，他的网站正式上线，并附有以下信息：

脸书是一个在线目录，通过大学的社交网络将人们联系在一起。我们已经在哈佛大学面向大众用户开放了它。使用脸书，你可以搜索学校中的人，找到班级中的同学，查找你朋友的朋友，或者可视化地查看你的社交网络。[7]

网站上线后，扎克伯格跟室友出去吃比萨，他们讨论了这个项目，以及未来某一天，某个人将如何创建一个类似的面向全世界用户的社区网站。做到这件事的人能够因此打造一家令人惊奇的公司。他们琢磨着谁最终会去做这件事。"显然不会是我们，"扎克伯格后来回忆说，"我是说，我们甚至都没有想过可能是我们。"[8]

4 天之后，有 650 多名学生注册成为脸书的用户。到月底，哈佛大学有 3/4 的学生每天都在使用这个网站。[9]

※

当马克·安德森开始开发 Mosaic 时，他向他的同学求助；当肖恩·范宁启动 Napster 时，他求助于他的黑客伙伴。在哈佛大学启动 Thefacebook 之后，扎克伯格立刻转向他本科柯克兰德宿舍 H33 套房的室友，以推动这个项目。室友达斯汀·莫斯科维茨加入进来，协助网站编程及扩展；室友克里斯·休斯加入协助推广，并担任网站的发言人；扎克伯格在犹太学生联谊会的一个兄弟爱德华多·萨维林作为全职的业务合伙人来管理财务；后来，扎克伯格甚至求助于他的老朋友亚当·迪安杰罗（当时在加州理工学院上学），让他来帮助莫斯科维茨编程。

脸书由一群孩子创建，他们经历过互联网 1.0 时代，也见证了互联网超新星 Napster 的生死。对他们来说，创办一个网站和一家互联网公司并不是什么疯狂的想法。相反，这是一种有抱负的、可行的做法。这就像成立一支乐队或一个学生社团，或者开一家校外酒吧一样。开发 Mosaic 的孩子都是学术研究人员，他们对创业一无所知；Napster 的创办者是天真的黑客，对商业和法律一无所知；但脸书是由美国精英家庭的后裔在哈佛大学创办的，而人们通常认为这些孩子应该会以某种方式征服世界。所以，当这些孩子想到了一个很酷的网站创意时，他们知道应该怎么做：看看它能够做多大。他们有资源去实现那个目标。

电影《社交网络》（以及原作图书《意外的亿万富翁：脸书的创立》）的艺术处理为脸书的创立过程增添了很多神奇色彩。当然，马克·扎克伯格在社交方面有点儿笨拙，但据当时的朋友讲，他在交女朋友方面没有太大的困难。他自信满满，是个领导者。扎克伯格和萨维林都还没有到可以喝酒的年龄，但他们对金钱很熟悉，因为他们都来自特权阶层。扎克伯格读的是菲利普斯埃克塞特学院的高级寄宿学校。萨维林出身国际商人世家。所以，这并不是"一些被社会排斥的书呆子为了找到心爱的女孩而编写一个网站"的故事。脸书只是他们可以一起做的一件很酷的事情，如果它最终成为一家真正的公司（或者真的帮助他们找到了女孩），那就更好了。

扎克伯格和萨维林各自为这个项目投资了 1 000 美元，萨维林创建了一家有限责任公司，并开设了一个银行账户。该网站在哈佛大学校园上线后的几周之内，莫斯科维茨和扎克伯格就开始复制该网站，并将其迁移到其他大学中。先是哥伦比亚大学和耶鲁大学，然后是斯坦福大学、达特茅斯大学和康奈尔大学，再往后是麻省理工学院、宾夕法尼亚大学、普林斯顿大学、布朗大学和波士顿大学。每所新学校的接受速度跟哈佛大学一样快。截至 2004 年 3 月底，脸书获得了30 000 名用户。[10]

这是一种病毒式增长，但至关重要的是，这是受控的病毒式增长。通过每次只渗透一所大学的策略，5 位创始人可以将网站扩张的速度保持在他们可控的范围之内。通过观察 Napster，尤其是看着Friendster 在他们眼前一败涂地，这些男孩已经吸取了教训。只有在他们确认自己有足够的基础设施来处理额外流量的情况下，他们才会向一所新的大学发布脸书。他们竭力避免站点崩溃和服务中断的发生。为了保证页面的快速加载，他们给每所学校分配了一个单独的数据库，从而避免了复杂的网络运算，而 Friendster 加载速度降低的原因就在于此。[11]

基于这种稳步增长的方式，公司得以在其资金能力范围内实现扩张。在真正的互联网 2.0 模式下，脸书运行得非常节俭，它使用免费的开源软件，比如 MySQL 数据库和 Apache 网络服务器。当脸书的用户达到数万人，而且已经在几十所学校上线时，它仍然仅用 5 台Manage 的服务器来支持运营，每月的网站托管费只需 450 美元。[12]

脸书专注于大学，因为这是它的创始人所熟悉和了解的领域。正如肖恩·帕克后来在谈到这家萌芽中的公司时所说的，扎克伯格希望公司做大，"但他不知道那是什么意思。他是一名大学生，接管世界就意味着接管大学"[13]。无论是偶然还是有意，"专注于大学"这种自我控制的排他性是脸书早期获得成功的关键。我们的社交性从未像在大学时那样明显，我们的朋友和关系网络从未比那些年更充满活力和生机。从第一天起，扎克伯格就模仿了 SixDegrees 的原始本能和

Friendster 的良好意图，为脸书确定了愿景。你只能用大学给你提供的 ".edu" 后缀的电子邮件地址在脸书上注册，你只能与你实际所在大学的其他学生互动。你必须做真实的自己，就像在校园里一样。脸书上不会有虚拟或模仿账号。不过，也没有人想要这些。做不真实的自己会完全错失脸书的核心。

脸书不仅试图重建你的线下社交圈，或者建立新型线上社交关系，它还想完全映射你的社交圈。跟你一起上课的朋友、跟你同住一室的朋友、跟你一起坐在餐厅里的朋友——这些人都是你在脸书里的朋友。在脸书上准确地描绘社交网络，为用户提供了一种新的、无摩擦的方式来描绘自己的社交世界——去管理它，在其中生活。脸书明白，用户不需要任何花哨的东西来让社交网络引人注目。如果用户愿意把他们真实的社交生活迁移到脸书的网络中，那么这个网络就可以像线下生活一样引人注目、充满生机。

作为一名脸书的早期用户（后来成为其早期员工），凯瑟琳·洛斯记录了她 2004 年在约翰霍普金斯大学上学时第一次接触脸书的情形。

> 这是我使用过的第一个反映真实社区的网站。脸书上的那些小群组与我在图书馆和校园酒吧里遇到的是一样的，大家互相说的话——水球队的俚语，上周末比赛取胜的一些线索，对霍普金斯大学的曲棍球劲敌杜克大学的抨击——与你听到的他们在课桌或啤酒桌旁所说的话很相似。虚拟空间映射了人类的真实空间。[14]

通过瞄准真实的大学社交圈这个狭窄的领域，脸书能够构建一个与现实直接平行的数字社交网络。这是一个活生生的在线通讯录，就像安德鲁·魏因赖希试图从理论上验证的那样。这是你真实的自我，它实际上是被投射出来的。乔纳森·艾布拉姆斯就渴望达到这样的效果，但失败了。脸书实际上实现了真正的数字身份。

只面向精英大学的这个决定也是有帮助的。脸书里有一种排他性的气氛：这是精英阶层的社交网络（至少最初是如此），只面向 1% 的人群。与同时流行起来的 MySpace 相比，这种做法会让人感觉脸书更有品位。脸书的审美观几乎是 MySpace 的对立面：它不那么浮华，而是更加实用；它更注重展示内容，而 MySpace 主要关注宣传促销。你上脸书不是为了炫耀，而是为了展示最好的自己。

脸书早期对其功能进行了有意的限制。你可以绘制你与同学之间的关系，最初的同学关系仅限于你自己的学校。随着脸书传播到其他大学，只有双方都认同彼此的关系，你才能最终与外界的朋友建立联系。你只能发布一张个人资料照片。你可以填写一系列个人信息，包括性别、感情状态、选修课程、课外活动、爱好、喜欢的电影等。它有一个直接模仿即时通的"状态更新"功能，还有"戳"其他用户的功能，但没人确切地知道这个动作意味着什么。对大学生来说，如果你戳了戳某人，那么你想要它意味着什么，它就可以意味着什么。

重要的是，我们要看到脸书当时是什么：一份社交目录。它是一个很酷的小工具。扎克伯格本人多次将该项目描述为"社交工具"。这只不过是他开发的又一款程序，不过碰巧是最受欢迎的那一款。这款程序与"课程匹配"或他以前开发过的任何其他程序都没什么不同。事实上，如果 Facemash 没有被哈佛大学的管理者们关闭，那么扎克伯格或许会乘上那股浪潮，而不是这股浪潮。也许他会拉着朋友们为斯坦福、耶鲁等大学创建类似 HotorNot 的网站。事实上，扎克伯格在发布 Facemash 的时候，在自己的博客上明确表示："也许哈佛大学会因为法律原因打压它，而没有意识到它作为一项创新的价值，它可能会扩展到其他学校（甚至是那些学生长得很好看的学校……）。"[15]

哈佛大学没有打压脸书，而柯克兰德宿舍的男生们会尽他们所能地支持它走得更远一些。当然，这需要更多的钱。所以，从很早开始，脸书就有广告。这是萨维林对该项目的主要贡献。他的确很有商业头脑，并且与广告商建立了实际的联系。萨维林让脸书与 Y2M 公司搭上了线，该公司的业务是向大学报纸的网站销售广告。Y2M 巧妙地对脸书进行了宣传，说它是广告商接触大学生的一种新方式，并开始代理该网站的广告销售。万事达卡是首批广告商之一。万事达卡不确定脸书作为营销工具的可行性，它拒绝预付费用，甚至拒绝根据页面浏览量付费。它只愿意在用户真的开了一个新的信用卡之后才付费。在脸书的广告发布一天之内，万事达卡的申请数量达到了这个为期 4 个月的活动的预期开卡数量的两倍。[16]

萨维林不断带来达成类似交易的好消息，并将收入存入他控制的银行账户。他和扎克伯格自己掏钱，各自又投入了 1 万美元作为运营资本。但几乎从最初的几周开始，萨维林就在与投资人排队会谈。在那年 6 月的一次会谈中，一位投资人出价 1 000 万美元收购该公司，当时他们的公司刚刚成立 4 个月。那年 4 月，在纽约的另一次会谈中，萨维林和扎克伯格见到了肖恩·帕克（Naspter 的名人），他们共进了晚餐。《社交网络》电影中有一句名言："100 万美元并不酷，你知道什么才酷吗？ 10 亿美元。"这只是编剧阿伦·索尔金（Aaron Sorkin）

发明的对话，但事实上，电影中描绘的晚餐确实发生了（在纽约翠贝卡区法国名厨让－乔治斯·冯格里奇顿的 66 号餐厅），帕克的极客名望真的令扎克伯格充满了敬畏之情。

那顿晚餐确实是脸书命运的转折点。从 20 岁的马克·扎克伯格的角度来看，他感觉自己好像处在某种互联网现象之中。也许他可以成为下一个肖恩·范宁或者肖恩·帕克。当然，Napster 是一个警示故事，是一场悲剧性失败。但也许扎克伯格可以做得更好，他想尽最大努力去尝试一下。他认为，这就意味着离开大学（至少是暂时）去加州，那里是互联网诞生的地方。因此，当 2004 年春季学期结束时，他在加州的帕洛阿尔托市租了一栋房子，并在暑假时搬了过去，跟他一起的还有达斯汀·莫斯科维茨，以及其他三个哈佛大学的朋友和实习生。

当时，脸书已经在 34 所学校上线，拥有 10 万名用户。[17]

※

至此，我们已经看到现代硅谷的创业文化是如何为大学毕业后的白人男性的习惯和新陈代谢服务的，尤其是通过网景公司和谷歌的例子（尽管方式略有不同）。但是 2004 年夏天，脸书团队在洛杉矶市詹妮弗路 819 号尽头的一栋出租平房里度过的时光，已经成了传说；至少在某些圈子里，这被视为一家互联网初创公司孵化的美妙的、伊甸园般的梦想。

他们不是大学毕业生，而是大学二年级的学生。他们住的地方有一个游泳池；烟囱上拉起了一条临时的滑索，你可以从屋顶滑到游泳池里；任何时候都有酒精和大麻供应；有啤酒乒乓球比赛，有舞会。

毕竟这些人运营着世界上最受欢迎的与大学校园相关的网站，所以当他们想举办一场啤酒聚会时，他们只需要在附近斯坦福大学的脸书页面上发布一则通知。数百个孩子会参与其中。大家睡倒在地板上，倒在哪里就睡在哪里。朋友们和一些闲杂人等会过来睡在沙发上，有时会待上几个星期。整栋房子四处散落着喝过的汽水罐和空比萨盒。

在这一切当中——在桌子旁、在房间的角落里，有时在游泳池边——有几个孩子弓着背在键盘上为世界上最热门的网站之一编写代码。这是一家掌握在几位 19 岁和 20 岁的年轻人手中的初创公司：工作就像兄弟聚会一样。扎克伯格自己通常直到中午过后才开始编程，但是可能会一直持续到第二天黎明——不管房间里正在举办什么其他的活动。周围可能播放着嘈杂的音乐或举办着喧闹的舞会，而每个为脸书工作的人都倾向于通过即时通交流，即便他们坐在一起。噪声不是问题，分心不是他们需要考虑的因素。整个夏天，几乎总有人低头盯着电脑屏幕上的代码。

莫斯科维茨后来回忆道："我们每天要工作 14~16 个小时。"用莫斯科维茨的话说，他们大多在厨房里用个人电脑"埋头苦干"。[18]那个夏天的目标是为秋季学期继续上课做准备。到 9 月，脸书预计将在 70 个新校园推出。[19]有一些新的功能需要测试，还有一些新的服务器需要上线。与此同时，外界仍有一种看法，认为这一切都是经过精心设计（但"有点儿"严肃）的消遣。当《深红报》的一名记者顺道拜访这些任性的哈佛男孩时，扎克伯格这样描述公司的状况："大多数公司不像我们这样。我们是住在一栋房子里的一群小孩，做任何我们想做的事情，不在正常的时间醒来，不去办公室。我们的招聘过程就是将候选人叫过来，跟大家一起放松一会儿，跟大家一起聚会、抽烟。"[20]

这只是一群孩子在玩成人的游戏，他们想看看自己能走多远。不管是不是故作姿态，官方的说法是，他们都将在秋天返回哈佛大学继续学业。"我们喜欢学校，想回到学校。总有一天，有人会给我们很多钱，我们可能会接受，你知道吗？"扎克伯格告诉《深红报》。[21]他们只是活在硅谷创业的幻想中。扎克伯格甚至好像在对冲他的赌注，他将大量的时间用于开发一款类似 Napster 的文件共享程序 Wirehog，并打算把这个程序集成到脸书的功能集中，以便用户交换 MP3、视频、文件等诸如此类的东西。看起来，尽管脸书取得了成功，但就连马克·扎克伯格也不确定社交网络是否不仅仅是一个"工具"。

然后，肖恩·帕克出现了。

如果说有人真正体现了互联网的时代精神，那么肖恩·帕克可以算是这样一个人。在 Napster 的工作经历中，最吸引他的是 Napster 的社会化因素——分享。当这些趋势在 Napster 之后再次出现时，他并没有感到惊讶。在被赶出 Napster 之后，他创办了一家名为 Plaxo 的新公司，收集了用户的电子邮件和联系人列表，并将其通讯录放到了网上，使得通讯录可以被搜索、共享和持续更新。这就是每个人的虚拟电话簿白页。帕克坚信，绘制数字身份将是下一个大事件。在脸书中，他看到了迄今为止对这个想法最纯粹的表达。

看到脸书在斯坦福大学上线之后，帕克邀请扎克伯格在纽约共进晚餐，他当时的女朋友正就读于斯坦福大学。现在，脸书来到他所在的硅谷开疆辟土。当他和扎克伯格在帕洛阿尔托相遇时（他的那位女朋友住在脸书出租屋所在的那条街上），肖恩·帕克作为脸书最忠实的信徒加入了其中。

事实上，他也搬进了出租屋。

帕克跟其他参与 Napster 的人一样，在公司破产的时候并没有赚到多少钱。尽管 Plaxo 在一定程度上获得了成功，但就在那时，帕克也正在被逐出他创立不久的新公司。他现在的问题不是一些因为粗心大意而泄露的电子邮件，而是与聚会、毒品和公认的古怪行为有关的私下指控。不管这些指控是真的还是像帕克声称的那样只是诽谤，当帕克搬进洛杉矶市詹妮弗路 819 号时，他不仅处于失业的边缘，而且几乎无家可归。

但是，马克·扎克伯格仍然非常尊重帕克。出租屋里的每个人都是如此。首先，帕克比他们大 5 岁，所以他到了法定的饮酒年龄，可以在出租屋里保存充足的酒。另外，他有一辆车。脸书的男孩们可以开着它四处逛逛。最重要的是，在两家重要的互联网初创公司的启动期，帕克扮演了不可或缺的角色。对扎克伯格和脸书的团队来说，他基本上是一位头发灰白的硅谷老兵。扎克伯格整个夏天都在考虑他的选择和公司未来的可能性，他越来越多地向肖恩·帕克寻求建议。"你会信任那些你能与之相处的人，我能理解帕克，"扎克伯格后来说，"他做的一些很酷的事情令我印象深刻。"[22]

扎克伯格后来说，那年夏天，他和帕克探讨过太多不同的情形。现在回想起来，他也不确定哪些想法是帕克的，哪些想法是他自己的。但是，帕克执意让扎克伯格坚持一个想法，那就是脸书是正确的选择。扎克伯格应该坚持自己的直觉，坚持最初的游戏计划：一所学校一所学校地打造脸书，看看它到底能做多大。

"我真的在坚持正确的事情吗？"一天晚上，扎克伯格问。

"是的，扎克，你做对了。"帕克说。[23]

在帕克的敦促下，扎克伯格下定决心，不应该只为脸书做短期计划，还应该为它指数级的未来做好规划。为了迎接即将到来的秋季学期和预期中的用户涌入，脸书迫切需要新的服务器。扎克伯格下令，从那时起，网站基础设施的架构设计在任何时候都要能承受当时用户数量的 10 倍，而不仅仅是能满足当时的需求。这导致脸书的成本超过了当时公司的收入水平。扎克伯格和他的家人被迫向公司投入 8.5 万美元，主要用于购买新的服务器。[24]

现在显然是争取风险投资人大力支持的时候了，但是扎克伯格和其他人在那个夏天听了 Plaxo 的投资人通过羞辱性法律程序驱逐帕克的故事，这是一个令人遗憾的结局。这段经历让扎克伯格清醒地认识到自己可能会面临什么样的困境（"风险投资人听起来挺吓人的。"他记得自己当时是这么想的）。[25] 所以，到了找投资人融资的时候，肖恩·帕克将"确保脸书能达成一笔好的交易"作为自己的人生使命。

帕克将扎克伯格介绍给了领英的创始人里德·霍夫曼和一位创建了另一家早期社交网络 Tribe.net 的互联网 2.0 创业者马克·平卡斯。他们两人都对脸书进行了天使投资。帕克还让扎克伯格会见了"贝宝黑帮"的实际负责人彼得·蒂尔。蒂尔给了扎克伯格 50 万美元的贷款，这笔贷款未来可以转换为公司约 10% 的股权。投资协议的条款很慷慨，帕克相信，蒂尔是那种会让扎克伯格独自追求梦想的投资人。蒂尔给这位 20 岁的孩子的唯一指示为："别搞砸就行了。"[26]

蒂尔确实询问了这些男孩是否还会在秋天返回哈佛大学。扎克伯格承认了。

"好的，"蒂尔说，"你当然会。"[27]

帕克选择向天使投资人融资而放弃了知名的风险投资机构，这样做确保了扎克伯格继续持有对公司宝贵股权的多数控制权。帕克还将脸书重组为一家法律架构更合理的公司，他抛弃了萨维林当初设立的有限责任公司的架构，并进一步巩固了扎克伯格的控制权（帕克也为自己争取到了大量的股权，并基于自己的工作付出拿到了公司董事会的一个席位）。有了这笔现金的注入，脸书就有了必要的资金来直面秋季的用户涌入，而扎克伯格将控制公司朝着哪个方向发展。

这是一件好事，因为扎克伯格哪儿也没有去。事实证明，彼得·蒂尔对脸书的这些男孩的判断是正确的。当暑期结束、关键的秋天来临时，莫斯科维茨和其他一些人同意休学一个学期，继续留在加州，看看脸书在学校大规模扩张的情况如何。从那以后，重返校园的想法似乎就退居幕后，再也没有被他们认真考虑过。

※

在 2004 年秋天，脸书大获成功。尽管这应该是一个缓慢增长的时期，但用户数实际上已经在夏天翻了一番，达到了 20 万。[28] 仅在 9 月，随着网站在一些新的学校上线，这个数字又翻了一番。[29] 该网站还推出了两个重要的新功能。现在，所有的个人资料中都有一面"墙"，就像宿舍门外的一个虚拟软木公告板，这是一个你或你的朋友可以张贴信息或留下问候的地方。另外，你现在也可以加入一些特别的群组，比如学习研讨组和校园活动组。实际上，任何事情都可以实现。

2004 年 11 月 30 日，脸书的用户数突破了百万大关。网站已经存活了整整 10 个月。[30]

然而，扎克伯格似乎仍不相信脸书是他的饭票。肖恩·帕克说：

"脸书在那个时候面临着一个非常奇怪的问题，即扎克伯格还不完全相信它，他总想去做一些其他的事情。"[31] 在所谓的"其他事情"中，最主要的就是 Wirehog，扎克伯格花在 Wirehog 上的时间即便没有比花在脸书上的时间多，至少也是不相上下的。另外，公司还维持着一种小孩玩过家家的氛围。扎克伯格的名片上印着："我是首席执行官……浑蛋！"这可能是在模仿当时广为人知的"查普尔秀"（*Chappelle's Show*）中的音乐人里克·詹姆斯，但正如脸书的早期员工安德鲁·博斯沃思所写的那样，这张名片也告诉我们："当时扎克伯格并不知道自己会成为一位如此重要（并将受到仔细审查）的领导者。"[32]

大约就在那个时候，扎克伯格做了一件臭名昭著的事。他在与风险投资机构红杉资本的一次会议上迟到了，而且他还穿着睡衣；在演示用的 PPT 演示文稿中，有一页幻灯片的主题是"你不应该投资的十大理由"。[33] 这是帕克挑起的一场恶作剧，他对红杉资本怀恨在心，怨恨红杉资本将他从 Plaxo 驱逐出去。任何一位对自己在硅谷的声誉还有些在意的创业者，都不会如此公开地蔑视科技界最成功的风险投资机构之一。扎克伯格后来为自己的这个愚蠢行为道歉了。

在三件事情的共同作用下，扎克伯格的态度发生了转变，他开始慎重对待脸书。第一，Wirehog 是一颗哑弹。自 2004 年 11 月在脸书上推出该程序后，基本上没有人使用它。因此，扎克伯格曾认为的"社交媒体比社交网络更重要"这个观点被证明是错误的。[34] 第二个因素是竞争，这是一个简单直接的原因。正如 MySpace 和脸书模仿了 Friendster，也有一些网站在模仿脸书。这些模仿网站正在针对那些不太知名的学校、州立大学甚至社区大学开放其社交网络。在此之前，脸书一直忽视了这些学校。为了对抗这种竞争，扎克伯格加快了在新校园上线的速度，这样模仿者就无法抢走脸书的风头。另外，就在脸书的用户数达到 100 万的同一个月，MySpace 的用户数达到了500 万。[35] 扎克伯格总是瞧不起 MySpace，他曾经跟一位潜在投资人说，MySpace 与脸书的区别就是一家洛杉矶公司与一家硅谷公司的区别。"我们打造这个平台是为了长久的发展，而 MySpace 的那些家伙却毫无头绪。"[36] 但是，2005 年 7 月，新闻集团以 5.8 亿美元的价格收购了 MySpace。那个时候，脸书的用户数只相当于 MySpace 的一小部分，但是如果 MySpace 能够获得这样的估值，那么脸书的价值显然只是这个巨额数字的一小部分。

但是，对扎克伯格的思想产生主要影响的因素是运营数据。从一开始，扎克伯格就痴迷于观察用户如何使用他的网站。在监控用户行为的时候，扎克伯格发现他的网站能够梳理出非常真实的信息。他对脸书系统所做的小小的调整会影响用户的行为，这些东西令他着迷，他继承了谷歌人对算法的痴迷。扎克伯格统计了一些数据，然后他意识到，基于状态更新和"墙"上的留言，他可以预测两位用户是否会在一周之内"开始交往"，其准确率大约为 33%。[37] 理论上，他还可以预测哪些电影会受欢迎，哪些歌曲会很快流行，所有这些都基于简单的消息发布频率。这一切都很酷，但令他印象最深刻的数据是那些与用户参与度相关的数字，用户的使用情况好得令人惊讶。到 2005 年秋天，85% 的美国大学生都是脸书的用户，60% 的用户每天都会访问该网站[38]，90% 的用户每周至少登录一次[39]。哪个行业的产品或服务能让用户如此痴迷？通过分析服务器日志，扎克伯格和其他人可以看到一种用户行为，他们称之为"出神"。用户在登录之后，不停地点击、点击、点击、点击，他们每次会浏览几个小时的用户资料。"找人，这是人类的一种核心需求，"扎克伯格当时说，"人们只是想知道一些与别人相关的事情。"[40]他开始意识到，人们这种"想知道"的需求会产生多大的威力。

其他人也开始意识到这一点。风险投资人和其他潜在的合作伙伴渴望分享脸书的蛋糕。早在 2005 年 3 月，维亚康姆公司就提出以 7 500 万美元的价格收购该网站，它认为鉴于其年轻的用户结构，脸书（而不是 MySpace）可能成为面向互联网一代的音乐电视。[41]作为被维亚康姆收购或与其合作的替代方案，肖恩·帕克帮助脸书获得了风险投资机构 Accel 资本 1 270 万美元的投资，公司估值约为 1 亿美元。对帕克来说，公司成功完成一轮融资是一项相当大的成就。做个对比，谷歌在第一轮重大融资时的估值仅为 7 500 万美元。[42]脸书只有 15 个月大，但已经成了硅谷历史上获得最高估值的私有公司之一。

人们开始小声谈论，脸书可能是"下一个谷歌"。扎克伯格自己也开始明确地渲染这种对比，他在招聘斯坦福计算机科学专业的学生时，在一个自制的牌子上写着："为什么去谷歌工作？到脸书来吧。"[43]脸书在硅谷的突然走红以及它与 Accel 资本的关系，使得该公司有机会雇用超级明星类人才。陈士骏就是这样的一位超级明星，但他只在脸书工作了几个月，然后就去了优兔。脸书不再租用原来的平房，转而在帕洛阿尔托租了真正的办公空间。

肖恩·帕克不再参与公司的日常事务是扎克伯格开始慎重对待脸书的第三个重要原因。正如电影《社交网络》所暗示的那样，在帕克主持的一个聚会上，确实发生了某些事情。尽管最后他并没有受到任何指控，但脸书的新风险投资人还是要求帕克下台。帕克和扎克伯格经过长时间推心置腹的沟通之后，一致认为，这实际上是一个变革的有利时机。扎克伯格是时候站出来了，他不仅要慎重对待脸书，还要掌控它的发展方向。这应该是他来领导公司的时候了。

帕克第三次被创业公司开除了，但这一次比前两次都要友好。他能保留相当大的一部分股权。随后几年，他继续以非正式的方式给扎克伯格出谋划策。至关重要的是，帕克将公司董事会的席位转让给了扎克伯格，让他在当时的五席董事会中拥有三个席位。帕克说："这巩固了扎克伯格作为脸书'世袭国王'的地位。我把脸书看作一个家族企业，扎克伯格和他的继承人将会永远控制脸书。"[44] 关于这一点，我们要感谢他。

哦，帕克最后的行动之一是确定 Facebook.com 这个域名。他一直认为，网站域名中的"The"是多余的。该公司于 2005 年 9 月 20 日正式更改了域名。[45]

※

在马克·扎克伯格的故事中，有许多精彩之处都与全世界如何目睹一个男孩成长为传奇的企业家和商业领袖有关。扎克伯格的成长轨迹映射了另一位真正伟大的企业家的轨迹，他也是从哈佛大学辍学之后创办了一家公司。在创立微软时，比尔·盖茨与马克·扎克伯格几乎一样大。他也不擅长社交，而且他在大二时也因为一些近乎幼稚的行为而小有名气。盖茨并非一开始就成了有史以来最成功的企业家之一，他是通过逐步成长才获得这个地位的。软件作为真正有价值的技术连接点，是有史以来最伟大的商业机会之一。在洞察到这一点之后，盖茨才把握住了自己的命运。事实上，比尔·盖茨的天赋在于，他有能力让自己不断进化，成为那种可以将自己伟大的创业洞察力变成现实的人。

如果一位并非很有天赋的创业者，偶然洞察到了一个伟大的创业机会，然后通过勇气、纪律和意志力，最终成了那种将洞察力变为现实的人，那么对我来说，这是一个更加动人的故事。

扎克伯格对脸书有什么独到的见解？嗯，大致是这样的：人类是高度社会化的灵长类动物，了解朋友和家人的生活中发生了什么是人类的核心需求，正好处于马斯洛需求层次的中间。扎克伯格曾经思考过，总有一天，有人会创建一个覆盖全世界的社区网站，用来满足人们想了解自己朋友的需求。当这个人实现这个梦想的时候，他会创建一家神奇的公司。

也许脸书可以成为那家神奇的公司。

简而言之，扎克伯格开始相信他所创造的产品的力量。通过脸书推出的一个关键的新功能，他获得了强有力的证据，证明自己真的进入了状态。

2005 年夏天，脸书的用户数从 300 万增加到了 500 万。[46] 有时，每天都有 20 000 名新用户注册。[47] 网站每天的浏览量为 2.3 亿，收入已经攀升至每月 100 万美元。[48] 与去年一样，脸书认为秋天是推出主要新功能的最佳时机。在离开之前，肖恩·帕克一直主张在脸书上增加一个照片功能。脸书的用户应该能够分享任意照片、整组照片和整本相册，而不仅仅是一张简单的个人资料照片。在 MySpace 上，Photobucket 和 Slide 等第三方公司组成的生态系统会提供这种功能。显然，Flickr 等网站的出现表明人们渴望在线分享照片。帕克想让脸书本身拥有这种功能，他说："照片背后的理论是，这个应用程序在脸书上运营的效果将会优于它独立运营的效果。"[49] 也许，脸书可以利用自身擅长的事情——它的网络效应——创造出更为强大的东西。

"脸书照片"（Facebook Photos）于 2005 年 10 月发布。这实际上是一款简单的应用程序，与 Flickr 这样强大的应用程序相比，它还欠缺了许多功能。但它有一个关键的创新：如果你上传的照片中有你的朋友，那么你可以以"标记"他们；你的朋友们会收到通知，说你已经在网上发布了他们的照片。这项服务更新发展迅速，三周之内，脸书上的照片数量已经超过了 Flickr。[50] 一个月之后，85% 的用户至少被一张照片打上了"标记"。[51] 扎克伯格和团队的其他成员很惊讶：一个品质算不上非常好的产品竟然能如此迅速地取代当前市场的主导产品。其中的秘密必然是网络效应。马特·科勒（Matt Cohler）是脸书在获得 Accel 投资之后招聘的一批新人之一。科勒说："观察标记数量的增长让我们第一次认识到如何将社交图谱当作一种传播系统。传播的机制就是人与人之间的关系。"[52]

同样，打标签也不是脸书发明的，这是互联网 2.0 时代精神中流传的奇思妙想之一。但是，将照片的标记与脸书独特的真实社交网络结合起来，其有效性令人难以置信。我们是喜欢交流的物种，喜欢观察别人，也喜欢被别人观察。当有人在照片上给你打标签时，你怎么能不去看呢？扎克伯格评估脸书成功的主要方式是监控用户重新登录的频次，以及查看他们在登录时点击了多少次。在照片功能发布之后，他发现脸书用户再次登录的流量大幅增加。

"观察照片功能发布后的事情，是使扎克伯格的愿景更加明确的关键部分，"肖恩·帕克说，"关于脸书到底是什么，他提出了越来越宽泛的概念。"[53]

扎克伯格认为，人类社会涉及的是我们认识和关心的一小部分人。脸书成功地捕捉了这一点、利用了这一点、复制了这一点（至少对大学生而言）。如果脸书真的挖掘到了大学生身上最强大的人类冲动之一，那么它为什么不能吸引每个人呢？几乎所有拥有电脑的人都使用微软的 Windows，它有几十亿名用户。但是像可口可乐这样的产品，几乎每个活着的人都知道，几乎每个活着的人都会享用。脸书和社交图谱会有那么强大吗？

※

在接下来的 2006 年，马克·扎克伯格和他的公司开始走向成熟。公司招聘的员工数量大幅增加。在脸书的照片功能大获成功之后，公司在 6 周之内耗尽了预留给未来 6 个月的所有存储容量。脸书再次面临需要更多机器、服务器和存储设备的局面。为了筹集扩张的资金，脸书按照 5 亿美元的估值，又完成了一轮融资。[54] 在当时围绕着社交网络和互联网 2.0 的一股热潮中，人们对脸书非常感兴趣。所有人都想获得这个网站的一部分股权，而且大多数在周围游弋的"鲨鱼"甚至想把脸书整个吞下去。

维亚康姆再次表示有兴趣收购脸书，鲁伯特·默多克的新闻集团和时代华纳也是如此。在几个月的时间内，扎克伯格似乎与《财富》100 强中的每个人都进行过会面。在外人看来——也在公司内部的很多人看来——扎克伯格似乎打算乘着社交网络的热潮套现。也许他可以将脸书卖上几十亿美元，这个价格相对于他这几年的工作来说还不错。他可以返回哈佛大学，或者退休去法国里维埃拉。但是回想起来，扎克伯格实际上似乎是在利用这段时间与世界上最有权力的一些首席执行官待在一起，从而获得一个速成的 MBA（工商管理硕士）学位。通过处理与报价和合作关系相关的问题，他可以在最高层面了解现实世界中的商业与金融的来龙去脉。当维亚康姆公司的一名高管提议用公司的飞机送扎克伯格回家并拜访他的家人时，这很可能是一种策略：让他与扎克伯格单独待上五六个小时，他就可以说服扎克伯格卖掉公司。然而与此相反，在整个飞行过程中，扎克伯格一直在向这位高管请教，经营一家像维亚康姆这样的广告媒体公司每天需要面对的现实问题。

脸书当时仍然没有实现盈利，所以对很多人来说，扎克伯格最终卖掉公司是合情合理的。但是，一些有趣的迹象表明，社交图谱领域可能会出现一种非常强大的广告业务。脸书增加的一个新功能允许企业或品牌给一些独立的群组赞助，并最终给独立的页面赞助。这些企业或品牌的脸书形象都可以被用户"加好友"。自 2004 年起，苹果公司赞助了一个受欢迎的群组，该群组是脸书早期最大的单一收入来源。当宝洁公司为它的佳洁士净白牙贴牙齿美白产品赞助了一个群组时，有 2 万人加入了。

从网络发展的最开始，一直到谷歌 AdWords 的推出，互联网都是在消除广告中的不确定性的前提下实现变现的。嗯，在脸书上，人们使用的是他们的真名。他们自愿展示自己的好恶。你实际上可以让人们直接告诉你，他们对你的产品是否感兴趣。这是广告的圣杯。

在与维亚康姆的会面中，扎克伯格提到，他认为脸书的价值是 20 亿美元。维亚康姆最终的报价是 15 亿美元的现金加股票，但是支付方式需要结合公司未来的业绩情况决定，所以扎克伯格拒绝了。[55]

同年 7 月，雅虎出价 10 亿美元，全部以现金的方式支付。Accel

资本和彼得·蒂尔都认为应该认真考虑这份提议。但是当公司召开董事会来评估这份提议时，扎克伯格的发言很简短。

"我们显然不会按照这个价格出售。"他告诉大家。

彼得·蒂尔敦促他至少考虑一下，10 亿美元是很大一笔钱，他可以用这笔钱做很多事情。

"我不知道我能用这些钱做什么，"扎克伯格回应说，"我会创立另一个社交网站。与我现在的这个有点儿类似。"[56]

交易被拒绝了。

不断有感兴趣的收购方参与进来，扎克伯格一次又一次地参加会面，但他从未同意出售公司。一些给予脸书资金支持的风险投资人特别希望快速退出，他们开始给扎克伯格施加巨大的压力。但是他永远不会被说服。如果他不想卖，公司就不会被出售。肖恩·帕克已经确保了这一点。事实上，帕克仍然建议他忠实于自己的愿景，马克·安德森也是。这位网景公司的创始人刚刚开始他新的职业生涯，他成了一位互联网初创公司的知名投资人。他是扎克伯格信任的知己，并最终加入了脸书的董事会。

很多人认为，马克·扎克伯格有可能在此期间卖掉脸书，而且他这样做是明智的。Friendster 就没有在它最受欢迎的时候被卖出，看看它发生了什么。在当初的互联网 1.0 时代，TheGlobe 也像脸书一样，是一个"社区"网站。它完成了 IPO，然后其股价在互联网泡沫破裂后跌至几美分。扎克伯格了解这些并不久远的历史。他的脑子里可能有一个他不会拒绝的金额。人们开始窃窃私语，说扎克伯格已经得意忘形了，说他在坚持一个不可能的报价，希望让这笔交易成为世纪交易。

但事实上，扎克伯格无法摆脱这样一种感觉，那就是相比于几十亿美元的快速变现，脸书有可能获得更大的成就。在那几个月里，扎克伯格对《滚石》杂志的一名记者说："人们说我很贪婪，但他们忽略了我本可以获得足够多的钱，多到我都不知道用这些钱做什么。"[57] 他告诉人们，他会长期打造脸书。他仍然抱着这样一个疯狂的想法：脸书可以成为像可口可乐一样的无处不在的品牌。10亿美元并不酷。什么会很酷？ 10亿名用户。"我不想卖掉公司，"他告诉一位更为执着的收购方高管，"无论如何，我想我再也找不到一个这么好的创意了。"[58, 59]

脸书开始向海外扩张，它仍然遵循之前尝试过的"一个学校接一个学校陆续上线"的策略。几乎在它进入的每一个国家，它都遇到了本土的模仿者。在大多数情况下，脸书很快就击败了竞争对手。它的第一步是向高中学生开放，将服务扩展到大学用户之外。由于高中学生通常没有学校指定的电子邮件地址，所以这些年轻用户只有在被他们认识的、已经上大学的人邀请时，才能够加入脸书。这对年轻的用户来说是不可抗拒的，虽然一些当前的用户抱怨"小孩"蜂拥而至，但这种扩张通常被认为是成功的。下一个合乎逻辑的步骤是向另一个方向扩展。有60%的用户在大学毕业并进入职场之后，会继续使用脸书。[60] 因此，通过建立以雇主和公司为中心的小型网络，脸书可以将服务扩展到年龄更大的用户群体中，此计划已经准备就位。

与此同时，脸书开始了有史以来最重要的一项功能的开发工作。在研究"脸书出神"行为时，扎克伯格和其他人找到了用户如此沉迷于该网站并四处不停地点击、点击、点击的原因：他们忍不住四处冲浪，看看每位朋友的个人资料页面发生了什么变化。用户似乎对发现新东西最感兴趣。平均来说，每当一位用户只是简单地更换了他的个人资料图片，脸书的工程师就能从日志中看到 25 次新增的页面浏览次数。[61] 如果脸书的核心价值主张是让你知道自己所爱的人发生了什么事，那么也许该网站可以设计一个更好的系统来传递这些信息。这就演变成了"新闻摘要"（News Feed）。

同样，新闻摘要也建立在一些已经存在的创意之上。每位用户的个人资料页面都将成为一个美化版的 RSS 订阅源，新闻摘要将搜集你朋友们的所有更新、照片和状态变化，就像订阅源阅读器搜集博客文章一样。你不必一个接一个地访问他们的资料网页，你只需要登录，脸书就会告诉你哪些内容是最新的。这些内容就像博客一样呈现，看起来是一种长长的、按时间倒序排列的内容流。

但是从设计和架构的角度来看，打造新闻摘要是一件非常困难的事情。当你登录网站时，脸书并不是从一位朋友的个人资料那里调用信息，它必须同时从你所有的朋友那里获取数据。最重要的是，开发人员需要一个复杂的谷歌式算法，可以根据你的兴趣对摘要的内容更新进行排序。比如，如果脸书注意到你与某位朋友互动最多，那么你就会优先看到他的更新。这是一个巨大的技术挑战，突破了计算的简单性。在那之前，脸书一直依赖计算来避免 Friendster 式的减速。因此，新闻摘要的开发显然需要更多的服务器、更大的数据库和更强的计算能力。脸书的计算复杂度要提升到谷歌的水平。

回想起来，新闻摘要显然是脸书的杀手级应用，而令人惊讶的是，在新闻摘要推出之前，社交网络就已经如此受欢迎了。因此，让脸书的所有人感到震惊的是，用户竟然讨厌新闻摘要。该功能于 2006 年 9 月 5 日星期二的清晨推出。[62] 早餐时，脸书的员工被几乎一边倒的愤怒信息淹没了，只有 1% 的反馈是正面的。[63] 西北大学的大三学生本·帕尔（Ben Parr）创建了一个名为"学生反对脸书的新闻摘要"的脸书群组，到那个星期五，该群组就已经拥有了 70 万名用户。[64] 据估计，足足有 10% 的脸书用户强烈抗议这些变化。大多数人对新闻摘要的抱怨都集中在对隐私的侵犯上。"很少有人希望每个人都自动知道我们更新了什么，"一名愤怒的用户在信中写道，"新闻摘要太令人毛骨悚然了，太跟踪狂了，这是一个必须被取消的功能。"[65]

这是脸书面临的最接近生存危机的事情。社交网络的历史表明，用户是善变的，他们会涌向当前最贴合他们需求的任何服务。如果你惹恼了你的用户，那么他们会离你而去。Friendster 被抛弃的原因在很大程度上是关于技术的，但是网站也会因为基本的设计改变而走向衰落。在脸书的新闻摘要骚动事件几年之后，掘客网对网站进行了重新设计并修改了投票算法，这种行为激怒了用户，导致他们都逃到了掘客网的竞争对手 Reddit 那里。直到今天，Reddit 仍被称为"互联网的首页"，是表情包和病毒文化的发源地，而掘客网虽然仍然存在，却远没有那么受欢迎，而且访问量也一般。

因此，随着用户对新闻摘要的强烈抵制，脸书的总部开始恐慌了。脸书智囊团召开了高层会议，讨论是否退缩并关闭新闻摘要。扎克伯格很快亲自给用户写了一张便条："冷静，深呼吸。我们听到了你们的声音。"公司马上启动了隐私控制设计，以便让用户更好地控制显示和不显示在订阅源上的内容。但是新闻摘要从未被关闭，甚至没有被暂时关闭，因为扎克伯格还在观察用户的行为。虽然出现了骚动，但他看到人们实际上正在按照他的意图使用新闻摘要。那年 8 月，在新闻摘要发布之前，脸书用户的页面浏览量为 120

亿。到了10月，在新闻摘要发布之后，页面浏览量为220亿。[66]人们可能声称讨厌这个功能，但扎克伯格可以看出，他们根本无法抗拒使用它。事实上，反对新闻摘要抗议行为的激增，也是新功能按设计发挥作用的切实证据。他当时对《财富》杂志的记者戴维·柯克帕特里克说，新闻摘要的全部目的就是揭露那些你可能想了解的事情。"它已经揭露了一件事情，那就是存在一些反对新闻摘要的群组。"[67]新闻摘要本身使得针对它的强烈抵制浮现了出来。

愤怒最终平息了，新闻摘要继续成为脸书的核心功能，但它还是在一个关键且不确定的时刻引发了一场非常真实的信任危机。克里斯·考克斯说："如果新闻摘要无效，那么这就证明扎克伯格关于'人们为什么对脸书感兴趣'的整个理论是错的。如果新闻摘要是错的，那么他会觉得我们甚至不应该继续打造脸书。"[68]

在那年夏天的早些时候，脸书经历了一场不太公开但同样令人沮丧的失败，接踵而至的是新闻摘要的几近惨败，这简直是雪上加霜。当时，脸书推出了职场网络，但几乎没有获得任何关注。只有在军事基地和美国军事用户中，职场网络才得到了一些应用。不过，军人的年龄通常与大学生相仿，而脸书一直以来在大学生中都大获成功。成年人似乎对这项服务毫无兴趣。

新闻摘要的发布动摇了扎克伯格对脸书核心信念的坚持。在职场网络失败之后，一个更大的问题悬而未决：脸书真的只适合小孩吗？如果是这样，那么扎克伯格的伟大见解，即"社交图谱对地球上的每个人都有用"这个观点就是错误的。"这是他在脸书犯下的最大错误，也是他第一次犯大错误。"脸书的一位早期高管马特·科勒在谈到这段怀疑期时说。[69]如果扎克伯格在这些事情上是错的，那么他是否也从根本上误判了脸书巨大的、改变世界的价值？在这种情况下，也许以 10 亿美元的价格出售公司并不是一个糟糕的结局。脸书已经征服了高中市场，MySpace 仍然在 20 多岁的用户市场中处于领先地位。如果无法吸引年龄较大的用户加入，那么在收获增长方面就没有什么容易摘到的果子了。

也正是在这个时候，2006 年 9 月，雅虎又回来了，想要继续推进之前那个 10 亿美元的全现金报价协议。雅虎的律师对脸书的财务和运营情况进行了尽职的调查，原则上同意了收购。考虑到过去几个月公司经历的失败，现在几乎所有人都支持出售——尤其是风险投资人，但也包括很多脸书的普通员工。

这里的所有人指的是除了马克·扎克伯格之外的所有人，但他甚至也开始说一些模棱两可的话了。

"我们几乎接受了这个报价。"肖恩·帕克后来说。[70] 这似乎是唯一一次出售压力大到连扎克伯格都无法抵抗的地步。

但在同意出售之前，扎克伯格想最后尝试一次向所有人开放脸书。他再次拖延时间，拖延收购谈判。他一次又一次地开会，但实际上并没有扣动与雅虎交易的扳机。他想知道，自己对脸书的直觉是否正确。

也许工作群组的失败是因为模式错误；也许脸书不应该过多地使用那种屡试不爽的逐步扩张策略；也许真实透明的网络在学校环境之外不那么重要；也许那些大学毕业后仍在继续使用脸书的人带着网络离开了校园。也许脸书要做的事情就是完全开放注册，让每个人都加入。这样，用户就可以有机地拓展他们的网络。

工程师们借用了肖恩·帕克的一个创意。Plaxo 实现增长的方式是搜索用户现有的通讯簿和电子邮件程序，邀请人们加入并建立联系。他们设计了一款"通讯簿导入器"（Address Book Importer）程序，可以在你的 Hotmail 或谷歌邮箱账户中搜索已经在脸书注册的其他用户。这样，当新用户注册或需要扩充自己的网络时，会有很多他们认识的人跟他们打招呼。导入器将支持各种朋友关系，任何没有参与该服务的人都可以通过同样的机制被邀请加入。

这是最后一次掷骰子。最后一次赌博如果失败，仍然意味着有 10 亿美元，如果成功就意味着——谁知道呢？

※

2006 年 9 月 26 日，在新闻摘要遭遇失败仅仅几周之后，脸书启动了开放注册。在开放注册之前，每天的新增用户数大约是 2 万。在脸书向所有人开放注册几周之后，这个数字变成了每天 5 万，而且还在不断上升。[71] 脸书用户数的增长看起来像一根曲棍球杆，一直急剧上升。在接下来的一年里，脸书获得了超过 2 500 万名注册用户，其中大约 600 万名是超过大学年龄的用户，而且其中 20 万人甚至超过了 65 岁。[72] 如果你当时是一位大学毕业的成年人，那么你可能会记得这一刻。第一天，你只是听说过脸书；第二天，你认识的所有人都在上面了；而在之后的某一天，你的母亲甚至你的祖母都成了它的用户。

我想在这里分享一段个人逸事。2006 年夏天，我们举办了高中同学 10 年聚会。这是一个重要的事件。我的很多同学之前已经与我失去了联系，彼此之间有很多"哇！你怎么样了"之类的对话。然后，在我们聚会几个月之后，脸书开放了注册，我们都在脸书上再次找到了彼此。很快，我们甚至联系上了没能参加聚会的同学。

10 年之后，我们 2016 年的 20 年高中同学聚会不再是一件大事了。我们不再问"你去哪里了"，更多是说"嘿，我昨天看到了你新车的照片"。毕竟，多亏了脸书，我现在每小时都能得到所有人的最新信息。我知道，我高三化学实验室的搭档刚从中国旅行回来；我在高二时亲吻的女孩，她最大的孩子刚刚在玩滑板时摔断了胳膊。在脸书时代之前和脸书时代之后，我的社交生活有一条非常清晰的分界线，而且这种变化仿佛就发生在一夜之间。

※

这确实发生在一夜之间。从 2004 年推出到 2006 年开放注册，脸书的用户数增长到了 800 万左右。[73] 在开放注册一年之后，脸书拥有了 5 000 万名活跃用户。[74] 到 2008 年底，该服务的用户数达到了 1.45 亿，其中 70% 的用户不在美国。[75] 再下一年，用户覆盖了 180 个国家，数量达到了 3.5 亿。在脸书开放注册之后，社交网络的战争结束了。MySpace 以及其他所有的社交网络将成为遥远的记忆。

结果表明，马克·扎克伯格是对的。将每个人联系在一起——这几乎是网络本身的原始前提——确实是一件非常有用且有价值的事情。扎克伯格在 23 岁时拒绝了 10 亿美元的诱惑，因为他认为自己拥有的创意的价值更大。这场赌博（在本书写作时）已经赢得了大约 5 000 亿美元的市值。事实证明，针对每个人的私人生活的广告是有利可图的，新闻摘要按时间逆序展示的机制非常适合移动计算技术的未来时代。但如果扎克伯格没有成长为有这种认知的商人，敢于去尝试这样一场赌博，那么这一切都是不可能的。他这样做，成就了我们这个时代的创业故事。

第十六章
移动设备的崛起

掌上电脑、黑莓手机和智能手机

在科技世界里，一个新创意的最终成功在很大程度上取决于时机。即使明显是"下一个大事件"的绝妙创意，也可能因为基础技术或基础设施还不够成熟而无法付诸实践。流媒体视频曾经被视为一个很大的机会，可以追溯到 RealAudio 和 Broadcast 时代，但直到 Napster 失败以及宽带互联网连接出现之后，优兔才实现了真正的腾飞。SixDegrees 无法取得成功，因为在它诞生的世界里，没有无处不在的数码相机。在这个细节上，脸书把握得很好，但它也是在另一项关键技术取得突破之际实现了质的飞跃，从而破解了社交网络的密码。

多年以来，移动计算设备在其时机出现之前就只是一个想法。数十次将移动计算设备作为一个行业来强力推动的尝试均宣告失败，移动计算设备并没有得到广泛的应用。个人电脑革命之后及互联网时代之前，硅谷出现了短暂的手持电脑热潮。这是合乎逻辑的发展：如果每张桌子上都有一台电脑，那么为什么不能在每个口袋里都放一台？在 20 世纪 80 年代末 90 年代初，投资者争相投资了几十家手写输入式手持电脑初创公司，其中有软件公司，也有硬件公司。GO 公司耗费了风险投资机构 7 500 万美元的资金，试图通过创建手写计算设备的操作系统标准，成为手持电脑领域的微软。一家名为 GeoWorks 的公司试图用它的 GEOS 操作系统做类似的事情。通用魔法公司（General Magic）是从苹果公司中分拆出来的，易贝的创始人皮埃尔·奥米迪亚、iPod 之父托尼·法德尔、安卓操作系统的发明人安迪·鲁宾，他们在各自的领域功成名就并获得财富之前，都曾在这里工作过。

在被分拆出去之前，通用魔法是苹果电脑公司内部的两个绝密研发团队之一。[1] 另一个留在公司内部的团队叫作牛顿，它负责开发最先进的早期手持计算设备。20 世纪 80 年代末 90 年代初，牛顿团队正在研制一款 8.5 英寸 × 11 英寸大小的平板电脑。这个尝试性的装置重约 8 磅，但只有 3/4 英寸厚。这款机器名为"费加罗"，用户可以通过一支触控笔在灰度屏幕上导航，它有三个处理器、一个内置硬盘驱动器和无线网络，电池续航时间约为 10 小时。哦，它的生产成本大约是每台 8 000 美元。[2]

1991 年初，苹果的一位名叫迈克尔·乔（Michael Tchao）的年轻营销主管说服当时的首席执行官约翰·斯卡利（John Sculley）改变了策略，让牛顿团队开发一款更小的、超便携的电脑——人可以舒服地将其拿在手上的电脑。斯卡利成了一名"便携电脑"概念的传道者，这是一种被他称为个人数字助理或 PDA 的设备。在 1992 年的消费电子展上，斯卡利宣称这种设备很快会开创一个"3.5 万亿美元"的市场。[3]

这一战略调整的结果是，牛顿信息板于 1993 年 8 月 2 日向公众发售了。其售价为每台 699 美元，使用 4 节 AAA 电池供电，重 0.9 磅。它的尺寸是 7.24 英寸 × 4.50 英寸（大约相当于家用盒式录像带的大小），除了最大尺寸的口袋之外，它实际上很难被装进口袋。[4]
通过可选的扩展配件，你可以用有线调制解调器发送传真和电子邮件。
牛顿信息板的主要功能是它的办公应用，包括日历、通讯簿、待办事
项和记事本。它没有键盘，取而代之的是一个触摸屏，你可以用附带
的触控笔与之互动。这样的设计旨在让用户可以像在纸上写字一样在
牛顿信息板上写字。软件会解读用户的笔迹，并将其转化为显示在屏
幕上的文本。

然而，牛顿最终被它那臭名昭著的古怪软件拖垮了。这款软件
超出了人们的忍耐极限，它无法识别用户写的东西。奇怪的是，书写
的单词越长，软件识别得越好，因为单词越长，手写识别器就能获得
越多的信息。牛顿信息板主要是在跟较短的单音节单词做斗争，比如
"or" 和 "the"。[5]

牛顿信息板的软件本应随着时间的推移学习用户的笔迹，但《个
人电脑周刊》的文章抱怨道："牛顿信息板几乎一文不值……它基本
上是一个摆设。三周之后，它仍然不能稳定地区分用户写的'I'和
't'。"[6] 其他评论也同样严厉。《纽约时报》写道："苹果公司承诺了太
多，却没有交付一款有用的设备。"[7] 牛顿信息板上市之后，连环漫画
《杜恩斯比利》（Doonesbury）花了一周时间，把牛顿信息板的笔迹识
别缺陷变成了一个全国性的笑话，这简直是一场典型的公关灾难。

苹果公司原本预计第一年销售100万台牛顿信息板，但实际只卖
了85 000台。[8] 随后各类型号的设备得到了极大的改进，尤其是第二
代设备，这是乔纳森·伊夫受雇于苹果公司后的第一项任务。但那时
已经太晚了，在公众舆论的法庭上，牛顿信息板永远无法消除它的坏
名声。

※

牛顿高调的失败使新生的手持计算设备市场崩溃了。就在硅谷将注意力转向互联网的时候，大多数手持设备创业公司在接下来的几年内都倒闭了。Zoomer 就是一款于 1993 年 10 月上市的手持设备，售价 700 美元，重量 1 磅。它在牛顿信息板之后被拖垮了，该设备在停产前只售出了 60 000 台。[9] 但即使亲身经历了失败，Zoomer 的发明者杰夫·霍金斯（Jeff Hawkins）也无法扼杀自己创造"可以装进口袋的电脑"的梦想。霍金斯在 1992 年 1 月创立了掌上电脑公司（Palm Computing）来生产 Zoomer，虽然它的第一代产品在市场中失败了，但霍金斯和掌上电脑公司的一小群拥护者没有放弃，他们只是重新回到制图板前，开始绘制下一代设备。

霍金斯有一种预感，人们想用手持设备做的事情太多了，它被设计得过于复杂、太雄心勃勃了。他凭直觉认为，人们不一定想要第二台电脑，他们想要的是现有电脑的附属品。因此，在他的新设备中，他只专注于几个关键的功能：日历、通讯簿和记事本。当设备通过有线网络连接时，这些应用程序会按照设定与普通计算机进行信息同步；当用户身处"野外"时，该设备只执行主要的、简单的任务：帮助用户保持条理性。

当霍金斯在掌上电脑公司的办公室里时，他总是拿着一块长方形的木板，大约有一副纸牌那么大。霍金斯用这个虚拟模型测试了理想的尺寸，以便手持设备在日常生活中具备实用性。最终的产品被称为掌上领航员（PalmPilot；由于多年来的品牌和商标问题，该产品使用过不同的名字）。秉承了霍金斯的简约精神，掌上领航员不仅具备良好的便携性（尺寸大约只有牛顿信息板的1/3，重5.5盎司[①]），售价也只有300美元，因此它看起来像是台式机或笔记本电脑的一款配件。

在18个月之内，掌上电脑公司在市场上销售了100万台掌上领航员，它成了历史上销售速度最快的计算设备。[10]它还是一个以手写笔为基础的小工具，没有实体键盘，但是霍金斯已经解决了困扰牛顿信息板的手写输入问题。人们认为掌上领航员很实用，特别是对出差的商务人士来说。它有简单的连接及同步界面，与随后的iPod和iTunes系统中常见的东西非常类似。到2001年，掌上电脑公司已经售出了2 100万台这种便携电脑，并获得了重生的PDA市场70%的市场份额。[11]

在加拿大，另一家小公司也注意到了便携电脑的重生，并决定从一个不同的角度进入市场。如果杰夫·霍金斯关注的是商务人士在差旅期间的工作与管理上的简便性，那么RIM公司的创始人迈克·拉扎里迪斯（Mike Lazaridis）关注的则是他们在差旅中的沟通问题。1996年，RIM推出了一款双向无线信息发送设备——"互动寻呼机"（Inter@ctive Pager）。起初，它只是一台经过美化的寻呼机，但是拉扎里迪斯和RIM的工程师们想了一些巧妙的方法，将它与个人和公司的电子邮件系统连接在了一起。最终，RIM实现了在用户的口袋里发送电子邮件的功能。第一款互动寻呼机900型号及其升级产品950型号于1998年9月发布，RIM秉承的理念与掌上电脑公司一样：简约、便携和实用。[12]RIM的首席无线电工程师彼得·埃德蒙森（Peter Edmonson）博士回忆道："其他公司都在试图给PDA增加

---

① 1盎司≈28.349 5克。——编者注

一台无线设备，而拉扎里迪斯的想法是如何将 PDA 添加到一台无线设备上。"[13]

RIM 的设备被设计成了"永远在线"的模式，而不是像掌上领航员那样偶尔与电脑同步。电子邮件会通过无线网络被"推送"到 RIM 的小工具中，所以你不用接入电脑就能查看信息。是你的信息找到了你，无论你在哪里。当你的收件箱里有新消息时，设备会嗡嗡作响，一个红色的发光二极管会显示你有待读的新消息。因为 RIM 以前有使用无线电和无线网络的经验，所以它的寻呼机速度很快，其能效高得令人难以置信。一节 AA 电池可供一台 950 型号的设备运行三周。RIM 没有尝试掌上电脑公司的触摸屏技术，而是发明了微型全功能键盘，用户可以用拇指操作。拉扎里迪斯说："对我来说，一切都是基于键盘考虑的。杰夫·霍金斯在尝试，他采用的是触摸屏；我也在尝试，但我打算基于键盘开发一些东西。"[14]

1999 年 1 月 19 日，RIM 推出了 850 型号的产品，这是第一款被命名为黑莓的设备。[15] 它也是第一款与电子邮件系统完全同步的移动设备，所以用户在差旅途中可以无缝发送和接收电子邮件，就像在电脑上通信一样。如果你用黑莓发了一封邮件，那么当你回到办公桌时，它会出现在电脑的"已发送"文件夹中。在黑莓上读过的信息，在你的电脑上也会被标记为已读，反之亦然。RIM 还将更多类似 PDA 的功能集成到黑莓和其后续型号中。最终，该产品拥有了掌上领航员的所有功能，同时具备全面的消息传递功能。

黑莓的营销口号是"永远在线，始终连接"。20 世纪 90 年代末到 21 世纪初，在一群从未"退出圈子"且至关重要的专业人士中，黑莓迅速崛起了。无线研究顾问安迪·塞博尔德（Andy Seybold）回忆道："它很快成为一种身份的象征。"[16] 事实证明，黑莓在华尔街、律师圈和好莱坞都很受欢迎。当你观看美国在线与时代华纳合并公告的老视频时，你可以看到杰里·莱文和史蒂夫·凯斯正在查看他们的黑莓手机，以便了解合并的消息对各自公司的股价有什么影响。在2000年那场有争议的选举中，戈尔的竞选团队试图通过黑莓手机实时对"悬孔票"的问题做出回应。在"9·11"恐怖袭击期间，大多数手机的服务都瘫痪了，但是黑莓用户仍然可以把他们的信息传出去。国会随后为每位参议员、众议员和数千名国会山工作人员购买了黑莓手机，这体现了黑莓手机"能够让人们知道真相"的声誉。[17] 当著名的电视节目主持人奥普拉·温弗瑞播出她一年一度的"奥普拉最喜欢的东西"特别节目时，她滔滔不绝地说："没有这个设备，我活不下去。无论我走到哪里，它都伴随着我。它叫作黑莓。它真的改变了我的生活。"[18]

让这些黑莓的早期用户如此着迷的就是与信息保持连接的能力。这是我们今天都很熟悉的现实：永远保持联系的现象。在21世纪初，这是一种全新的体验。对黑莓用户来说，他们从来没有一刻失去过联系：当有人试图联系他们，或者有新的信息需要马上处理时，他们的设备总能给予他们主动的提醒。黑莓用户是第一批面临数字化通知造成的社交礼仪影响的人，面对面的交谈或互动可能会被数字化通知打断；他们是第一批与一种独特的强迫症斗争的人，这种强迫症是由一台永远在线的信息设备引发的。随着黑莓最终推出网络浏览功能和"黑莓信使"即时通信服务等新应用，它的吸引力变得更大了。最终，这些设备获得了"上瘾黑莓"的绰号，因为用户似乎对它们无法自拔。

英特尔董事长安迪·格罗夫对《今日美国》表示："人们应该向美国缉毒局（DEA）举报。"

"这是移动计算设备领域的海洛因，" Salesforce 的首席执行官马克·贝尼奥夫在同一篇文章中说，"我对此是很严肃的，我必须停下来。我现在是一位 BA，即'黑莓无名氏'（BlackBerry Anonymous）。"[19]在互联网时代，通信被证明是移动计算设备的杀手级应用；但是，海洛因也是一种"杀手"级应用。

掌上电脑公司最终推出了一些手持设备，配有模仿黑莓的无线装置，而且支持信息发送，特别是 1999 年流行的"掌上电脑 7"（Palm VII），它将电子邮件添加到了掌上电脑的传统管理应用程序中。但是到 2005 年，RIM 取代了掌上电脑公司，成了便携式电脑的最大销售商。[20]当时，掌上电脑公司和 RIM 都在抢夺的手持计算设备市场正朝着任何移动计算设备先驱都无法想象的更伟大的方向发展。

※

PDA、寻呼机甚至 MP3 播放器，都是 21 世纪初热门的消费电子产品。在这个蓬勃发展的电子设备世界里，大家都在争夺你的口袋空间，但是只有一个毫无争议的国王：手机。其他设备也许能够捕捉到某些细分市场的注意力，但手机似乎适合所有人。早在 1995 年，全世界就有了 1 亿名手机用户。到 2001 年，这个数字超过了 10 亿。在这 10 年期间，每年有近 10 亿部手机售出。[21]因为手机显然是这个星球上最受欢迎的口袋式终端设备，而手持设备又因为一些特殊的功能被人需要，所以将这些功能融入手机的设计中是很有意义的。

第一部智能手机是西蒙个人通信器（Simon Personal Communicator），它是由 IBM 在 1992 年开发的。从 1994 年到 1995 年，西蒙个人通信器只面向消费者销售了 6 个月，零售价为每台 895 美元。它几乎拥有我们在现代智能手机中能看到的所有零部件。当然，它可以收听和拨打电话，也可以通过无线的方式收发网页。它可以收发电子邮件和传真，但需要用户通过固网拨号接入。它可以通过适配器接入计算机并进行同步，因此可以存储并处理数据文件。该设备的主要构成部分是一个触摸屏，触摸屏上有一行图标，可以对应调出一系列应用程序，包括通讯簿、日历、日程预约、计算器、世界时钟和电子记事本。西蒙个人通信器的重量略大于 1 磅，但它长 8 英寸、宽 2.5 英寸、厚 1.5 英寸——与其说它是一个可放入口袋的设备，不如说它是一块砖。它配有一个可充电电池，甚至还有一个用于增加内存的扩展槽。IBM 计划最终增加额外的硬件和软件功能，比如地图、全球定位系统模块、实时股票报价信息等。

不幸的是，西蒙个人通信器从未做到这些。在停止生产之前，IBM 只售出了 50 000 台西蒙个人通信器。"这都与时机有关。"弗兰克·卡诺瓦（Frank Canova）说，他在 IBM 领导该设备的开发。[22]"西蒙个人通信器在很多方面都领先于它所在的时代。"[23]它具备现代通信移动计算机的所有功能，但是这个世界还没有准备好。

为时过早了。

随着掌上电脑公司和 RIM 在 PDA 和寻呼机方面取得成功，手机行业开始重新审视便携式计算设备。20 世纪 90 年代末到 21 世纪初，手机行业里 800 磅重的大猩猩是芬兰的诺基亚公司。1996 年，诺基亚发布了 9000 型号手机，这是其通信器系列手机的第一款。诺基亚 9000 采用了翻盖式设计，用户在打开翻盖之后可以看到一个完整的

QWERTY 键盘。该手机装有网络浏览器，而且可以与数码相机连接。当然，它可以打电话、发信息，还有现在常见的联系人、笔记本、日历和计算器应用程序。但是由于蜂窝数据计划罕见且昂贵，通信器系列手机并没有成为主流产品。

为时过早了。

第一部被明确称为"智能手机"的手机是 2000 年的爱立信 R380。在用户打开翻盖之后，手机会露出一个全面完整的触摸屏，用户可以浏览网页、收发电子邮件、启动应用程序或玩游戏。其他手机制造商很快就效仿诺基亚和爱立信的做法，发布了各种各样的设备，所有的设备都将 PDA 和信息收发功能与手机结合在了一起。有的企业采用了掌上电脑公司的技术路线，使用触摸屏；有的企业采用了黑莓手机的技术路线，使用拇指操作键盘。手持设备的先驱们也加入了这场战争，掌上电脑公司在 2002 年推出了"掌上 Treo"系列智能手机，RIM 在 2003 年推出了"黑莓 Quark"手机，奥普拉称这款手机是她最喜欢的面向主流消费者的产品之一。

随后，一大批制造商加入了智能手机的竞争游戏。为了从游戏中脱颖而出，制造商将所有可以想到的功能都塞进了手机里。第一款带有全球定位系统的手机于 1999 年被推出；早在 2000 年，日本的消费者就开始购买带有数码相机的手机；在 2005 年前后，许多手机开始提供基本的网络浏览器，甚至流媒体视频服务。

为时过早了。

在 21 世纪的第一个 10 年中，主流消费者对智能手机和移动计算设备功能的爆炸式增长并不感兴趣。截至 2005 年，美国只有 350 万名智能手机用户。[24] 直到 2006 年，在北美发售的 1.5 亿部手机中，只有 6% 是"智能"的。[25] 尽管在《财富》500 强公司中，有 85% 的公司使用了 RIM 的服务，但 RIM 直到 2004 年才有了 100 万名用户。[26] 从 2000 年开始，掌上电脑公司的销售量实际上一直在下降。

整个计算机、电子和技术产业正汇聚在一种独一无二的设备上，这是一款似乎对每个人来说都代表着一切的卓越产品。然而，似乎很少有人关心，所有的新功能、新技术和计算设备创新都汇聚在手机中，指向了一个永远在线、永远连接、永远更新信息的世界。除了那些"上瘾黑莓"的瘾君子和拼搏进取的专业人士，大多数人都没有看到这一点。

早在 1998 年，史蒂夫·乔布斯就对《商业周刊》的记者说过一句名言："很多时候，人们并不知道自己想要什么，直到你把这个东西拿给他们看了。"[27] 以智能手机为例，这项技术很快会使人类的现代生活迈入移动计算设备无处不在的时代。

第十七章
上帝手机

iPhone

设备制造商们倾向于将一大堆毫无价值的技术都塞进一部智能手机里，这么做的逻辑很简单：当你可以只携带一种设备时，你为什么要带多种设备呢？你为什么要带一台 PDA 和一台信息发送设备？你不会的。因此，掌上电脑公司的设备拥有了发送信息的功能。你为什么要带一台信息发送设备和一部手机？你不会的。因此，黑莓拥有了打电话的功能。

然而，另一款设备大约在 5 年的时间里也占据了所有人的口袋空间。很显然，如果手机能够储存音乐，那么你就不需要随身携带一个 MP3 播放器。没有人比苹果公司更清楚这一条冷酷的逻辑。

"iPod 实现了热销，它卖得越来越好。到 2005 年前后，它大约占到了我们销售额的 50%，"当时的苹果高管斯科特·福斯特尔（Scott Forstall）表示，"所以，我们不断地问自己，'从长远来看，对于 iPod 的成功，我们要担忧的是什么，什么东西会蚕食 iPod 的销售'？我们最大的担忧之一就是手机。"[1]

苹果公司要阻止手机蚕食它在 iPod 和 iTunes 领域的既得利益。

而且，就像 iPod Nano 取代 iPod Mini 的事例所展示出来的那样，苹果公司在扼杀自己的宝贝时可以做到冷酷无情。与此同时，iPod 的成功对苹果公司的改变是不可低估的，它不仅改变了苹果公司对自身的看法，也改变了大家对苹果公司业务类型的认知。

苹果的另一位高管菲尔·席勒（Phil Schiller）说，iPod 完全改变了苹果对自身存在原因的看法。"人们开始问：'好吧，如果你能通过 iPod 获得巨大的成功，那么你还能做些什么别的吗？'人们提出了各种创意，做相机、造汽车，那都是一些疯狂的东西。"[2]

那么，做一款 iCamera 苹果相机怎么样？做一款 iTelevision 苹果电视怎么样？和 MP3 播放器一样，这些都是标准、独立的消费电子产品，你不需要获得任何人的许可，就能面向大众销售这样的设备。苹果可能会制造出自乔治·伊斯曼（George Eastman）以来的最好的相机，并有可能以压倒性优势在一个全新的行业中独占鳌头。

但手机是一个完全不同的命题，因为生产手机需要制造商与控制手机网络的运营商合作。运营商可以决定哪些设备能够接入它们的网络，以及这些设备可以采用的技术。它们甚至可以决定这些设备拥有什么样的功能。简而言之，手机运营商会向设备制造商发号施令，最终的结果是，尽管智能手机革命带来了功能的爆炸式增长，但手机领域的创新实际上是渐进式且官僚气十足的。

苹果公司不是一家喜欢官僚主义的公司，而且史蒂夫·乔布斯生拉硬拽地将音乐产业拖入 21 世纪的时间并不久，他不愿意再去劝诱和教育另一群思想顽固、思维落后的公司管理者。在 2004 年的数字化大会（All Things Digital conference）上，风险投资人小斯图尔特·艾尔索普（Stewart Alsop Jr.）实际上是在请求苹果公司制造一款手机。乔布斯提出了异议，他说："我们拜访了一些手机制造商，并与'掌上 Treo'的团队成员交流过。他们给我们讲了一些恐怖的故事。"[3] 在第二年的同一个大会上，乔布斯简要描述了他看到的问题。"就其与手机制造商之间的关系而言，运营商现在已经占据了上风。"乔布斯说。他描述了制造商如何从运营商那里获得厚厚的产品和网络技术规格说明书。这基本上决定了手机的一切，细化到使用的螺丝和接线。那不是苹果的工作方法。乔布斯说："手机的问题在于，我们不擅长通过运营商这样的渠道来获得终端用户。"[4]

然而，将技术汇聚到智能手机这种独特设备上的势头还是很难被忽视的。对一家感觉良好、渴望解决大问题的公司来说，手机技术的落后是一种无法抗拒的挑战。福斯特尔说："我们环顾四周，注意到周围几乎每个人都有手机，同时每个人都在抱怨他们的手机。我们想，'我们能够做出更好的东西吗'？"[5]

苹果公司对直接与运营商合作有所顾虑，而且为了保护其 iPod 和 iTunes 的特许经营权，它在 2004 年初与当时的手机制造商之一摩托罗拉达成了合作，正式涉足手机领域。苹果只提供 iTunes 软件的授权，而摩托罗拉会设计硬件并做最重要的事情——与运营商打交道。苹果公司负责 iPod 特许经营业务的高管托尼·法德尔回忆道："我们认为，如果消费者选择购买音乐手机而不是 iPod，那么他们至少会使用 iTunes。"[6] 苹果公司之所以决定与摩托罗拉合作，是因为摩托罗拉通过新推出的刀锋系列（RAZR）翻盖手机主宰了手机业务。刀锋是一款"傻瓜型"手机，它虽然不是智能手机，但是轻薄、性感、设计精良。简而言之，那是苹果公司愿意与之产生关联的一类产品。刀锋手机很受欢迎，仅仅两年时间就卖出了 5 000 万台。[7] 因此，在第一次进军手机领域的尝试中，苹果公司认为它将把自己的软件魔力注入周围最热门的设备之一中。

但摩托罗拉最终没有生产出可以播放音乐的刀锋手机，而是交付了笨重的 ROKR 系列手机。摩托罗拉用 18 个月的时间，才推出了这款看起来像棒棒糖一样的设备，它存在致命的、近乎荒谬的缺陷。这款手机散发着一种由委员会集体设计的气息，与苹果主张的理念背道而驰。它只能存储 100 首歌曲，成了苹果公司参与生产的容量最小的 MP3 播放器。在上市后的一个月内，ROKR 的退货率达到了手机行业平均水平的 6 倍。[8]《连线》杂志对 ROKR 提出了质疑："你们称它为属于未来的手机？"[9]

"这行不通，"乔布斯告诉 iPod 专家法德尔，"我厌倦了与愚蠢的手机公司的人打交道。"[10]

命运多舛的 ROKR 是摩托罗拉与无线运营商辛格勒公司（Cingular）合作开发的（在一系列的合并之后，该公司很快变成了美国电话电报公司）。当时，辛格勒公司正在与行业领袖威瑞森公司（Verizon）进行如火如荼的竞争。在 ROKR 的开发过程中，辛格勒的高管们试图说服史蒂夫·乔布斯专门为他们的网络开发一款苹果手机。起初，乔布斯对辛格勒的恳求充耳不闻，而是琢磨着推出一个独立的、苹果品牌的手机网络。"对于跟我们达成协议这个想法，乔布斯一开始表示厌恶。"辛格勒公司的高管吉姆·瑞恩（Jim Ryan）说。[11]但瑞恩向乔布斯强调，与硬件制造商相比，成为一家运营商会面临很多令人头痛的问题。事实上，对于运营全国性蜂窝网络在客户服务、物流、技术和可靠性等方面的问题，苹果公司没有任何经验。"对苹果公司来说，我们的一大卖点听起来很有趣。"瑞恩回忆说，"每次电话掉线，你都会责怪运营商，每次有好事发生，你都会感谢苹果公司。"[12]

与此同时，辛格勒公司试图说服乔布斯接受生产苹果手机的想法。苹果公司的一些高管，尤其是迈克·贝尔（Mike Bell）和史蒂夫·萨克曼（Steve Sakoman），也参与了"苹果手机"的讨论。2004年11月7日，贝尔给乔布斯发了一封长长的、经过深思熟虑的邮件，概述了他所有的论点。"我说，乔布斯，我知道你不想生产手机，但是基于如下原因，我们应该这么做。"贝尔说。乔纳森·伊夫手上有一些非常优秀的 iPod 设计，他们要做的是从中挑一个，装一些苹果的专利软件进去，添加一个手机无线装置，然后就能够造出自己的手机。"大约一个小时之后，他给我回了电话。我们聊了两个小时，最后他说，'好吧，我想我们应该这么做'。"[13]

苹果与辛格勒公司——后来的美国电话电报公司——的协议用了一年的时间才最终确定，但它消除了乔布斯几乎所有的担忧。苹果手机将仅仅使用美国电话电报公司的网络，作为交换条件，美国电话电报公司允许乔布斯全权负责手机的设计，一切依照苹果公司的需求决定。这款手机将完全是苹果的品牌，美国电话电报公司在手机的功能或服务方面没有发言权。锦上添花的是，苹果公司还将从用户使用该设备所支付的月度数据服务费中获得一定比例的分成。

※

2005 年初，苹果手机正在开发过程中。在当时的辛格勒公司看来，苹果公司找到了一个允许它设计一款史蒂夫·乔布斯认可的手机的合作伙伴，但是苹果公司仍然缺乏手机设计方面的经验，所以这款设备最终的样子是完全不确定的。

正如迈克·贝尔所建议的，最合理的做法是直接在现有的 iPod 上添加无线通信装置。iPod 很受欢迎，苹果公司已经生产了数千万个 iPod。这个计划的难度能有多大？在一次高层会议上，乔布斯签署认可了这个计划，他说："我们要推动这个基于 iPod 的事情，把它做成手机；因为这是一个更可行的项目，它的可预见性更强。"[14]

该手机项目获得了一个内部代号——"紫色"。早期的原型机只是简单拼凑起来的：现有的 iPod 加上蜂窝和无线网络天线。尽管这个概念很简单，但"iPod + 电话"的做法在现实使用过程中并不奏效。问题出在 iPod 备受赞誉的点击式转盘。虽然在用户从专辑列表中选择歌曲时，这是一个出色的用户界面突破，但它拨打电话的效果并不理想，更不要说输入文字短信之类的事情了。"我们在使用转盘时遇到了很多问题……这很麻烦。"法德尔告诉《乔布斯传》的作者沃尔特·艾萨克森。[15]

一位名叫安迪·格里尼翁（Andy Grignon）的苹果工程师负责演示首批包含无线网络的 iPod 原型机。格里尼翁说，要在 iPod 的小屏幕上浏览网页，"你可以按动转盘，滚动网页；你也可以点击它，然后进入网页"。而乔布斯觉得，"这是一堆狗屎"。他马上叫停了演示："我不要这个东西。我知道这有用，我明白，很好，谢谢，但这次的体验非常糟糕。"[16]

幸运的是，还有另一个可能的解决方案在等待着我们，该方案恰好也是乔布斯曾经放弃的创意——至少是其中之一。

当初史蒂夫·乔布斯重回苹果公司，使公司重获新生时，他采取的策略之一是大幅减少苹果公司的产品线，将注意力集中到少数的核心产品和技术上。苹果工程师还在从事一些实验性的项目，但他们不得不做得很低调，以免乔布斯在知道以后强迫他们停止。21 世纪初，苹果公司有一批工程师，他们对探索传统键盘或鼠标之外的新型计算机界面很感兴趣。为了远离乔布斯的视线，他们经常在苹果公司废弃的用户测试实验室见面。在苹果公司的史蒂夫·乔布斯时代，焦点小组和用户测试是多余的。只有一个人（当然是乔布斯）能决定产品是否值得生产。

这个秘密小组关注的是传统计算设备的未来，而不是小型设备的未来。"那时，手机并不在我们的关注范围内，"地下工程师之一约书亚·斯特里肯（Joshua Strickon）说，"它们甚至都不是我们讨论的话题。"[17] 这个小组对科幻电影《少数派报告》（*Minority Report*）中展示的那种计算机魔法更感兴趣：手势输入、挥动双手来处理数据等。该小组对特拉华州的一家名为 FingerWorks 的小型科技公司的技术很着迷。这家公司生产了一种塑料触控板，允许用户使用所谓的多点触控手指跟踪功能，以手动、触摸的方式直接与数据交互。[18]

有人拿来了一台苹果电脑，在桌子上方安装了投影仪，并将 FingerWorks 的触控板放在下面。他们很快就看到了一张桌子大小的演示画面，展示了用户如何仅用手与一个完整的计算机操作系统交互。该小组向乔纳森·伊夫和苹果工业设计团队的其他成员分享了他们的演示。伊夫对此印象深刻。

这段演示被戏称为"超大屏幕"（Jumbotron），因为整个画面有乒乓球桌那么大。伊夫告诉团队，等时机合适时再给乔布斯看。"因为乔布斯会很快给出意见，所以我不会在众目睽睽之下给他看一些东西，"伊夫后来解释说，"他可能会说'这是狗屎'，并扼杀这个创意。我觉得，创意都是非常脆弱的，所以在打磨创意的时候，你必须温柔。

我意识到，他如果对这个创意不予理睬，那将会令人非常悲伤，因为我知道它非常重要。"[19]

事实上，当伊夫终于在 2003 年夏天向乔布斯演示"超大屏幕"时，他完全无动于衷。伊夫说："他看不出这个创意有任何价值。我觉得自己真的很蠢，因为我一直觉得这是一件非常大的事情。"[20]

但是，随着时间的推移，在史蒂夫·乔布斯最初放弃的创意中，有一些会重新引起他的兴趣。某一天的愚蠢创意，可能成为第二天的精彩突破点。负责"超大屏幕"的工程师之一布莱恩·胡皮（Brain Huppi）说："据我所知，伊夫给他演示过多点触控，这个画面可能会在他的脑海中闪现出来。乔布斯的做法是，他之后再想起来的创意，就变成了他的创意。"[21]

乔布斯脑海中闪现的创意是，多点触控技术可以用来解决手机问题。

"有一次我跟乔布斯一起吃午饭，"斯科特·福斯特尔回忆说，"乔布斯说，'你说我们能否将触控板和多点触控的画面缩小到能够放进你的口袋'？"[22]

"超大屏幕"的工作仍然在间歇性地推进着，它可能会被用于某种平板设备，并最终演变成 iPad。但是在 2004 年底，乔布斯正式宣布："我们要做一款手机，它没有按钮，只有一个触摸屏。"[23] 为了使用多点触控技术，苹果公司收购了 FingerWorks。很快，手机项目就被分成了两条相互竞争的技术路线。P1（紫色的首字母）是当前"iPod + 电话"创意的代号，P2 是这种新型的多点触控的缩小版平板电脑创意的代号。

为了使这两个版本都能运行，苹果公司需要同时设计软件和硬件。

福斯特尔曾参与过苹果电脑的 OS X 操作系统方面的工作，他被任命来负责软件开发。由于乔布斯对保密工作的痴迷，福斯特尔被告知，他不能招募公司以外的任何人来完成他的项目，但是他可以从公司内部的人才中任意挑选。福斯特尔没有告诉那些被挑选来参与项目的员工，他们确切的工作将会是什么。他只是透露，他们可能要"放弃数不清的夜晚和周末。他们需要比之前的任何时候更努力地工作"[24]。

手机团队甚至与苹果公司的其他员工隔离开了，这最终成了苹果公司的标准做法。福斯特尔在后来的法庭证词中回忆道："该团队占据了苹果公司在库比蒂诺的一栋大楼，并将其封锁了起来。最初他们占了一层楼，安装了门禁读卡器和摄像头。在某些情况下，甚至团队中的员工也必须出示 5～6 次门禁卡。"[25]

那层楼被称为"紫色宿舍"。

"在紫色宿舍的前门，我们贴了一块牌子，上面写着'搏击俱乐部'，因为该项目的第一条原则是不准在门外谈论它。"福斯特尔在后来做证时说。

在开发早期，软件团队提出了用户界面的各种功能，这些功能会让最终的苹果手机用户感到非常神奇。当然，多点触控具备一些固有的功能，比如通过捏拢或张开手指缩小或放大图片。滚动浏览内容也很简单，用户只需要在屏幕上上下滑动手指。福斯特尔自己提出了在浏览网页时双击放大文本的创意。一位名叫巴斯·奥尔丁（Bas Ording）的用户界面奇才想出了著名的橡皮筋效果，即当用户将页面滚动到底部时，屏幕似乎会反弹。为了管理手机所需的各种程序，我们现在熟悉的图标网格很快就被确定下来了。尺寸较小、方型、巧克力形状的图标似乎最适合用手指点击。苹果公司的一位高级设计师伊姆兰·乔杜里（Imran Chaudhri）说："有趣的是，未来 10 年的智能手机图标外观在几个小时之内就被设计出来了。"[26]

与此同时，在法德尔的 iPod 团队推动下，P1 的设计仍在进行中。鉴于转盘的局限性，一些人建议采用黑莓推出的硬件键盘。"这绝对是我们讨论过的，"法德尔后来说，"它还是一个激烈的话题。"[27] 事实上，纯软件键盘是 P2 路线在受到质疑时所面临的最大问题。在桌子一样大的多点触控键盘上打字是一回事，在几英寸大小的玻璃上打字则完全是另一回事。

尽管如此，在 P1 和 P2 两条技术路线之间的一场为期 6 个月的比赛之后，乔布斯准备挑选一匹赛马，并与它同行。乔布斯指着触控屏说道："我们都知道，这就是我们想要的，所以我们来搞定它吧。"[28] 采用未经测试的技术是有风险的，尤其是在键盘问题仍未解决的情况下。但最终，多点触控的可能性还是更令人兴奋。

※

如果软件有问题，那么硬件的问题就更多了。研究硬件的工程师被严格禁止看到他们所支持的软件，反之亦然，这并没有什么好处。主要问题在于，苹果公司以前根本没有处理过手机设计的基本现实问题。苹果公司没有严格的功能测试方面的经验，这些测试是为了确保手机能够在当时的辛格勒公司的网络上运行，并通过美国联邦通信委员会（FCC）的审查。手机制造商通常会把这个流程交给运营商团队来处理，因为他们是最了解自己网络的人；但苹果公司刻意与运营商保持一定的距离，小心翼翼地保护自己的设计，甚至不让其名义上的合作伙伴了解它。因此，硬件团队在苹果员工中发起了一个强化的

"内部测试行动"。用技术语言来说，内部测试是指公司内部对测试版产品进行测试，以解决其中的问题。苹果公司的工程师们要求测试人员在生活中只能使用苹果手机，以便在每一种可能的使用情形中发现问题。

内部测试与一个信号测试方案结合在了一起。通常，这个信号测试过程只需要测试者带着手机开车四处转转，找到盲区，并当场诊断掉线情况。"有时我们可能会说，'斯科特·福斯特尔掉线了，去弄清楚到底是怎么回事'，"一位名叫舒沃·查特吉（Shuvo Chatterjee）的工程师回忆说，"然后，我们会开车经过他的房子，试图搞清楚那里是否存在一个盲区。这种事也在乔布斯身上发生过。有几次我们开车绕着他们的房子转了太久，都担心他们的邻居会报警。"[29]

与这些开发工作并行的是设计工作，乔纳森·伊夫领导的工业设计团队正在打造一个又一个原型产品。伊夫特别喜欢的一种硬件设计是 P1 路线中类似 iPod 的设计。这个原型设备是用磨砂"铝"做的，乔布斯和伊夫都很喜欢。但是在这种情况下，美学大师必须服从物理定律。苹果公司的工程师菲尔·卡尼（Phil Kearney）说："我和天线专家鲁本·卡巴列罗（Ruben Caballero）不得不去会议室向乔布斯和伊夫解释，他们无法让无线电波穿过金属。这并不是一件解释起来很简单的事，因为大多数设计师都是艺术家，他们最近的一堂科学课是在八年级上的；但是他们在苹果公司有很大的影响力，所以如果他们问'为什么我们不能为无线电波留出一点儿缝隙让它们通过'，那么你必须向他们解释为什么不能。"[30]

为了最终产品的最终利益，当涉及其他硬件决策时，乔布斯的苛刻要求通常会胜出。手机屏幕原本打算采用与 iPod 屏幕一样的塑料；

但是一部手机原型机在乔布斯的口袋里待了一天之后，他的车钥匙在手机屏幕上留下了一道深深的永久性划痕。乔布斯将屏幕材料从塑料换成了大猩猩玻璃（Gorilla Glass），甚至说服玻璃制造商康宁公司（Corning）将肯塔基州哈罗兹堡的整个工厂进行了改造，只为了生产苹果公司所需的玻璃数量。这实际上将硬件团队的工作变得更加复杂了，因为多点触控传感器现在必须嵌入玻璃中，而嵌入玻璃与嵌入塑料是完全不同的。

硬件和软件的巧妙结合解决了一些其他的问题。用户在接听电话时，屏幕会碰到脸部，为了确保此时屏幕处于关闭状态，手机内置了一个近距离传感器。当一位用户界面设计师注意到飞机卫生间门上的滑动上锁和解锁装置时，用户口袋里的手机意外开机的问题得到了解决。就这样，"滑动解锁"诞生了。通过内部测试的反馈，设计团队又补充了一些细微但有意义的细节，比如铃声开关可以让不合时宜的电话静音。安迪·格里尼翁是第一个用苹果手机接到电话的人。当时他正在开会，没认出致电者的号码，所以他关掉了响铃，忽略了来电。苹果手机接到的第一通电话让人觉得有些雷声大雨点儿小，格里尼翁回忆道："那并不是一个令人惊叹的时刻，当时我的感觉是，'去他的，转到语音信箱去吧'。"[31]

但是，直到开发后期，最令人头痛的问题仍然是软键盘功能。问题的症结在于手指的大小。如果你想键入字母"e"，那么你的手指可能会触碰到几个其他字母。和之前一样，解决方案还是源于巧妙的设计。苹果公司的工程师们使用人工智能技术，创建了一种算法，可以预测用户下一个想键入的字母。比如，如果有人键入了字母"t"，那么他很有可能想接着键入"h"。因此，在肉眼看来，字母"h"在键盘上的大小是不变的，但事实上，字母"h"的"命中区域"会变大。再往后，字母"e"的命中区域可能会变大，毕竟"the"是一个常见词。这种预测性输入算法使苹果手机免于重复牛顿信息板经历的失败。

苹果公司计划在 2007 年 1 月的"苹果产品大会"上发布苹果手机，但在这个大会的几周甚至几天之前，该手机仍然存在令人难以置信的问题。演示半成品不是史蒂夫·乔布斯习惯的做事风格，但在这种情况下，他也被迫做出妥协。苹果手机即将问世，这是众所周知的事实。这款被舆论称为"上帝手机"的设备，已经在评论家、博客作者和记者中激起了难以置信的狂热。苹果手机必须亮相。

就在 2007 年元旦之后，苹果公司接管了旧金山的莫斯克尼中心（Moscone Center），用于主办苹果手机的发布会。苹果公司单独指派了一名员工，在他的 Acura 行李箱中装入了所有的 24 部演示手机，他从库比蒂诺的苹果总部开车将它们送到旧金山。紧随其后的是苹果公司安全部门驾驶的第二辆汽车。那位员工无法想象，如果他出了什么意外并且这些演示手机遭到了损坏，那后果会是怎样的。

乔布斯连续 6 天都在排练他的演讲，但直到最后时刻，他的团队仍然无法让手机在整个排练过程中一直正常运作。有时候网络连接会断掉，有时候电话会打不通，有时候手机会关机。在这些时刻，乔布斯臭名昭著的脾气爆发了。"场面很快就变得令人非常不舒服，"安迪·格里尼翁说，"我很少看到他变得完全心烦意乱，但这确实发生了。大多数时候，他只是盯着你，用非常响亮和严厉的声音直接说'你正在把我的公司搞得一团糟'，或者说'如果我们失败了，那都是因为你'。"[32]

在最后一分钟，工程师们确定了一条"黄金路径"。这是一组特定的演示动作，乔布斯可以按照特定的顺序做出动作，从而确保手机在整个演讲过程中不会出现任何一个小故障。比如，乔布斯可以先发送一封电子邮件，然后上网浏览；但是如果他颠倒了顺序，手机就会死机。工程师们还屏蔽了乔布斯在舞台上要使用的无线网络，这样观众就不会与他连到同一个网络中，也不会造成网络卡顿。美国电话电报公司带来了一个便携式手机信号塔，用于确保乔布斯在打自己的第一个演示电话时，会有很强的信号。但是，为了安全起见，工程师们对所有的演示手机进行了硬编码，以显示 5 格的信号强度，不管是真是假。

※

史蒂夫·乔布斯在 2007 年 1 月 9 日 "苹果产品大会" 上的主题演讲，已经成了流行文化中的一个开创性时刻，这是我们所处的技术痴迷时代的一个标志。

"今天是我期待了两年半的一天，"乔布斯从舞台的一边走到另一边，忧郁地说，"每隔一段时间，一款具有革命性的产品就会改变一切。"

苹果高管埃迪·库伊（Eddy Cue）后来说道："这是我带妻子和孩子参加过的唯一一次活动。因为，正如我跟他们所说的，'在你的有生之年，这可能是最大的一场活动'。你会有切身体验，你能感受到这是一件很宏大的事情。"[33]

乔布斯的苹果手机发布词已经变成了神话：

总的来说，有三样东西：一个带有触控功能的宽屏 iPod、一部革命性的移动电话，以及一台突破性的互联网通信设备。一个iPod……一部电话……和一台互联网通信器……一个iPod……一部电话……你明白了吗？这不是三个独立的设备，这是一个设备！我们称之为iPhone。

不知怎么的，整个演示没有一点儿问题。数亿人曾在优兔上看过这段视频，你在观看后就会发现，乔布斯的驾驭能力超强，他似乎正处于一名演讲者的巅峰时期。你可以感觉到，他在同时点燃并吸收人群散发出来的兴奋感；就好像乔布斯对自己正在演示的东西感到难以置信，而观众也对他们看到的东西感到难以置信。

2007年6月29日上市的原版iPhone是基于P2技术路线的原机型，代号为M68。从10多年的发展视角来看，也许第一款iPhone最值得注意的地方是，它在功能和概念上是如此完美。汽车进化了近40年，才实现了我们今天熟悉的标准配置。在他们的第一次尝试中，苹果公司的团队设法找到了完美的外形要素，找到了现代智能手机的完美原型。当然，在iPhone出现之前，智能手机已经存在了好几年，但是我们今天所知道的智能手机的标准形式——没有实体键盘，有一块单独的屏幕，像一面既能展现又能连接我们所有希望与愿望的"黑色镜子"——是苹果公司在第一次尝试中确定下来的。这很了不起。直到今天，几乎所有的智能手机看起来都像第一款iPhone。

当然，iPhone解决了苹果公司iPod系列产品面临的威胁问题。与开发iPhone时的预期一样，它基本上淘汰了独立的MP3播放器。但人们现在经常忽视的是乔布斯宣布的"第三样"东西有多重要，这也是iPhone的核心：一台互联网通信器。智能手机和PDA多年来已经逐步获得了浏览网络的能力，但 iPhone 的液晶显示屏相对较大，几乎占据了手机的整个表面空间。它拥有多点触控的所有功能，比如捏拉缩放、双击放大等。这些功能首次将浏览移动网络变成了一件有用且愉快的事情。乔布斯后来说，移动浏览的奇迹是真正让第一款 iPhone 脱颖而出的原因。iPhone 像"真正的"电脑一样传递"真正的"互联网，并最终将移动网络变成了一个不证自明的、有用的功能。"这是你第一次将互联网装进口袋。"乔布斯说。[34]

然而，第一款 iPhone 并没有最终使智能手机成为史上最成功的计算设备。人们往往会忘记第一款 iPhone 的问题。它被发布在几乎过时的边缘网络（EDGE）上，辛格勒或者说美国电话电报公司仍在建设其 3G（第三代移动通信技术）网络，因此第一代手机用户必须适应蜗牛般的数据速度。第一款 iPhone 也没有全球定位系统传感器，所以即使你可以在 iPhone 上使用移动地图，你的体验也没有今天那么顺畅和准确。第一款 iPhone 不能拍摄视频，甚至没有前置摄像头，所以"自拍"时代直到第 4 代 iPhone 上市后才到来。这是三年之后的事情了。

※

第一款 iPhone 不是大众认知中的 iPhone，最大的原因是它没有应用商店（App Store）。第一款 iPhone 带有常见的类似 PDA 的应用程序套件，日历、记事本、计算器、时钟、股票行情和天气等应用程序全部都是由苹果公司设计的。其中的外部应用只有谷歌提供的地图和优兔。除了主屏幕之外，用户不需要滑动到第二个屏幕上——因为没有其他应用程序需要被显示出来。

最初没有应用商店的 iPhone 在很大程度上是史蒂夫·乔布斯柏拉图式的理想—— 一个封闭的、精心设计的计算系统，一个完美的、全密封的设备。在 iPhone 发布后的几个月里，乔布斯实际上一直在口头反对应用商店的想法，他拒绝让外部开发者影响他完美的杰作。他告诉《纽约时报》："你不会希望你的手机像一台个人电脑。你最不希望的事就是在手机上启动了三个应用程序，然后你想打电话，却发现它用不了了。iPhone 更像是 iPod，而不是电脑。"[35]

但事实上，乔布斯是错的。iPhone 在很大程度上是一台电脑。当 P1 和 P2 技术路线还在进行较量的时候，关于将要在该设备上运行的软件，苹果公司的团队还需要同步做出决定：他们要的是一个增强版的 iPod 操作系统，还是一个缩小版的苹果电脑的 OS X 操作系统。OS X 最终胜出了。从一开始，至少在软件架构方面，iPhone 就是一款小巧但功能齐全的电脑。这意味着，如果史蒂夫·乔布斯允许，开发者们可以为 iPhone 编写真实、实用、完整的应用程序。

最后，创建应用商店的斗争重演了几年前关于向 Windows 用户开放 iTunes 的争论。跟之前一样，苹果公司内部的每个人都想这么做，只有乔布斯一直拒绝；但最终的结果和 iTunes 争论的结果是一样的。乔布斯最终屈服了，他告诉那些一直对他唠叨的人："哦，见鬼，尽管去干吧，别烦我了！"[36]

苹果应用商店于 2008 年 7 月与第二代 iPhone 3G 一起推出了。正如苹果前员工让 – 路易·加赛（Jean-Louis Gassee）所说："那时 iPhone 才算真正完成了，它拥有了所有的基础、所有的器官。它还需要成长，需要让肌肉更发达，但它是完整的，就像一个完整的孩子一样。"[37]在启动销售的第一个季度，苹果公司和美国电话电报公司一共销售了约 150 万部 iPhone。[38] 在苹果应用商店推出后的一个季度，iPhone 的销售量达到了 689 万，总销售量首次超过了 1 000 万，并且超过了 RIM 黑莓的销量，成为美国最畅销的智能手机。[39]

※

促使用户接受智能手机并使它们成为主流的根本原因是应用商店。美国智能手机的持有率从 2007 年的 3%，上升到了 10 年之后的 80% 以上。[40] 在我写作本书时，iPhone 的销售量已经超过了 10 亿，而苹果公司是世界上最有价值的公司。当然，这种巨大的成功部分归功于乔纳森·伊夫提出的硬件设计，他的设计使得每一款 iPhone 都成了欲望和嫉妒的对象；我们还可以将其归功于史蒂夫·乔布斯精湛的表现力，他将智能手机打造成了现代社会的标志性设备；但最重要的是，我们必须将其归功于应用商店，它将智能手机从一款只能吸引早期猎奇用户和差旅人士的小众产品，转变成了一款能够吸引每个人，甚至包括我们的母亲的通用电脑。

从更宏观的意义上说，iPhone 和应用商店是软件的胜利。"这是隐藏在漂亮包装里的软件。"史蒂夫·乔布斯喜欢这样描述。[41] 正如比尔·盖茨早在 20 世纪 70 年代就凭直觉意识到的那样，软件是关键的差异点，能够让移动计算机变得不可或缺。"有一款应用"这样的说法，不仅仅是一个聪明的营销概念，它实际上反映了智能手机——通过移动应用——如何包含了互联网时代的所有精华成果。获取最新消息、在亚马逊或易贝上购物、用谷歌搜索、在维基百科上查找事实、收听无限量的音乐专辑（Napster 的承诺）、观看优兔视频、看网飞流媒体——过去 15 年互联网革命中的每一个奇迹，都在我们口袋里的微型电脑中找到了新的生命。由于软件的胜利，iPhone 甚至帮助苹果公司创造了一个真正的平台，一个能够容纳移动计算世界的生态系统。这也正是马克·安德森在创立网景公司时梦寐以求的目标。

然而，如果我们完全诚实，那么我们必须承认，有一个特定类别的应用对 iPhone 的腾飞至关重要，而以前的智能手机并没有这种应用。

应用商店在正式上线的第一天发布的一个关键应用程序是脸书。

社交网络成功地将互联网变成了一种真正的个人体验。智能手机与社交网络相结合，采用了个人计算技术，并使其几乎变成了私密计算。如果没有移动计算技术，没有智能手机，那么社交媒体将走向何方？智能手机是一种完美的工具，总是在我们手边，随时记录和管理我们日常生活中的一些临时性事务。如果智能手机（以 iPhone 为例）没有成为社交媒体消费和生产的完美载体，那么脸书今天会有 10 亿名用户吗？如果不是 iPhone 启动了智能手机革命，那么 Snapchat 会走向何方？推特会怎么样呢？还有优步呢？

有人可能会说，社交媒体最终能成为主流，是因为智能手机同时也成了主流。一个互补的相反论点是，iPhone 实现了腾飞，而其他智能手机没有做到，是因为它的推出正赶上脸书处于抛物线的高速增长时期。

智能手机＋社交媒体，两项改变世界的技术在恰当的时机同时到来了。

尾　声

　　J. C. R 利克莱德（J. C. R. Licklider）是真正的互联网教父之一。20 世纪 50 年代，他曾在美国 BBN 公司（Bolt Beranek & Newman Inc.）工作，这家公司后来生产了与阿帕网前 4 个节点相连接的计算机。在 20 世纪 60 年代早期，利克莱德是美国国防部高级研究计划署（ARPA）信息处理技术办公室的负责人，该办公室后来为阿帕网提供了资金。1963 年，他写了一份重要的内部文件，这份文件规划并最终促进了阿帕网的发展，而阿帕网是当今互联网的关键先驱。

　　但是，与那个时代的大多数计算机科学家一样，利克莱德也是一位理论梦想家。1960 年，他写了一篇名为《人机共生》的论文，这篇论文被认为是现代计算机科学的一篇基础性文章。

　　跟如今一样，在 1960 年时，很多人认为真正的人工智能就在眼前。利克莱德把他的资金投入了控制论的研究，控制论认为，人类将会与机器融合。在《人机共生》论文中，利克莱德认为，有朝一日可能会出现比人类聪明几个数量级的思考机器，这种情况甚至是不可避免的，但与此同时：

在一段相当长的过渡时期内，主要的智力发展将由人与计算机的密切合作来实现。

希望在不太久的时间内，人类大脑会与计算机非常紧密地结合在一起，由此产生的伙伴关系将会以人类大脑从使用过的方式进行思考，并以我们今天所知的信息处理机器无法实现的方式处理数据。

……人类需要做的是设定目标、提出假设、确定标准、评估结果，常规工作则全部由计算机来完成。这些常规工作能够为技术和科学思维中的见解和决策铺平道路。初步分析表明，与人类单独执行任务相比，这种共生伙伴关系能够更有效地执行智能操作。

从本质上说，互联网时代就代表了利克莱德所预想的那段"相当长的过渡时期"，在此期间，人类和计算机非常深刻地联系在了一起。首先，我们将世界上所有的计算机连接在了一起；然后，我们将人类收集到的所有知识都上传到了互联网创造的虚拟空间中；再之后，我们使得所有的知识都可以被搜索。我们将现实世界的商业系统、金融系统，甚至媒体及信息系统与互联网联系在了一起。我们创造了一个世界，在这个世界中，任何商品、媒体、艺术、事实或思想、创意或模式，以及人们的好奇心或欲望，都可以随时得到满足。在10年的时间里，我们学会了如何行动，然后真正地与这个新的网络范式实现了共存——真正地存在于这个虚拟的环境之中。通过社交媒体，我们将彼此深度地联系在一起，就像我们把所有电脑连接在一起一样。然后，我们开始穿戴真正的超级计算机，在我们清醒的每时每刻都带着它们去探索智能领域、社交领域，甚至是现代生活的物理空间。我们做的所有这些事情都是自发的、没有方向的、没有计划的——就好像我们是在跟随一种生物冲动，被某种无意识的进化指令所引导。

当你看到周围的每个人都弓着背，盯着自己智能手机的发光屏幕时，你就见证了利克莱德预想的人与机器之间的亲密联系的实现。

但是，我们变得更好了吗？我们真的在以人类大脑之前从未使用过的方式思考吗？就像利克莱德预想的那样？

随着互联网时代的延续，这是一个开放式问题。

致　谢

　　这本书起源于一个播客，名为"互联网历史"，所以我首先要感谢成百上千名接受我采访的人，感谢他们允许我分享他们推动互联网时代发展的故事。在有限的篇幅里，有太多的嘉宾需要感谢。如果你喜欢这本书，那么我强烈建议你尝试去听一下这个播客，听听其中的一些故事，以及本书没有描述的一些细节和逸事。未来几年，我希望能继续推出新的播客内容，为子孙后代保留口述的科技历史。你可以在 www.internethistorypodcast.com 网站或播客应用程序上收听这些内容。

　　我要特别感谢我的播客嘉宾南希·埃文斯，谢谢你给我动力，提醒我这个项目应该成为一本书；感谢本·斯利夫卡和克里斯·弗雷利克（Chris Fralic），你们在关键时刻发现了这个项目的真正价值；衷心感谢我的经纪人凯文·奥康纳，他从第一天起就相信这是一本宏大、重要的图书，也要感谢我在利夫莱特出版公司（Liveright）的编辑凯蒂·亚当斯（Katie Adams），她接手了这个项目，并熟练地使它免于成为一本庞杂、臃肿的书；感谢弗雷德·威默（Fred Wiemer）和艾米·梅德罗斯（Amy Medeiros）的专业编辑工作；感谢菲尔·马里诺（Phil Marino），他是第一个敢于尝试这个想法的人。

感谢比尔·麦克马纳斯（Bill McManus）把我的思维带到了更高的层次，令这个项目成为可能；感谢安吉莉塔·索萨（Angelita Sosa）照顾我的家人，使这个项目得以实现；感谢乔尔·洛弗尔（Joel Lovell）在恰当的时间提出的关键建议；感谢克里斯·安德森（Chris Anderson）和 TED 演讲的所有人员，TED 入驻计划（TED Residency）是一个了不起的计划，它将我这个项目推到了一个新的高度；尤其要衷心感谢所有入驻的伙伴，特别是辛迪·斯蒂弗斯（Cyndi Stivers）和卡特里娜·科纳南（Katrina Conanan），他们负责管理入驻人员，做了非常好的工作。

感谢纽约公共图书馆科学、工业和商业（SIBL）分部的阿尔特曼咨询台。大家可能会认为现在的一切都是在网络上永久保存的，但是不要当真！图书馆仍然至关重要。如果没有在互联网时代及之前保存下来的实体参考资料，那么我将失去本书的一半资料。我还想感谢密歇根州的马尼斯蒂公共图书馆，我连续几个夏天在这个庇护所里写作本书。

最后，每个人在写书的时候都会感谢自己的配偶，因为配偶要忍受作者在写作时（身体和精神上）无法避免的消失不见和心不在焉。但是说真的，我的妻子莱莎·罗兹马雷克（Lesa Rozmarek）配得上无尽的赞扬和感谢，因为她支持的这个业余项目、爱好、令我分心的事情，意外地成了我的第二职业。莱莎，你对我的信任完全不可动摇、坚如磐石，虽然有时难以理解，但我非常喜欢和珍惜。我爱你。

注 释

前 言

1. Susannah Fox and Lee Rainie, "The Web at 25 in the U.S.: Part 1— How the Internet Has Woven Itself into American Life," last modified February 27, 2014, http://www.pewinternet.org/2014/02/27/part-1-how-the-internet-has-woven-itself-into-american-life/.

2. Google Answers, "Q: Personal Computer Penetration in US," posted July28, 2004, http://answers.google.com/answers/threadview?id=380304.

3. Google Groups, posted August 6, 1991, https://groups.google.com/forum/#!msg/alt.hypertext/eCTkkOoWTAY/bJGhZyooXzkJ.

第一章 互联网 "大爆炸"

1. Molly Baker, "Technology Investors Fall Head over Heels for Their New Love," *Wall Street Journal*, August 10, 1995.

2. William Stewart, "NSFNET— National Science Foundation Network," Living Internet, accessed August 18, 2016, http://www.livinginternet.com/i/iinsfnet.htm.

3. Internet History Podcast, Episode 8: Aleks Totic, of Mosaic and Netscape, March 16, 2014.

4. Internet History Podcast, Episode 9: Jon Mittelhauser, Founding Engineer, Mosaic and Netscape, March 27, 2014.

5. Patricia Sellers, "Don't Call Me SLACKER! Meet America's Top Talents Under 30. They Are Unorthodox, Rebellious, and a Challenge to Manage," *Fortune*, December 12, 1994.

6. Internet History Podcast, Episode 10: Rob McCool, Founding Engineer, Mosaic and Netscape, April 2, 2014.

7. Ibid.

8. John Naughton, *A Brief History of the Future: From Radio Days to Internet Years in a Lifetime* (Woodstock, NY: Overlook, 2000), 239.

9. "Html & Emacs," e-mail message, November 16, 1992, accessed August 18, 2016, from the Internet Archive Wayback Machine, http://web.archive.org/web/20021225141741/http://ksi.cpsc.ucalgary.ca/archives/WWW-TALK/www-talk-1992.messages/292.html.

10. George Gilder, "The Coming Software Shift," *Forbes ASAP*, August 28, 1995.

11. Internet History Podcast, Episode 8: Aleks Totic, of Mosaic and Netscape.

12. James Gillies and Robert Cailliau, *How the Web Was Born: The Story of the World Wide Web* (Oxford: Oxford University Press, 2000), 241.

13. Matthew Gray, "Web Growth Summary," Internet Statistics, Massachusetts Institute of Technology, accessed August 18, 2016, http://www.mit.edu/~mkgray/net/web-growth-summary.html.

14. Gillies and Cailliau, *How the Web Was Born*, 242.

15. Tom Steinert-Threlkeld, "Can You Work in Netscape Time?" *Fast Company*, October 31, 1995.

16. Robert Reid, *Architects of the Web: 1,000 Days That Built the Future of Business* (New York: John Wiley & Sons, 1997), 12.

17. Walter Isaacson, *The Innovators: How a Group of Hackers, Geniuses, and Geeks Created the Digital Revolution* (New York: Simon & Schuster, 2014), 418.

18. Gillies and Cailliau, *How the Web Was Born*, 242.

19. Gilder, "The Coming Software Shift."

20. Woods Wilton, "1994 Products of the Year," *Fortune*, December 12, 1994.

21. Reid, *Architects of the Web*, 17.

22. Internet History Podcast, Episode 6: Mosaic and Internet Explorer Engineer, Chris Wilson, March 10, 2014.

23. Gilder, "The Coming Software Shift."

24. John Markoff, "Business Technology; A Free and Simple Computer Link," *New York Times*, December 8, 1993, D5.

25. Internet History Podcast, Episode 8: Aleks Totic, of Mosaic and Netscape.

26. Jonathan Weber, "Computer Sales Suffered a Rare Drop Last Year," *Los Angeles Times*, January 21, 1992.

27. Tim Ferriss Show, "163: Marc Andreessen—Lessons, Predictions, and Recommendations from an Icon," https://tim.blog/2016/05/29/marcand reessen/.

28. David A. Kaplan, *The Silicon Boys and Their Valley of Dreams* (New York: HarperCollins, 2000), 231.

29. Jim Clark and Owen Edwards, *Netscape Time: The Making of the Billion-Dollar Start-up That Took on Microsoft* (New York: St. Martin's, 1999), 32.

30. Adam Lashinsky, "Remembering Netscape: The Birth of the Web— July 25, 2005," *Fortune*, July 25, 2005, http://archive.fortune.com/magazines/fortune/ fortune_archive/2005/07/25/8266639/index.htm.

31. Internet History Podcast, Episode 9: Jon Mittelhauser, Founding Engineer, Mosaic and Netscape.

32. Internet History Podcast, Episode 8: Aleks Totic, of Mosaic and Netscape.

33. Internet History Podcast, Episode 10: Rob McCool, Founding Engineer, Mosaic and Netscape.

34. Clark and Edwards, *Netscape Time*, 58.

35. Internet History Podcast, Episode 8: Aleks Totic, of Mosaic and Netscape.

36. Jon Mittelhauser, "[IAmA] Co-author of the First Widely Used Web Browser,

an Early Owner/Evangelist/Investor for Tesla Motors, and the Guy Who Ran the Launch of OnLive (a Reddit Trifecta?) AMAA," Reddit, posted July 8, 2011, accessed August 19, 2016, https://www.reddit.com/r/IAmA/comments/ik5mk/iama_coauthor_of_the_first_widely_used_web/.

37. Clark and Edwards, *Netscape Time*, 63.

38. Ibid.

39. Jamie Zawinski, "The Netscape Dorm," accessed August 19, 2016, from the Internet Archive Wayback Machine capture on February 8, 2010, https: //web.archive.org/web/20100208023804/http://www.jwz.org/gruntle/nscpdorm.html.

40. Internet History Podcast, Episode 8: Aleks Totic, of Mosaic and Netscape.

41. Internet History Podcast, Episode 5: Netscape and Mosaic Founding Engineer, Lou Montulli, March 6, 2014.

42. Reid, *Architects of the Web*, 27.

43. Internet History Podcast, Episode 10: Rob McCool, Founding Engineer, Mosaic and Netscape.

44. Joshua Quittner and Michelle Slatalla, *Speeding the Net: The Inside Story of Netscape and How It Challenged Microsoft* (New York: Atlantic Monthly Press, 1998), 121.

45. Ibid.

46. "The 25 Most Intriguing People in '94," *People*, December 26, 1994–January 2, 1995.

47. Internet History Podcast, Episode 10: Rob McCool, Founding Engineer, Mosaic and Netscape.

48. Internet History Podcast, Episode 5: Netscape and Mosaic Founding Engineer, Lou Montulli.

49. Reid, *Architects of the Web*, 31.

50. Internet History Podcast, Episode 9: Jon Mittelhauser, Founding Engineer, Mosaic and Netscape.

51. Internet History Podcast, Episode 8: Aleks Totic, of Mosaic and Netscape.

52. Robert D. Hof, "From the Man Who Brought You Silicon Graphics..." *Business Week*, October 24, 1994.

53. Quittner and Slatalla, *Speeding the Net*, 174.

54. "Layout Engine Usage Share," Wikipedia, accessed August 19, 2016, https://en.wikipedia.org/wiki/File:Layout_engine_usage_share-2009-01-07.svg.

55. Steinert-Threlkeld, "Can You Work in Netscape Time?"

56. Lashinsky, "Remembering Netscape."

57. Naughton, *A Brief History of the Future: From Radio Days to Internet Years in a Lifetime*, 251.

58. Quittner and Slatalla, *Speeding the Net*, 203.

59. Internet History Podcast, Episode 9: Jon Mittelhauser, Founding Engineer, Mosaic and Netscape.

60. U.S. Department of Justice, U.S. v. Microsoft: Proposed Findings of Facts, https://www.justice.gov/sites/default/files/atr/legacy/2006/04/10/iii-b.pdf.

61. Lashinsky, "Remembering Netscape."

62. Ibid.

63. Internet History Podcast, Episode 9: Jon Mittelhauser, Founding Engineer, Mosaic and Netscape.

64. James Collins, "High Stakes Winners," *Time*, February 19, 1996.

65. Michael Lewis, *The New New Thing: A Silicon Valley Story* (New York: W. W. Norton, 2000), 74.

66. Michael A. Cusumano and David B. Yoffie, *Competing on Internet Time: Lessons from Netscape and Its Battle with Microsoft* (New York: Free Press, 1998), 10.

67. Jeff Pelline, "Netscape Playing Catch-up to Yahoo," CNET, March 30, 1998, accessed August 19, 2016, http://www.cnet.com/news/Netscape-playing-catch-up-to-yahoo/.

68. Cusumano and Yoffie, *Competing on Internet Time*, 31.

69. Bob Metcalfe, "Without Case of Vapors, Netscape's Tools Will Give Blackbird Reason to Squawk," *InfoWorld*, September 18, 1995.

第二章　掌控全球计算机的比尔·盖茨

1. Brent Schlender, "What Bill Gates Really Wants," *Fortune*, January 16, 1995.

2. Ibid.

3. Laurent Belsie and Scott Armstrong, "High Hopes and Hype Blaze Path for Information Superhighway," *Christian Science Monitor*, January 13, 1994.

4. Alan Stone, *How America Got On-line: Politics, Markets, and the Revolution in Telecommunications* (Armonk, NY: M. E. Sharpe, 1997), 196.

5. David Kline, "Align and Conquer," *Wired*, February 1, 1995.

6. Edmund L. Andrews, "Time Warner's 'Time Machine' for Future Video," *New York Times*, December 11, 1994.

7. L. J. Davis, *The Billionaire Shell Game: How Cable Baron John Malone and Assorted Corporate Titans Invented a Future Nobody Wanted* (New York: Doubleday, 1998), 221.

8. Ibid., 179.

9. Internet History Podcast, Episode 88: How Microsoft Went Online, with Brad Silverberg, November 2, 2015.

10. "Time 25," *Time*, June 17, 1996.

11. Paul Andrews, *How the Web Was Won: Microsoft from Windows to the Web; The Inside Story of How Bill Gates and His Band of Internet Idealists Transformed a Software Empire* (New York: Broadway, 1999), 63.

12. Ibid., 54.

13. J. Allard, "Windows: The Next Killer Application on the Internet," e-mail to Paul Maritz et al., January 25, 1994, di_killerapp_internetmemo.rtf.

14. Andrews, *How the Web Was Won*, 109.

15. James Wallace, *Overdrive: Bill Gates and the Race to Control Cyberspace* (New York: John Wiley, 1997), 183.

16. Andrews, *How the Web Was Won*, 116.

17. Joshua Quittner and Michelle Slatalla, *Speeding the Net: The Inside Story of Netscape and How It Challenged Microsoft* (New York: Atlantic Monthly Press, 1998), 192.

18. Kathy Rebello, "Inside Microsoft: The Untold Story of How the Internet Forced Bill Gates to Reverse Course," *BusinessWeek*, July 15, 1996.

19. Tom Steinert-Threlkeld, "Can You Work in Netscape Time?" *Fast Company*, October 31, 1995.

20. Internet History Podcast, Episode 88, How Microsoft Went Online.

21. Joshua Cooper Ramo, "Winner Take All: Microsoft v. Netscape," *Time*, September 16, 1996.

22. Internet History Podcast, Episode 88, How Microsoft Went Online.

23. Rebello, "Inside Microsoft."

24. Wallace, Overdrive, 9.

25. Charles Cooper, "Of Silicon Valley and Sominex," *PC Week*, June 5, 1996.

26. Rebello, "Inside Microsoft."

27. Gary Wolf, "Steve Jobs: The Next Insanely Great Thing," *Wired*, February 1, 1996.

第三章　美国，在线

1. Michael A. Banks, *On the Way to the Web: The Secret History of the Internet and Its Founders* (Berkeley, CA: Apress, 2008), 93.

2. Ibid., 144.

3. Robert D. Shapiro, "This Is Not Your Father's Prodigy," Wired.com, January 6, 1993.

4. Glenn Rifkin, "At Age 9, Prodigy On-Line Reboots," *New York Times*, November 7, 1993.

5. Paul M. Eng, "Prodigy Is in That Awkward Stage," *BusinessWeek*, February 13, 1995; available at https://www.bloomberg.com/news/articles/1995-02-12/

prodigy-is-in-that-awkward-stage.

6. Mark Nollinger, "America, Online!" Wired.com, September 1, 1995.

7. Kara Swisher, *AOL.com: How Steve Case Beat Bill Gates, Nailed the Netheads, and Made Millions in the War for the Web* (New York: Times Business/ Random House, 1998), 94.

8. Nollinger, "America, Online!"

9. Jeff Goodell, "The Fevered Rise of America Online," *Rolling Stone*, October 3, 1996.

10. America Online, Inc., "America Online, Inc. Passes 200,000 Household Mark," PR Newswire, October 27, 1992.

11. Harry McCracken, "A History of AOL, as Told in Its Own Old Press Releases," Technologizer, posted May 24, 2010.

12. Ibid.

13. Kara Swisher, *There Must Be a Pony in Here Somewhere: The AOL Time Warner Debacle and the Quest for a Digital Future* (New York: Crown, 2003), 39.

14. Swisher, AOL.com, 82.

15. Internet History Podcast, Episode 27: She Gave the World a Billion AOL CDs— An Interview With Marketing Legend Jan Brandt, August 11, 2014.

16. "What Was the Conversion Rate of AOL CDs in the 1990s?" Quora, answered December 28, 2010, https://www.quora.com/What-was-the-conversion-rate-of-AOL-CDs-in-the-1990s/answer/Jan-Brandt.

17. Internet History Podcast, Episode 27: She Gave the World a Billion AOL CDs.

18. "How Much Did It Cost AOL to Distribute All Those CDs Back in the 1990s?" Quora, answered December 27, 2010, https://www.quora.com/How-much-did-it-cost-AOL-to-distribute-all-those-CDs-back-in-the-1990s/answer /Jan-Brandt.

19. Internet History Podcast, Episode 27: She Gave the World a Billion AOL CDs.

20. Swisher, AOL.com, 102.

21. Ibid., 103.

22. Nollinger, "America, Online!"

23. Swisher, AOL.com, 124.

24. Nollinger, "America, Online!"

25. Swisher, AOL.com, 128.

26. Gene Koprowski, "AOL CEO Steve Case," *Forbes ASAP*, October 7, 1996.

27. Ibid.

28. Nollinger, "America, Online!"

29. David Carlson, "The Online Timeline, 1990– 94," accessed January 31,2018, http://iml.jou.ufl.edu/carlson/1990s.shtml.

30. Nollinger, "America, Online!"

31. Ibid.

32. Frank Rose, "Keyword: Context," *Wired*, December 1, 1996.

33. Amy Cortese and Amy Barrett, "The Online World of Steve Case," *Business-Week*, April 15, 1996; available online at https://www.bloomberg.com/news/articles/1996-04-14/the-online-world-of-steve-case.

34. Peter Coy, "Has the Net Finally Reached the Wall? America Online's Crash May Portend Constant Crises Unless the Internet Is Revamped," *Business Week*, August 26, 1996.

35. Rose, "Keyword: Context."

36. Internet History Podcast, Episode 27: She Gave the World a Billion AOL CDs.

37. Swisher, AOL.com, 206.

38. Rose, "Keyword: Context."

39. Swisher, AOL.com, 206.

40. Ibid., 208.

41. Internet History Podcast, Episode 27: She Gave the World a Billion AOL CDs.

42. Swisher, AOL.com, 275.

第四章　各大媒体的网络大探险

1. Chris Dixon, "The Next Big Thing Will Start Out Looking Like a Toy," cdixon blog, January 3, 2010, accessed February 9, 2018, http://cdixon.org/2010/01/03/the-next-big-thing-will-start-out-looking-like-a-toy/.

2. "The Web Back in 1996–1997," posted September 16, 2008, http://royal.pingdom.com/2008/09/16/the-web-in-1996-1997/.

3. Ibid.

4. Tim O'Reilly, "SLAC Symposium on the Early Web," posted November 26, 2001, http://archive.oreilly.com/lpt/wlg/907.

5. William Glaberson, "In San Jose, Knight-Ridder Tests a Newspaper Frontier," *New York Times*, February 7, 1994.

6. Michael Shapiro, "The Newspaper That Almost Seized the Future," *Columbia Journalism Review*, November 2011; available online at https://archives.cjr.org/feature/the_newspaper_that_almost_seized_the_future.php.

7. Ken Auletta, *The Highwaymen: Warriors of the Information Superhighway* (New York: Random House, 1997), 315.

8. Jane Hodges, "Pathfinder Readies for Year Two," *Ad Age*, October 23, 1995.

9. Ibid.

10. Alec Klein, *Stealing Time: Steve Case, Jerry Levin, and the Collapse of AOL Time Warner* (New York: Simon & Schuster, 2003), loc. 1262, Kindle.

11. James Ledbetter, "The End of the Path?" *Industry Standard*, October 26, 1998.

12. Kara Swisher, *There Must Be a Pony in Here Somewhere: The AOL Time Warner Debacle and the Quest for a Digital Future* (New York: Crown, 2003), 91.

13. Ledbetter, "The End of the Path?"

14. Internet History Podcast, Episode 33: Hot Wired CEO Andrew Anker, September 22, 2014.

15. Ibid.

16. Rick Tetzeli, "The Internet and Your Business," *Fortune*, March 7, 1994.

17. Internet History Podcast, Episode 35: Joe McCambley Discusses Advertising and the First Banner Ads, October 6, 2014.

18. Internet History Podcast, Episode 38: An Oral History of the Web's First Banner Ads, October 27, 2014.

19. Internet History Podcast, Episode 13: Co-Designer of the First Banner Ad, Co-Founder of Razorfish, Craig Kanarick, April 17, 2014.

20. Ibid.

21. Ibid.

22. Internet History Podcast, Episode 35, Joe McCambley Discusses Advertising and the First Banner Ads.

23. Internet History Podcast, Episode 33: HotWired CEO Andrew Anker.

24. Lou Montulli, "The Reasoning behind Web Cookies," The Irregular Musings of Lou Montulli, May 14, 2013, from the Internet Archive Wayback Machine capture on December 27, 2013, https://web.archive.org/web/2013122 7064455.

25. "Interactive Ad Firms Grow on the Web," *Upside*, September 1996, 50.

26. Constance Loizos, "Feeling the Burn," *Red Herring*, April 1998.

27. George Slefo, "Digital Ad Spending Surges to Record High as Mobile and Social Grow More Than 50%," *Ad Age*, April 21, 2016.

第五章　一个家喻户晓的名字

1. Matthew Gray, "Web Growth Summary," 1996, accessed January 31, 2018, http://stuff.mit.edu/people/mkgray/net/web-growth-summary.html.

2. Cybertelecom, "History of DNS," accessed January 31, 2018, http://www.cybertelecom.org/dns/history.htm.

3. Jerry Yang and David Filo, *Yahoo! Unplugged: Your Discovery Guide to the Web* (New York: John Wiley, 1995), 198 and 240.

4. Randall E. Stross, "How Yahoo! Won the Search Wars," *Fortune*, March 2, 1998.

5. Ibid.

6. Ibid.

7. Ibid.

8. Brent Schlender, "How a Virtuoso Plays the Web," *Fortune*, March 6, 2000.

9. Internet History Podcast, Episode 21: Yahoo Employee #3, Tim Brady, June 16, 2014.

10. Robert Reid, *Architects of the Web: 1,000 Days That Built the Future of Business* (New York: John Wiley, 1997), 254.

11. Karen Angel, *Inside Yahoo!: Reinvention and the Road Ahead* (New York: John Wiley, 2002), 18.

12. Ibid.

13. David A. Kaplan, *The Silicon Boys and Their Valley of Dreams* (New York: HarperCollins, 2000), 310.

14. Ibid., 312.

15. Angel, *Inside Yahoo!*, 25.

16. Reid, *Architects of the Web*, 267.

17. Kaplan, *The Silicon Boys and Their Valley of Dreams*, 305.

18. Internet History Podcast, Episode 78: Yahoo's Master Brand Builder, Karen Edwards, August 24, 2015.

19. Linda Himelstein, Heather Green, Richard Siklos, and Catherine Yang, "Yahoo! The Company, the Strategy, the Stock," *Business Week*, August 27, 1998.

20. Bernhard Warner, "Your Ad Here," *Industry Standard*, September 27, 1999.

21. Janice Maloney, "Yahoo: Still Searching for Profits on the Internet," *Fortune*, May 1996.

22. Reid, *Architects of the Web*, 265.

23. Ibid., 262.

24. Angel, *Inside Yahoo!*, 57.

25. Reid, *Architects of the Web*, 264.

26. Stross, "How Yahoo! Won the Search Wars."

27. Angel, *Inside Yahoo!*, 57.

28. Stross, "How Yahoo! Won the Search Wars."

29. Jeff Pelline, "Netscape Revenue Up 114%," CNET, April 23, 1997.

30. Securities and Exchange Commission, Yahoo! Inc. Form 10-Q, accessed January 31, 2018, http://www.sec.gov/Archives/edgar/data/1011006/0000912 057-96-017646.txt.

31. Angel, *Inside Yahoo!*, 45.

32. Kim Cleland, "A Gaggle of Web Guides Vies for Ads; Yahoo Directory Opens to Sponsorship Deals as Competition Grows," *Ad Age*, April 17, 1995.

33. Internet History Podcast, Episode 21: Yahoo Employee #3, Tim Brady.

34. Reid, *Architects of the Web*, 262.

35. Angel, *Inside Yahoo!*, 73.

36. Ibid., 81.

37. Ibid., 87.

38. Ibid., 98.

第六章　把这个东西送到月球上去

1. Brad Stone, *The Everything Store: Jeff Bezos and the Age of Amazon* (New York: Little, Brown, 2014), 25–26.

2. Robert Spector, *Amazon.com: Get Big Fast* (New York: HarperBusiness, 2000), 25.

3. Stone, *The Everything Store*, 26.

4. Ibid., 25.

5. Jeff Bezos, interview by Academy of Achievement, May 4, 2001, http://www.achievement.org/achiever/jeffrey-p-bezos/#interview.

6. Jeff Bezos, "A Bookstore by Any Other Name" (lecture, Commonwealth Club of California, July 27, 1998).

7. Michael Dunlop, "10 World Famous Companies That Started in Garages,"

Retire@21, accessed January 31, 2018, http://www.retireat21.com/blog/10-companies-started-garages.

8. Internet History Podcast, Episode 50: Amazon's Technical Co-Founder and Employee #1, Shel Kaphan, February 1, 2015.

9. Stone, *The Everything Store*, 35.

10. Spector, *Amazon.com: Get Big Fast*, 52.

11. Stone, *The Everything Store*, 38.

12. David Sheff, "The Playboy Interview: Jeff Bezos," *Playboy*, February 1,2000.

13. Internet History Podcast, Episode 50: Amazon's Technical Co-Founder and Employee #1, Shel Kaphan.

14. Ibid.

15. Spector, *Amazon.com: Get Big Fast*, 73.

16. Ibid., 85; Sheff, "The Playboy Interview: Jeff Bezos."

17. Stone, *The Everything Store*, 41.

18. Spector, *Amazon.com: Get Big Fast*, 93.

19. G. Bruce Knecht, "Wall Street Whiz Finds Niche Selling Books on the Internet," *Wall Street Journal*, May 16, 1996.

20. Stone, *The Everything Store*, 48.

21. Ibid.

22. James Romenesko, "The Height of Online Success: Tiny Amazon.com Squares Off Against Industry Giant Barnes & Noble,"*St. Paul Pioneer Press*, July 21, 1997, 6E.

23. Spector, *Amazon.com: Get Big Fast*, 114.

24. Ibid., 124.

25. Robert Spector, "Yesterday's Goliath, Today's David," *Wall Street Journal*, June 25, 2011.

26. Randall E. Stross, "Why Barnes & Noble May Crush Amazon," *Fortune*, September 29, 1997.

27. Spector, *Amazon.com: Get Big Fast*, 168.

28. Romenesko, "The Height of Online Success."

29. Sheff, "The Playboy Interview: Jeff Bezos."

30. Stone, *The Everything Store*, 59.

31. William C. Taylor, "Who's Writing the Book on Web Business?" *Fast Company*, October–November 1996.

32. Stone, *The Everything Store*, 54.

33. Pankaj Ghemawat, Leadership Online (B): Barnes & Noble vs. Amazon.com in 2005, Harvard Business School Case Study 9-705-492 (Boston: Harvard Business School, 2006).

34. Morris Rosenthal, "Book Sales Statistics," Foner Books, accessed January 31, 2018, http://www.fonerbooks.com/booksale.htm.

35. "Amazon History and Timeline," accessed January 31, 2018, http://phx. corporate-ir.net/phoenix.zhtml?p=irol-corporateTimeline_pf&c=176060.

36. Stone, *The Everything Store*, 67.

37. Spector, *Amazon.com: Get Big Fast*, 161.

第七章　信任陌生人

1. Adam Cohen, *The Perfect Store: Inside eBay* (New York: Little, Brown, 2002), 20.

2. Ibid., 22.

3. Google Groups, posted September 12, 1995, https://groups.google.com/forum/#!msg/misc.forsale.non-computer/DxxiU7FQp8Q/8ncYwB2DDEAJ.

4. Cohen, *The Perfect Store*, 25.

5. Ibid., 29.

6. Ibid., 44.

7. Ibid., 55.

8. Ibid., 59.

9. Ibid., 48.

10. Ibid., 46.

11. Joshua Cooper Ramo, "The Fast-Moving Internet Economy Has a Jungle of Competitors... and Here's the King," *Time*, December 27, 1999.

12. Cohen, *The Perfect Store*, 83.

13. Ibid., 57.

14. Ibid., 64.

15. Ibid., 79.

16. Ibid., 110.

17. Casey Hait and Stephen Weiss, *Digital Hustlers: Living Large and Falling Hard in Silicon Alley* (New York: HarperCollins, 2001), 47.

18. Ibid., 46.

19. *Silicon Alley Reporter*, no. 16 (Summer 1998), 38.

20. Hait and Weiss, *Digital Hustlers*, 115.

21. Internet History Podcast, Episode 91: Co-Founder of Feed Magazine, Stefanie Syman, December 7, 2015.

22. Internet History Podcast, Episode 107: Founder of Marketwatch, Larry Kramer @lkramer, May 22, 2016.

23. David Plotz, "A Slate Timeline," *Slate*, June 19, 2006; accessed January 31, 2018, http://www.slate.com/articles/news_and_politics/slates_10th_anniversary /2006 /06/a_slate_timeline.html.

24. Stephen P. Bradley and Erin E. Sullivan, AOL Time Warner, Inc., Harvard Business School Case Study 9-702-421, June 23, 2005.

25. Internet History Podcast, Episode 62: iVillage Co-Founder Nancy Evans, April 27, 2015.

26. Ibid.

27. Internet History Podcast, Episode 64: GeoCities Founder David Bohnett, May 11, 2015.

28. Eric Ransdell, "Broadcast.com Boosts Its Signal," *Fast Company*, August 1998.

29. Mike Sager, "The Billionaire," *Esquire*, April 1, 2000.

30. Ransdell, "Broadcast.com Boosts Its Signal."

31. Po Bronson, *The Nudist on the Late Shift: And Other True Tales of Silicon Valley* (New York: Broadway, 2000), 78.

32. Po Bronson, "Hotmale," *Wired*, December 1, 1998.

33. Karen Angel, *Inside Yahoo!: Reinvention and the Road Ahead* (New York: John Wiley, 2002), 86.

34. Ibid., 89.

35. PR Newswire, "April Internet Ratings from Nielsen//NetRatings," May 11, 1999, https://www.thefreelibrary.com/April+Internet+Ratings+From+Nielse n%2F%2FNetRatings.-a054609261.

36. Gordon Gould, "Search and Destroy," *Silicon Alley Reporter*, no.16 (Summer 1998).

37. Jim Evans, "Portals in a Storm," *Industry Standard*, December 28, 1998– January 4, 1999.

38. Angel, *Inside Yahoo!*, 93.

39. Ibid., 131.

40. Ibid., 80.

41. Michael Krantz, "Start Your Engines: Excite and Yahoo, the Two Leading Web-Search Sites, Race to Remake Themselves into Portals," *Time*, April 20, 1998.

42. Linda Himelstein, Heather Green, Richard Siklos, and Catherine Yang, "Yahoo! The Company, the Strategy, the Stock," *BusinessWeek*, August 27, 1998.

第八章　咖啡杯中的泡沫

1. John Cassidy, *Dot.Con: How America Lost Its Mind and Money in the Internet Era* (New York: HarperCollins, 2002), 28.

2. John Kenneth Galbraith, *A Short History of Financial Euphoria* (New York: Whittle Books in association with Viking, 1993), 87.

3. Internet History Podcast, Episode 67: Journalist Maggie Mahar Discusses the

Dotcom Bubble, June 1, 2015.

4. Roger Lowenstein, *Origins of the Crash: The Great Bubble and Its Undoing* (New York: Penguin Press, 2004), 103.

5. Cassidy, *Dot.Con*, 107.

6. Charles Fishman, "The Revolution Will Be Televised (on CNBC)," *Fast Company*, June 2000.

7. Internet History Podcast, Episode 67: Journalist Maggie Mahar Discusses the Dotcom Bubble.

8. Andy Serwar, "A Nation of Traders," *Fortune*, October 11, 1999.

9. Maggie Mahar, *Bull! A History of the Boom and Bust, 1982–2004* (New York: Harper Business, 2003), 257.

10. Cassidy, *Dot.Con*, 200.

11. Ibid., 200.

12. Ibid., 201.

13. Mahar, *Bull!*, 292.

14. Ibid., xviii.

15. Joseph Nocera and Tyler Maroney, "Do You Believe? How Yahoo! Became a Blue Chip," *Fortune*, June 7, 1999.

16. Cassidy, *Dot.Con*, 162.

17. Jim Rohwer, "The Numbers Game," *Fortune*, November 22, 1999.

18. Mahar, *Bull!*, 263.

19. Federal Reserve Board, "Remarks by Chairman Alan Greenspan," December 5, 1996, https://www.federalreserve.gov/boarddocs/speeches/1996/19961205.htm.

20. Sebastian Mallaby, *The Man Who Knew: The Life and Times of Alan Greenspan* (New York: Penguin, 2016), 741.

21. Justin Martin, *Greenspan: The Man Behind the Money* (Cambridge, MA: Perseus, 2000), 226.

22. Mahar, *Bull!*, 6.

23. Ibid., 170.

24. Amy Kover, "Dot-com Time Bomb on Madison Avenue," *Fortune*, December 6, 1999.

25. Bethany McLean, "More Than Just Dot-coms," *Fortune*, December 6, 1999; Anthony B. Perkins and Michael C. Perkins, *The Internet Bubble:Inside the Overvalued World of High-Tech Stocks—And What You Needto Know to Avoid the Coming Shakeout* (New York: HarperBusiness, 1999), 6.

26. Brent Goldfarb, Michael Pfarrer, and David Kirsch, "Searching for Ghosts: Business Survival, Unmeasured Entrepreneurial Activity and Private Equity Investment in the Dot-com Era" (working paper RHS-06-027, Social Science Research Network, Rochester, SSRN-id929845, 2005, accessed March 26, 2017; downloadable at http://papers.ssrn.com/abstract = 825687).

27. John Cassidy, "Striking It Rich: The Rise and Fall of Popular Capitalism," *New Yorker*, January 14, 2002.

28. Mark Gimein, "Around the Globe, Net Stock Mania," *Industry Standard*, December 28, 1998–January 4, 1999.

第九章　非理性繁荣

1. Peter Elkind, "The Hype Is Big, Really Big, at Priceline," *Fortune*, September 6, 1999.

2. David Noonan, "Price Is Right," *Industry Standard*, December 28, 1998–January 4, 1999.

3. Ibid.

4. Ibid.

5. Elkind, "The Hype Is Big, Really Big, at Priceline."

6. Ibid.

7. Todd Woody, "Idea Man," *Industry Standard*, June 28, 1999.

8. Randall E. Stross, *eBoys: The First Inside Account of Venture Capitalists at Work* (New York: Ballantine, 2001), 120; Woody, "Idea Man."

9. Woody, "Idea Man."

10. Elkind, "The Hype Is Big, Really Big, at Priceline."

11. Ibid.

12. Dyan Machan, "An Edison for a New Age," *Forbes*, May 17, 1999.

13. Theta Pavis, "Toys 'R' Online," *Digital Coast Reporter*, no. 3 (October 1998).

14. Miguel Helft, "Uncle of the Board," *Industry Standard*, December 27,1999– January 3, 2000.

15. Jacob Ward, "EToys 'R' Us?" *Industry Standard*, May 31– June 7, 1999.

16. Omar Merlo, Pets.com Inc.: Rise and Decline of a Pet Supply Retailer, Harvard Business Review Case Study 909A21, September 15, 2009.

17. Tim Clark, "Amazon Invests in Online Pet Store," CNET News, March 29, 1999, http://news.cnet.com/Amazon-invests-in-online-pet-store/2100-10173- 223621.html.

18. Philip J. Kaplan, *F'd Companies: Spectacular Dot-com Flameouts* (New York: Simon & Schuster, 2002), 16.

19. Ibid., 21.

20. Securities and Exchange Commission, Webvan Group, Inc., Form 424B1, Prospectus filed with SEC, accessed February 9, 2018, https://www.sec.gov/ Archives /edgar/data/1092657/000089161899004914/0000891618-99-00491 4.txt; Stross, *eBoys*, 36; Randall Stross, "Only a Bold Gamble Can Save Webvan Now," *Wall Street Journal*, February 2, 2001; and Scott Simon, "Profile: Online Shopping with Webvan," *Weekend Edition* (National Public Radio), October 9, 1999.

21. Linda Himelstein, "Louis H. Borders," *BusinessWeek*, September 27, 1999; and Himelstein, "Can You Sell Groceries Like Books?" *BusinessWeek*, August 26, 1999.

22. Andrew McAfee and Mona Ashiya, Webvan, Harvard Business Review Case Study 9-602-037, February 14, 2002.

23. Ibid.

24. Himelstein, "Can You Sell Groceries Like Books?"

25. Carolyn Said, "Online Beats In Line / Buying Groceries on the Web Takes the Hassle out of Shopping," *San Francisco Chronicle*, July 22, 1999.

26. Stross, "Only a Bold Gamble Can Save Webvan Now."

27. Rusty Weston, "Return of the Milkman," *Upside*, April 1, 2000.

28. McAfee and Ashiya, *Webvan*.

29. Securities and Exchange Commission, Webvan Group, Inc., Form 10-Q, accessed February 9, 2018, https://www.sec.gov/Archives/edgar/data/109 2657/000089161800002826/0000891618-00-002826.txt; and Kara Swisher, "Webvan Needs Fresh Ideas to Help Bring Home Bacon," *Wall Street Journal*, October 2, 2000.

30. Saul Hansell, "Some Hard Lessons for Online Grocer," *New York Times*, February 19, 2001.

31. Arlene Weintraub and Robert D. Hof, "For Online Pet Stores, It's Dog-Eat-Dog," *BusinessWeek*, March 6, 2000.

32. Laurie Freeman, "Pets.com Socks It to Competitors," *Ad Age*, November 29, 1999, via Factiva, accessed November 17, 2008.

33. "Death of a Spokespup," *Adweek*, New England edition, December 2000.

34. Weintraub and Hof, "For Online Pet Stores, It's Dog-Eat-Dog."

35. Mike Tarsala, "Pets.com Killed by Sock Puppet," MarketWatch.com, November 8, 2000, https://www.marketwatch.com/story/sock-puppet-kills-petscom.

36. Freeman, "Pets.com Socks It to Competitors"; Tarsala, "Pets.com Killed by Sock Puppet."

37. Thomas Eisenmann, "Petstore.com," HBS No. 801-044 (Boston: Harvard Business School Publishing, 2000), p. 9.

38. Stross, *eBoys*, 116

39. Julia Flynn, "Gap Exists Between Entrepreneurship in Europe, North America, Study Shows," *Wall Street Journal*, July 2, 1999.

40. Stross, *eBoys*, 63.

41. Anthony B. Perkins and Michael C. Perkins, *The Internet Bubble: Inside the Overvalued World of High-Tech Stocks—And What You Need to Know to Avoid the Coming Shakeout* (New York: HarperBusiness, 1999), 38.

42. John Cassidy, *Dot.Con: How America Lost Its Mind and Money in the Internet Era* (New York: HarperCollins, 2002), 237.

43. Stross, *eBoys*, xvii.

44. Roger Lowenstein, *Origins of the Crash: The Great Bubble and Its Undoing* (New York: Penguin Press, 2004), 101, 112.

45. "Financial Spotlight: Net IPOs Lose Their Luster," *Industry Standard*, June 28, 1999.

46. Lowenstein, *Origins of the Crash*, 125.

47. "Yahoo! Buys GeoCities," CNNMoney, January 28, 1999. http://money.cnn.com/1999 /01/28/technology/yahoo_a/.

48. Stephan Paternot, *A Very Public Offering: A Rebel's Story of Business Excess, Success, and Reckoning* (New York: J Wiley, 2001), 172.

49. Perkins and Perkins, *The Internet Bubble* (New York: HarperBusiness, 1999), 21.

50. "Excite@Home Buys Online Greeting Card Site for $780 Million," CNET, January 2, 2002, https://www.cnet.com/news/excitehome-buys-online-greeting-card-site-for-780-million/.

51. "Excite@Home to Acquire Bluemountain,"*New York Times*, October 26, 1999, http://www.nytimes.com/1999/10/26/business/excite-home-to-acquire-bluemountain.html.

52. "Will K-Tel's Stock Fizzle?" CNET, June 10, 1998, https://www.cnet.com/news/will-k-tels-stock-fizzle/.

53. Ernst Malmsten, *Boo Hoo: A Dot.com Story from Concept to Catastrophe* (London: Random House Business Books, 2001), 111.

54. Kaplan, *F'd Companies*, 24.

55. Ibid., 34.

56. Ibid., 38.

57. "Pixelon.com Announces iBash'99," InterActive Agency, Inc., October 27, 1999, http://www.alanwallace.com/iagency/public_relations/archives/1999/pixelon.10.27.99.html.

58. David Kirkpatrick, "Suddenly Pseudo," *New York*, December 20, 1999, accessed February 1, 2018, at http://nymag.com/nymetro/news/media/internet/1703/.

59. Casey Hait and Stephen Weiss, *Digital Hustlers: Living Large and Falling Hard in Silicon Alley* (New York: HarperCollins, 2001), 267.

60. Wired Staff, "Steaming Video," *Wired*, November 1, 2000.

61. Hait and Weiss, *Digital Hustlers*, 240.

62. Corrie Driebusch, "Drkoop.com Epitomized Hype of Tech Boom and Bust," *Wall Street Journal*, April 26, 2015.

63. James Ledbetter, "The Final Frontier for Lou Dobbs?" *Industry Standard*, June 21, 1999.

64. Kirin Kalia, "A Giant Leap for Web-Kind," *Silicon Alley Reporter*, no. 28 (1999).

65. Gail Shister, "Sam Donaldson Enjoys Internet Interview Show," *Chicago Tribune*, January 1, 2000.

66. Joshua Cooper Ramo, "The Fast-Moving Internet Economy Has a Jungle of Competitors... and Here's the King," *Time*, December 27, 1999.

67. James Kelly, "That Man in the Cardboard Box," *Time*, December 27, 1999.

68. Joshua Quittner, "An Eye on the Future," *Time*, December 27, 1999.

69. David Kirkpatrick, "Is Net Investing a Sucker's Game?" *Fortune*, October 11, 1999.

70. Justin Fox, "Net Stock Rules: Masters of a Parallel Universe," *Fortune*, June 7, 1999.

71. Jacqueline Doherty, "Amazon.bomb," *Barron's*, May 31, 1999.

72. Brad Stone, *The Everything Store: Jeff Bezos and the Age of Amazon* (New

York: Little, Brown, 2014), 100.

73. Ibid., 101.

第十章　泡沫破裂

1. David B. Yoffie and Mary Kwak, "The Browser Wars, 1994– 1998," Harvard Business School Case 798-094 (June 1998), 9.

2. Kara Swisher, "After a Life at Warp Speed, Netscape Quickly Logs Off," *Wall Street Journal*, November 25, 1998.

3. David Yoffie and Michael A. Cusumano, *Competing on Internet Time: Lessons from Netscape and Its Battle with Microsoft* (New York: Free Press, 1998), 9.

4. Ibid., 9.

5. Ibid., 33.

6. Ibid., 38.

7. Yoffie and Kwak, "The Browser Wars," 9; Eric Nee, "Up for Grabs?" *Fortune*, February 23, 1998.

8. Yoffie and Kwak, "The Browser Wars," 14.

9. Kenneth S. Corts and Deborah Freier, "A Brief History of the Browser Wars," Harvard Business School Case 9-703-517 (2003), 6.

10. "Netscape Breaks Free," *Economist*, March 28, 1998.

11. Nee, "Up for Grabs?"

12. John Heilemann, *Pride Before the Fall: The Trials of Bill Gates and the End of the Microsoft Era* (New York: HarperCollins, 2001), 199.

13. Ken Auletta, *World War 3.0: Microsoft and Its Enemies* (New York: Random House, 2001), 362.

14. Charles Arthur, *Digital Wars: Apple, Google, Microsoft and the Battle for the Internet* (Philadelphia: Kogan, 2012), 22.

15. "List of Public Corporations by Market Capitalization," Wikipedia, last modified January 23, 2018, https://en.wikipedia.org/wiki/List_of_public_corporations_by_market_capitalization.

16. Joe Steinbring, "How Many Personal Computers Are Sold per Year?" accessed February 1, 2018, https://steinbring.net/2011/how-many-personal-computers-are-sold-per-year/.

17. U.S. Census Bureau, "Computer and Internet Use in the United States: Population Characteristics," issued May 2013, http://www.census.gov/prod/2013pubs/p20-569.pdf.

18. Internet History Podcast, Episode 8: Aleks Totic, of Mosaic and Netscape.

19. Auletta, *World War 3.0*, 197.

20. Jared Sandberg, "WorldCom Agrees to Acquire CompuServe for $1.2 Billion," *Wall Street Journal*, September 8, 1997.

21. Nina Munk, *Fools Rush In: Steve Case, Jerry Levin, and the Unmaking of AOL Time Warner* (New York: HarperCollins, 2004), 118.

22. Marc Gunther, "AOL: The Future King of Advertising?"*Fortune*, October 11, 1999.

23. Munk, *Fools Rush In*, 118.

24. Marc Gunther, Liz Smith, and Wilton Woods, "The Internet Is Mr. Case's Neighborhood," *Fortune*, March 30, 1998, accessed February 1, 2018, http://archive.fortune.com/magazines/fortune/fortune_archive/1998/03/30/240097/index.htm.

25. Gunther, "AOL: The Future King of Advertising?"

26. "AOL, Drkoop.com Partner," CNNMoney, July 6, 1999, accessed February 1, 2018, http://money.cnn.com/1999/07/06/technology/aol/.

27. Kara Swisher, *There Must Be a Pony in Here Somewhere: The AOL Time Warner Debacle and the Quest for a Digital Future* (New York: Crown, 2003), 62.

28. Ibid., 109, 117.

29. Munk, *Fools Rush In*, 106.

30. Gary Rivlin, "AOL's Rough Riders," *Industry Standard*, October 30, 2000.

31. Munk, *Fools Rush In*, 153.

32. Justin Fox, "Net Stock Rules: Masters of a Parallel Universe," *Fortune*, June 7, 1999; Swisher, *There Must Be a Pony in Here Somewhere*, 119.

33. Munk, *Fools Rush In*, 118, 123.

34. Swisher, *There Must Be a Pony in Here Somewhere*, 128.

35. Munk, *Fools Rush In*, 125.

36. Swisher, *There Must Be a Pony in Here Somewhere*, 141.

37. Ibid., 154.

38. Ibid., 141.

39. Munk, *Fools Rush In*, 118.

40. Daniel Okrent, Maryanne Murray Buechner, Adam Cohen, Emily Mitchell, Michael Krantz, and Chris Taylor, "Happily Ever After?" *Time*, January 24, 2000.

41. Ibid.

42. Swisher, *There Must Be a Pony in Here Somewhere*, 155.

43. John Cassidy, *Dot.Con: How America Lost Its Mind and Money in the Internet Era* (New York: HarperCollins, 2002), 283.

44. "The Greatest Defunct Web Sites and Dotcom Disasters," CNET, June 5, 2008, http://web.archive.org/web/20080607211840/http://crave.cnet.co.uk/0, 39029477,49296926-6,00.htm.

45. Jim Edwards, "One of the Kings of the '90s Dot-com Bubble Now Faces 20 Years in Prison," *Business Insider*, December 6, 2016, http://www.businessin sider.com/where-are-the-kings-of-the-1990s-dot-com-bubble-bust-2016-12/# petscoms-greg-mclemore-raised-121-million-from-investors-but-lost-money-on-every-sale-7.

46. Cassidy, *Dot.Con*, 273.

47. Ibid., 306.

48. Ibid., 292.

49. David Kleinbard, "The $1.7 Trillion Dot.com Lesson," CNNMoney, November 9, 2000, http://cnnfn.cnn.com/2000/11/09/technology/overview/.

50. Zhu Wang, "Technological Innovation and Market Turbulence: The Dotcom Experience," *Review of Economic Dynamics* 10, no. 1 (2007): 78, 79.

51. Don Clark, "PayPal Files for an IPO, Testing a Frosty Market," *Wall Street Journal*, October 1, 2001.

52. Saul Hansell, "Some Hard Lessons for Online Grocer," *New York Times*, February 19, 2001.

53. Karen Angel, *Inside Yahoo!: Reinvention and the Road Ahead* (New York: John Wiley, 2002), 222.

54. Stephan Paternot, *A Very Public Offering: A Rebel's Story of Business Excess, Success, and Reckoning* (New York: John Wiley, 2001), 67.

55. "Silicon Alley 100," *Silicon Alley Reporter*, March 1999.

56. Paternot, *A Very Public Offering*, 111.

57. Cassidy, *Dot.Con*, 197.

58. Paternot, *A Very Public Offering*, 118.

59. Ibid., 201.

60. Lessley Anderson, "The Selling of TheGlobe.com," *Industry Standard*, July 5–12, 1999.

61. Securities and Exchange Commission, Form 10-Q, quarterly report for TheGlobe.com, accessed February 1, 2018, https://www.sec.gov/Archives/edgar/data/1066684/000089534500000280/0000895345-00-000280.txt.

62. Alan Abelson, "Up & Down Wall Street," *Barron's*, August 14, 2000.

63. David Henry, "More Insiders Sell Big Blocks of Stock: Surge May Foretell Market Weakness in 3 to 12 Months," *USA Today*, September 18, 2000, 1B.

64. James Altucher, "How I Helped Mark Cuban Make a Billion Dollars and 5 Things I Learned from Him," posted 2017, http://www.jamesaltucher.com/2011/04/why-im-jealous-of-mark-cuban-and-5-things-i-learned-from-him/.

65. Maggie Mahar, *Bull! A History of the Boom and Bust, 1982– 2004* (New York: Harper Business, 2003), 319.

66. Casey Hait and Stephen Weiss, *Digital Hustlers: Living Large and Falling Hard in Silicon Alley* (New York: HarperCollins, 2001), 292.

67. Mahar, *Bull!*, 325.

68. Ibid., 333.

69. Chet Currier, "The Bear Market Is Dead—Long Live the New Bull," Bloomberg News, June 13, 2003.

70. "Participants Report Card for 2002: The Impact of the Bear Market on Retirement Savings Plans," Vanguard Group Retirement Research, February 2003.

71. John Markoff, "Why Google Is Peering Out, at Microsoft," *New York Times*, May 3, 2004.

72. *Tim Ferriss Show*, "163: Marc Andreessen—Lessons, Predictions, and Recommendations from an Icon," https://tim.blog/2016/05/29/marc-andreessen/.

73. Keith Collins and David Ingold, "Through Years of Tumult, AOL Sticks Around," Bloomberg, posted May 12, 2015, https://www.bloomberg.com/graphics/2015-verizon-aol-deal/.

74. Jim Hu, "AOL Time Warner Drops AOL from Name," CNET, September 18, 2003, https://www.cnet.com/news/aol-time-warner-drops-aol-from-name/.

75. Swisher, *There Must Be a Pony in Here Somewhere*, 220, 260.

76. Christian Wolmar, *Fire and Steam: A New History of the Railways in Britain* (London: Atlantic Books, 2007), locs. 1628, 1971–72, Kindle.

77. Ibid., loc. 1934–35.

78. Ibid., loc. 1941–44.

79. Ibid., loc. 1637–38.

80. Om Malik, *Broadbandits: Inside the $750 Billion Telecom Heist* (Hoboken, NJ: John Wiley, 2003), x.

81. Roger Lowenstein, *Origins of the Crash: The Great Bubble and Its Undoing* (New York: Penguin, 2004), 150.

82. Malik, *Broadbandits*, xi; Shawn Young, "Why the Glut in Fiber Lines

Remains Huge," *Wall Street Journal*, May 12, 2005.

83. Wired Staff, "Bandwidth Glut Lives On," *Wired*, September 30, 2004,http://archive.wired.com/techbiz/media/news/2004/09/65121?currentPage=all.

84. Young, "Why the Glut in Fiber Lines Remains Huge."

85. "Internet Users in the World," Internet Live Stats, http://www.internet livestats.com/internet-users/.

86. "Total Number of Websites," Internet Live Stats, http://www.internetlive stats.com/total-number-of-websites/.

87. Angel, *Inside Yahoo!*, 173.

88. Erick Schonfeld, "Facebook Overthrows Yahoo to Become the World's Third Largest Website," TechCrunch, December 24, 2010, https://techcrunch.com /2010/12/24/facebook-yahoo-third-largest-website/.

89. "Zuckerberg, Facebook Move to Mimic Amazon and Google's 'Go Anywhere Strategy," *Peridot Capitalist*, April 17, 2014, https://www.peridot capitalist. com/2014/04/.

第十一章　网页排名魔法与音乐超新星

1. John Battelle, "The Birth of Google," *Wired*, August 1, 2005.

2. Steven Levy, *In the Plex: How Google Thinks, Works, and Shapes Our Lives* (New York: Simon & Schuster, 2011), 121–22.

3. David A. Vise, *The Google Story: For Google's 10th Birthday* (New York: Delta, 2006), 20.

4. Ibid., 37.

5. Levy, *In the Plex*, 17.

6. Ibid., 21.

7. Vise, *The Google Story*, 38.

8. Ibid., 33.

9. Levy, *In the Plex*, 29.

10. John Battelle, *The Search: How Google and Its Rivals Rewrote the Rules of*

Business and Transformed Our Culture (New York: Portfolio, 2005), 84.

11. Internet History Podcast, Episode 41: Excite.com CEO George Bell, November 17, 2014.

12. Battelle, *The Search*, 85.

13. Levy, *In the Plex*, 31.

14. Vise, *The Google Story*, 79.

15. Battelle, *The Search*, 89.

16. Vise, *The Google Story*, 85.

17. Michael Specter, "Search and Deploy," *New Yorker*, May 29, 2000.

18. Vise, *The Google Story*, 96.

19. David Kirkpatrick, "What's a Google? A Great Search Engine, That's What," *Fortune*, November 8, 1999.

20. Levy, *In the Plex*, 72.

21. Ibid., 36.

22. Ibid., 67.

23. Steve O'Hear, "Inside the Billion-Dollar Hacker Club," TechCrunch, March 2, 2014, https://techcrunch.com/2014/03/02/w00w00/.

24. Internet History Podcast, Episode 73: "Father" of the MP3, Karlheinz Brandenburg, July 14, 2015.

25. Ibid.

26. "A History of Storage Cost," mkomo.com, September 8, 2009, http://www.mkomo.com/cost-per-gigabyte.

27. David Essex, "More Big Honkin' Hard Drives in 1999," CNN.com, January 21, 1999, http://www.cnn.com/TECH/computing/9901/21/honkin.idg/.

28. Paul Boutin, "Nullsoft, 1997–2004: AOL Kills Off the Last Maverick Tech Company," *Slate*, November 12, 2004, http://www.slate.com/articles/technology/webhead/2004/11/nullsoft_19972004.html.

29. *Downloaded*, documentary directed by Alex Winter, 2013.

30. Joseph Menn, *All the Rave: The Rise and Fall of Shawn Fanning's Napster* (New

York: Crown Business, 2003), 191.

31. Ibid., 247, 260.

32. Ibid., 223.

33. Ibid., 134.

34. Richard Nieva, "Ashes to Ashes, Peer to Peer: An Oral History of Napster," *Fortune*, September 5, 2013.

35. Menn, *All the Rave*, 205.

36. Nieva, "Ashes to Ashes, Peer to Peer."

37. Internet History Podcast, Episode 139: The Napster Story with Jordan Ritter, April 16, 2017.

38. Greg Kot, *Ripped: How the Wired Generation Revolutionized Music* (New York: Scribner, 2010), 31.

39. Steve Knopper, *Appetite for Self-Destruction: The Spectacular Crash of the Record Industry in the Digital Age* (New York: Free Press, 2009), 135.

40. Menn, *All the Rave*, 144.

41. Ibid., 230.

42. Ibid., 244.

43. Knopper, *Appetite for Self-Destruction*, 148.

44. *Downloaded.*

45. Menn, *All the Rave*, 102.

46. Knopper, *Appetite for Self-Destruction*, 143.

47. Kot, *Ripped*, 45.

48. *Downloaded.*

49. Stephen W. Webb, "*RIAA v.* Diamond Multimedia Systems: The Recording Industry Attempts to Slow the MP3 Revolution, Taking Aim at the Jogger Friendly Diamond Rio," *Richmond Journal of Law and Technology* 7, no.1 (Fall 2000), at https://scholarship.richmond.edu/cgi/viewcontent.cgi?article= 1102 &context=jolt.

50. Stephen Witt, *How Music Got Free: The End of an Industry, the Turn of the*

Century, and the Patient Zero of Piracy (New York: Viking, 2015), 126.

第十二章　媒体乌托邦

1. Joe Wilcox, "Apple: Looking for a Few Good Converts," CNET, March 26, 2002.

2. Alyson Raletz, "Man Who Came Up with iMac Name Tells What the 'i' Stands For," *Kansas City Business Journal*, June 7, 2012.

3. Brent Schlender and Rick Tetzeli, *Becoming Steve Jobs: The Evolution of a Reckless Upstart into a Visionary Leader* (New York: Crown Business,2016), p. 263, Kindle.

4. Walter Isaacson, *Steve Jobs* (New York: Simon & Schuster, 2011), 384, Kindle.

5. Steve Knopper, *Appetite for Self-Destruction: The Spectacular Crash of the Record Industry in the Digital Age* (New York: Free Press, 2009), 166.

6. Isaacson, *Steve Jobs*, 388, Kindle.

7. Ibid.

8. Steven Levy, *The Perfect Thing: How the iPod Shuffles Commerce, Culture, and Coolness* (New York: Simon & Schuster, 2006), 134– 35, Kindle.

9. Leander Kahney, *Jony Ive: The Genius Behind Apple's Greatest Products* (New York: Portfolio, 2013), 183.

10. Isaacson, *Steve Jobs*, 390.

11. "Steve Jobs Introduces Original iPod— Apple Special Event (2001)," posted January 4, 2014, https://www.youtube.com/watch?v=SYMTy6fchiQ.

12. Schlender and Tetzeli, *Becoming Steve Jobs*, 272.

13. Kot, *Ripped*, 35.

14. Ibid., 43.

15. Ibid., 42.

16. Isaacson, *Steve Jobs*, 396.

17. Ibid.

18. Ibid., 403.

19. Levy, *The Perfect Thing*, 143.

20. Isaacson, *Steve Jobs*, 405.

21. Ibid.

22. Levy, *The Perfect Thing*, 105.

23. Ibid., 109.

24. Ibid., 58.

25. Knopper, *Appetite for Self-Destruction*, 232.

26. "Global Recorded Music Revenue from 2002 to 2016 (in Billion U.S. Dollars)," https://www.statista.com/statistics/272305/global-revenue-of-the-music-industry/.

27. Tweet from @Mark_J_Perry, sourced from the RIAA, April 18, 2017, https://twitter.com/mark_j_perry/status/854407708870660097.

28. Knopper, *Appetite for Self-Destruction*, 181.

29. Gina Keating, *Netflixed: The Epic Battle for America's Eyeballs* (New York: Portfolio, 2012), 27.

30. Stephen P. Kaufman and Willy Shih, Netflix in 2011, Harvard Business Review Case Study 615-007 (August 2014).

31. Keating, *Netflixed*, 67.

32. Ibid., 27.

33. Ibid., 59.

34. Ibid.

35. Peter J. Coughlan and Jennifer L. Illes, Blockbuster Inc. & Technological Substitution (A): Achieving Dominance in the Video Rental Industry, Harvard Business Review Case Study 9-704-404 (December 18, 2003).

36. Sunil Chopra and Murali Veeraiyan, Movie Rental Business: Blockbuster, Netflix, and Redbox, Harvard Business Review Case Study KEL616 (October 12, 2010).

37. Daniel Kadlec, "How Blockbuster Changed the Rules," *Time,* August 3, 1998.

38. Kaufman and Shih, Netflix in 2011.

39. Keating, Netflixed, 185.

40. Kaufman and Shih, Netflix in 2011; Chopra and Veeraiyan, Movie Rental Business.

41. Kaufman and Shih, Netflix in 2011.

42. Jeremy O'Brien, "The Netflix Effect," *Wired*, December 1, 2012, https://www.wired.com/2002/12/netflix-6/.

43. Ibid.

44. Larry Downes and Paul Nunes, "Blockbuster Becomes a Casualty of Big Bang Disruption," *Harvard Business Review,* November 3, 2013.

45. Coughlan and Illes, Blockbuster Inc. & Technological Substitution (A).

46. Maria Halkias, "Blockbuster Is Trying to Turn It Around," Dallas Morning News, May 2010, https://www.dallasnews.com/business/business/2010/05/08/Blockbuster-is-trying-to-turn-it-3330.

47. Chopra and Veeraiyan, Movie Rental Business.

48. Coughlan and Illes, Blockbuster Inc. & Technological Substitution (A).

49. Conor Knighton, "Be Kind, Rewind: Blockbuster Stores Kept Open inAlaska," *CBS Sunday Morning*, April 23, 2017, https://www.cbsnews.com/news/be-kind-rewind-blockbuster-stores-kept-open-in-alaska/?ftag=CNM-00-10aab8c &linkId=36799161.

50. O'Brien, "The Netflix Effect."

51. Matthew Boyle, "Questions for... Reed Hastings," *Fortune*, May 23, 2007.

第十三章　百花齐放

1. Fara Warner, "These Guys Will Make You Pay," *Fast Company*, November 2001.

2. Ibid.

3. Eric M. Jackson, *The PayPal Wars: Battles with eBay, the Media, the Mafia, and the Rest of Planet Earth* (Washington, DC: WND Books, 2012),

34, 40.

4. Ibid., 180–81.

5. Matt Richtel, "Internet Offering Soars, Just Like Old Times," *New York Times*, February 16, 2002.

6. John Battelle, *The Search: How Google and Its Rivals Rewrote the Rules of Business and Transformed Our Culture* (New York: Portfolio, 2005), 126.

7. David A. Vise, *The Google Story: For Google's 10th Birthday* (New York: Delta, 2006), 98.

8. Battelle, *The Search*, 123.

9. Ibid., 93.

10. Kevin J. Delaney, "After Google's IPO, Can Ads Keep Fueling Company's Engine?" *Wall Street Journal*, April 29, 2004.

11. Ben Elgin, Linda Himelstein, Ronald Grover, and Heather Green, "Inside Yahoo!," *BusinessWeek*, May 21, 2001.

12. Sergey Brin and Lawrence Page, "The Anatomy of a Large-Scale Hyper-textual Web Search Engine," accessed February 1, 2018, http://infolab. stanford.edu/~backrub/google.html.

13. Jim Hu, "Yahoo Reports Profit on Higher Revenue," CNET, October 9, 2002.

14. Battelle, *The Search*, 141.

15. Steven Levy, *In the Plex: How Google Thinks, Works, and Shapes Our Lives* (New York: Simon & Schuster, 2011), 94.

16. Vise, *The Google Story*, 119.

17. Battelle, *The Search*, 148; Levy, *In the Plex*, 70.

18. "Google's Ad Revenue from 2001 to 2016," 2018, https://www.statista.com/ statistics/266249/advertising-revenue-of-google/; John Huey, Martin Nisen-holtz, and Paul Sagan, *Riptide* (Cambridge, MA: Harvard University/Shoren-stein Center on Media, Politics and Public Policy, 2013), vol. 1, chap.12, https://www.digital riptide.org/chapter-12-google-the-second-coming/.

19. Kevin J. Delaney and Robin Sidel, "Google IPO Aims to Change the Rules,"

Wall Street Journal, April 30, 2004.

20. Levy, *In the Plex*, 150.

21. Battelle, *The Search*, 220

22. Delaney, "After Google's IPO."

23. Ibid.

24. Matt Richtel, "Analysts Doubt Public Offering of Google Is a Bellwether," *New York Times*, May 1, 2004.

25. "Letter from the Founders," *Wall Street Journal*, updated April 29, 2004, https://www.wsj.com/articles/SB108326432110097510.

26. "Excerpts from Google's Filing," *Wall Street Journal*, updated April 29, 2004, https://www.wsj.com/articles/SB108326291882697484.

27. Levy, *In the Plex*, 149.

28. Ibid., 151.

29. Ibid., 149.

30. Gregory Zuckerman, "Google Shares Prove Big Winners—for a Day," *Wall Street Journal*, August 20, 2004.

31. Ian Ayres and Barry Nalebuff, "Going, Going, Google," *Wall Street Journal*, August 20, 2004.

32. Battelle, *The Search*, 227.

33. Laurie J. Flynn, "The Google I.P.O.: The Founders; 2 Wild and Crazy Guys (Soon to Be Billionaires), and Hoping to Keep It That Way," *New York Times*, April 30, 2004.

34. John Markoff, "Why Google Is Peering Out, at Microsoft," *New York Times*, May 3, 2004.

35. Levy, *In the Plex*, 101, 102.

36. Scott Rosenberg, *Say Everything: How Blogging Began, What It's Becoming, and Why It Matters* (New York: Crown, 2009), 120, 125.

37. Ibid., 101.

38. Ibid., 102.

39. Ibid., 18.

40. Ibid., 53.

41. Newsweek Staff, "Whispers on the Web," *Newsweek*, August 17, 1997, http://www.newsweek.com/whispers-web-172450.

42. Matt Drudge, "Anyone with a Modem Can Report on the World," address before the National Press Club, June 2, 1998, http://www.bigeye.com/drudge.htm.

43. Ibid.

44. Philip Weiss, "Watching Matt Drudge," *New York*, August 24, 2007.

45. Brian Abrams, *Gawker: An Oral History* (Kindle Single, 2015), loc. 138.

46. Ibid., loc. 229–30.

47. Ibid., loc. 248.

48. Julie Bosman, "First with the Scoop, If Not the Truth," *New York Times*, April 18, 2004, http://www.nytimes.com/2004/04/18/style/first-with-the-scoop-if-not-the-truth.html?_r=0.

49. Vanessa Grigoriadis, "Everybody Sucks," *New York*, October 14, 2007.

第十四章　互联网 2.0

1. Nick Denton, "Second Sight," *Guardian*, September 20, 2001.

2. Scott Rosenberg, *Say Everything: How Blogging Began, What It's Becoming, and Why It Matters* (New York: Crown, 2009), 38.

3. Sarah Lacy, *Once You're Lucky, Twice You're Good: The Rebirth of Silicon Valley and the Rise of Web 2.0* (New York: Gotham, 2008), 6.

4. "Jurisimprudence," Schott's Vocab, May 31, 2010, https://schott.blogs.nytimes.com/2010/05/31/jurisimprudence/.

5. Andrew Lih, *The Wikipedia Revolution: How a Bunch of Nobodies Created the World's Greatest Encyclopedia* (New York: Hyperion, 2009), xv.

6. Ibid., 64– 65.

7. "User: Ben Kovitz," Wikipedia, last modified December 20, 2017, https://

en.wikipedia.org/wiki/User:BenKovitz#The_conversation_at_the_taco_
stand.

8. "Wikipedia Statistics: English," December 18, 2017, https://stats.wikimedia.
    org/EN/TablesWikipediaEN.htm.

9. "Web 2.0," November 2005, http://www.paulgraham.com/web20.html.

10. Fred Vogelstein, "TechCrunch Blogger Michael Arrington Can Generate
    Buzz... and Cash," *Wired*, June 22, 2007.

11. Julia Angwin, *Stealing MySpace: The Battle to Control the Most Popular
    Website in America* (New York: Random House, 2009), 59.

12. Ibid., 238.

13. National Venture Capital Association, *Yearbook 2015*, http://nvca.org/?
    ddownload=1868.

14. Associated Press, "Venture Investment Hits a 6-Year High," *Los Angeles
    Times*, January 19, 2008, http://articles.latimes.com/2008/jan/19/business/
    fiventure19.

15. Lacy, *Once You're Lucky, Twice You're Good*, 100.

16. Sarah Lacy and Jessi Hempel, "Valley Boys," *BusinessWeek*, August 14, 2006.

17. Michael Arrington, "Digg Is (Almost) as Big as Slashdot," TechCrunch.com,
    November 9, 2005, https://techcrunch.com/2005/11/09/digg-is-almost-as-big-
    as-slashdot/.

18. Lacy and Hempel, "Valley Boys."

19. Lacy, *Once You're Lucky, Twice You're Good*, 76.

20. John Cloud, "The YouTube Gurus," *Time*, December 25, 2006.

21. Steven Levy, *In the Plex: How Google Thinks, Works, and Shapes Our Lives*
    (New York: Simon & Schuster, 2011), 245.

22. *Wired* Staff, "Now Starring on the Web: YouTube," *Wired*, April 9, 2006,
    http://archive.wired.com/techbiz/media/news/2006/04/70627.

23. Randall Stross, *Planet Google: One Company's Audacious Plan to Organize
    Everything We Know* (New York: Free Press, 2008), 193.

24. Jason Abbruzzese, "The Rise and Fall of AIM, the Breakthrough AOL Never Wanted," Mashable, April 15, 2014, http://mashable.com/2014/04/15/aim-history/#IJvEwv67sPq3.

25. Angwin, *Stealing MySpace*, 52.

26. "The Father of Social Networking," Mixergy, December 3, 2014, https://mixergy.com/interviews /andrew-weinreich-sixdegrees/.

27. David Kirkpatrick, *The Facebook Effect: The Inside Story of the Company That Is Connecting the World* (New York: Simon & Schuster, 2010), 69.

28. Angwin, *Stealing MySpace*, 53.

29. Gary Rivlin, "Wallflower at the Web Party," *New York Times*, October 15, 2006.

30. Internet History Podcast, Episode 117: Founder of Friendster and Nuzzel, Jonathan Abrams, September 18, 2016.

31. Angwin, *Stealing MySpace*, 64.

32. Lev Grossman, "Tila Tequila," *Time*, December 16, 2006.

33. Angwin, *Stealing MySpace*, 84, 103.

34. Ibid., 140.

35. Ibid., 104.

36. John Cassidy, "Me Media: How Hanging Out on the Internet Became Big Business," *New Yorker*, May 15, 2006.

37. Angwin, *Stealing MySpace*, 175, 179.

38. Ibid., 262.

第十五章　社交网络

1. S. F. Brickman, "Not-So-Artificial Intelligence," *Crimson*, October 23, 2003.

2. David Kirkpatrick, *The Facebook Effect: The Inside Story of the Company That Is Connecting the World* (New York: Simon & Schuster, 2010), 25.

3. Ben Mezrich, *The Accidental Billionaires: The Founding of Facebook* (New York: Anchor Books, 2010), 49.

4. Kirkpatrick, *The Facebook Effect*, 26.

5. *Crimson* Staff, "Put Online a Happy Face," *Crimson*, December 11, 2003.

6. Luke O'Brien, "Poking Facebook," *02138*, November–December 2007, 66.

7. Mezrich, *The Accidental Billionaires*, 95.

8. Sam Altman, "Mark Zuckerberg on How to Build the Future," Y Combinator (blog), August 16, 2016, http://blog.ycombinator.com/mark-zuckerberg-future-interview/.

9. Kirkpatrick, *The Facebook Effect*, 34.

10. Ibid., 38.

11. "CS50 Lecture by Mark Zuckerberg," December 7, 2005; posted April 4, 2014, https://www.youtube.com/watch?v=xFFs9UgOAlE.

12. Kirkpatrick, *The Facebook Effect*, 38.

13. Ibid., 47.

14. Katherine Losse, *The Boy Kings: A Journey into the Heart of the Social Network* (New York: Free Press, 2012), xvii.

15. O'Brien, "Poking Facebook."

16. Kirkpatrick, *The Facebook Effect*, 43.

17. Ibid., 42.

18. Cassidy, "Me Media."

19. Kirkpatrick, *The Facebook Effect*, 64.

20. Kevin J. Feeney, "Business, Casual," *Crimson*, February 24, 2005.

21. Ibid.

22. Sarah Lacy, *Once You're Lucky, Twice You're Good: The Rebirth of Silicon Valley and the Rise of Web 2.0* (New York: Gotham, 2008), 150.

23. Ibid.

24. Kirkpatrick, *The Facebook Effect*, 63.

25. Ibid. 48.

26. Ibid., 89.

27. Altman, "Mark Zuckerberg on How to Build the Future."

28. Kirkpatrick, *The Facebook Effect*, 86.

29. Ibid., 95.

30. Ibid., 103.

31. Ibid., 98.

32. "What's the Story Behind Mark Zuckerberg's Fabled 'I'm CEO... Bitch!' Business Card?" updated February 1, 2011, https://www.quora.com/Facebook-company/Whats-the-story-behind-Mark-Zuckerbergs-fabled-Im-CEO%E2%80%A6bitch-business-card/answer/Andrew-Boz-Bosworth.

33. Melia Robinson, "How Sean Parker Bounced Back from Being Fired to Change Facebook's History," *Business Insider*, February 9, 2015, http://www.businessinsider.com/how-plaxo-and-sean-parker-changed-facebook-2015-2.

34. Kirkpatrick, *The Facebook Effect*, 100.

35. Ibid.

36. Julia Angwin, *Stealing MySpace: The Battle to Control the Most Popular Website in America* (New York: Random House, 2009), 177.

37. "James W. Breyer and Mark E. Zuckerberg Interview, Oct. 26, 2005, Stanford University," posted July 14, 2012, https://www.youtube.com/watch?v=WAma359Meg&feature=youtu.be.

38. Kirkpatrick, *The Facebook Effect*, 149.

39. Ibid., 111.

40. "CS50 Lecture by Mark Zuckerberg."

41. Kirkpatrick, *The Facebook Effect*, 113.

42. Ibid., 126.

43. Ibid., 130.

44. Ibid., 148.

45. Ibid., 145.

46. Ibid., 131.

47. Ibid., 150.

48. Ibid., 152.

49. Ibid., 154.

50. "CS50 Lecture by Mark Zuckerberg."

51. Kirkpatrick, *The Facebook Effect*, 156.

52. Ibid., 157.

53. Ibid.

54. Ibid., 170.

55. Ibid., 168.

56. Allison Fass, "Peter Thiel Talks About the Day Mark Zuckerberg Turned Down Yahoo's $1 Billion," Inc.com, March 12, 2013, https://www.inc.com/ allison-fass/peter-thiel-mark-zuckerberg-luck-day-facebook-turned-down-billion-dollars.html.

57. David Kushner, "The Baby Billionaires of Silicon Valley," *Rolling Stone*, November 16, 2006.

58. Kirkpatrick, *The Facebook Effect*, 161.

59. Ibid., 168.

60. Lacy, *Once You're Lucky, Twice You're Good*, 169.

61. Kirkpatrick, *The Facebook Effect*, 180.

62. Ibid., 181.

63. Ibid., 189.

64. Ibid., 190.

65. Ibid.

66. Ibid., 192.

67. Ibid., 191.

68. Ibid., 192.

69. Ibid., 173.

70. Ibid., 185.

71. Ibid., 197.

72. Ibid., 227.

73. Ellen McGirt, "Hacker. Dropout. CEO.," *Fast Company*, May 2007.

74. Kirkpatrick, *The Facebook Effect*, 235.

75. Ibid., 275.

第十六章　移动设备的崛起

1. Tom Hormby, "The Story Behind Apple's Newton," Gizmodo, January 19, 2010, https://gizmodo.com/5452193/the-story-behind-apples-newton.

2. Markos Kounalakis, *Defying Gravity: The Making of Newton* (Hillsboro, OR: Beyond Words, 1993), 01:56.

3. Andrea Butter and David Pogue, *Piloting Palm: The Inside Story of Palm, Handspring, and the Birth of the Billion-Dollar Handheld Industry* (New York: Wiley, 2002), 23.

4. "Newton Message Pad," apple-history, last modified July 15, 2015, http://apple-history.com/nmp.

5. Kounalakis, *Defying Gravity*, 00:36.

6. Jim Louderback, "Newton's Capabilities Just Don't Measure Up," *PCWeek*, September 13, 1993.

7. Peter H. Lewis, "So Far, the Newton Experience Is Less Than Fulfilling," *New York Times*, September 26, 1993.

8. Harry McCracken, "Newton, Reconsidered," *Time*, June 1, 2002; John Markoff, "Apple's Newton Reborn: Will It Still the Critics?" *New York Times*, March 4, 1994.

9. David S. Evans, *Invisible Engines: How Software Platforms Drive Innovation and Transform Industries* (Cambridge, MA: MIT Press, 2006), 159.

10. Butter and Pogue, *Piloting Palm*, 197.

11. Evans, *Invisible Engines*, 155; Butter and Pogue, *Piloting Palm*, 166.

12. Rod McQueen, *BlackBerry: The Inside Story of Research in Motion* (Toronto, ON: Key Porter, 2010), 154.

13. Alastair Sweeny, *BlackBerry Planet: The Story of Research in Motion and the Little Device That Took the World by Storm* (Mississauga, ON: John Wiley,

2009), 47.

14. McQueen, *BlackBerry*, 93.

15. Ibid., 174.

16. Ibid., 185.

17. Sweeny, *BlackBerry Planet*, 4.

18. Jacquie McNish and Sean Silcoff, *Losing the Signal: The Untold Story Behind the Extraordinary Rise and Spectacular Fall of BlackBerry* (New York: Flatiron Books, 2015), 112.

19. Kevin Maney, "BlackBerry: The Heroin of Mobile Computing," *USA Today*, May 7, 2001.

20. McQueen, *BlackBerry*, 194.

21. Ibid., 80.

22. Brian Merchant, *The One Device: The Secret History of the iPhone* (New York: Little, Brown, 2017), 30.

23. Ibid., 34.

24. Ibid., 195.

25. Mary Meeker, Scott Devitt, and Liang Wu, *Internet Trends: June 7, 2010, CM Summit—New York City* (Morgan Stanley, 2010), www.kpcb.com/file/june-2010-internet-trends.

26. McQueen, *BlackBerry*, 11.

27 "Steve Jobs on Apple's Resurgence: 'Not a One-Man Show,'" Business-Week Online, May 12, 1998, available from the Internet Archive Wayback Machine, https://web.archive.org/web/20111209185106/http://www.businessweek.com/bwdaily/dnflash/may1998/nf80512d.htm.

第十七章　上帝手机

1. *How the iPhone Was Born: Inside Stories of Missteps and Triumphs*, video documentary, Wall Street Journal Video, June 25, 2017, http://www.wsj.com/video/how-the-iphone-was-born-inside-stories-of-missteps-and-triumphs/

302CFE23-392D-4020-B1BD-B4B9CEF7D9A8.html.

2. Brian Merchant, *The One Device: The Secret History of the iPhone* (New York: Little, Brown, 2017), 200.

3. "Steve Jobs at D2 2004 All Things Digital Conference," March 25, 2013, https://www.youtube.com/watch?v=mCBu50CozH0.

4. "Steve Jobs in 2005 at D3," June 1, 2012, https://www.youtube.com/watch?v=IzH54FpWAP0.

5. *How the iPhone Was Born.*

6. Fred Vogelstein, *Dogfight: How Apple and Google Went to War and Started a Revolution* (New York: Sarah Crichton Books / Farrar, Straus and Giroux, 2013), p. 25, Kindle.

7. "Motorola Razr," note 3, Wikipedia, last modified December 26, 2017, https://en.wikipedia.org/wiki/Motorola_Razr#cite_note-3.

8. Charles Arthur, *Digital Wars: Apple, Google, Microsoft and the Battle for the Internet* (Philadelphia: Kogan, 2012), loc. 153, Kindle.

9. Frank Rose, "Battle for the Soul of the MP3 Phone," *Wired*, November 1, 2005.

10. Merchant, *The One Device*, 217.

11. Vogelstein, *Dogfight*, 28.

12. Ibid.

13. Ibid., 29.

14. Merchant, *The One Device*, 217.

15. Walter Isaacson, *Steve Jobs* (New York: Simon & Schuster, 2011), p. 466, Kindle.

16. Merchant, *The One Device*, 205.

17. Ibid., 20.

18. Ibid., 21.

19. Isaacson, *Steve Jobs*, 468.

20. Brent Schlender and Rick Tetzeli, *Becoming Steve Jobs: The Evolution of a*

Reckless Upstart into a Visionary Leader (New York: Crown Business, 2016), p. 310, Kindle.

21. Merchant, *The One Device*, 94.

22. "CHM Live: Original iPhone Software Team Leader Scott Forstall (Part Two), June 28," 2017, https://www.youtube.com/watch?v=IiuVggWNqSA.

23. Merchant, *The One Device*, 105.

24. Vogelstein, *Dogfight*, 38.

25. Matthew Panzarino, "Apple v. Samsung Day 2: Schiller, Forstall Testify on Creation, Sales and Hardships of iPhone Project," *Next Web*, August 3, 2012, https://thenextweb.com/apple/2012/08/03/apple-v-samsung-day-2-schiller-forstall-testify-on-creation-sales-and-hardships-of-iphone-project/.

26. Merchant, *The One Device*, 209.

27. "On the Verge—Tony Fadell and Chris Grant—On the Verge, Episode 005," April 30, 2012, https://www.youtube.com/watch?v =qf9XcNWRvSU&t=1901s.

28. Isaacson, *Steve Jobs*, 469.

29. Ibid., 67.

30. Ibid., 35–36.

31. Merchant, *The One Device*, 365.

32. Vogelstein, *Dogfight*, 17.

33. Schlender and Tetzeli, *Becoming Steve Jobs*, 360.

34. "Steve Jobs Talks iPhone—All Things D5 (2007)," posted December 22, 2013, https://www.youtube.com/watch?v=fkPN_U0D3CM&t=1570s.

35. John Markoff, "Phone Shows Apple's Impact on Consumer Products," *NewYork Times*, January 11, 2007.

36. Schlender and Tetzeli, *Becoming Steve Jobs*, 363.

37. Ibid.

38. Ibid., 362.

39. Prince McLean, "Apple iPhone 3G Sales Surpass RIM's BlackBerry," AppleInsider, October 21, 2008, http://appleinsider.com/articles/08/10/21/

apple iphone 3g_sales_surpass_rims_blackberry.html.

40. Adam Lella, "U.S. Smartphone Penetration Surpassed 80 Percent in 2016," comScore, February 3, 2017, https://www.comscore.com/Insights/Blog/US-Smart phone-Penetration-Surpassed-80-Percent-in-2016.

41. "Steve Jobs Talks iPhone—All Things D5 (2007)."